U0830915

畜禽养殖与疾病防治实用技术

刘兵　等　主编

西北农林科技大学出版社
Northwest A&F University Press

· 杨凌 ·

图书在版编目（CIP）数据

畜禽养殖与疾病防治实用技术 / 刘兵等主编.
杨凌 ： 西北农林科技大学出版社， 2024. 6. -- ISBN
978-7-5683-1428-2

Ⅰ. S8

中国国家版本馆CIP数据核字第202468QX21号

畜禽养殖与疾病防治实用技术

刘兵　等　**主编**

出版发行	西北农林科技大学出版社		
地　　址	陕西杨凌杨武路3号	**邮　编**	712100
电　　话	总编室：029-87093195		发行部：029-87093302
电子邮箱	press0809@163.com		
印　　刷	西安日报社印务中心		
版　　次	2024年6月第1版		
印　　次	2024年6月第1次印刷		
开　　本	787 mm × 1092 mm　1/16		
印　　张	18.5		
字　　数	405千字		

ISBN 978-7-5683-1428-2

定价：56.00元

《畜禽养殖与疾病防治实用技术》

编者名单

主　编　刘　兵　梁西平　孙贯群　贾　茜

副主编　张月娥　丁　峰　段静文　陈　阳　赵　博　何连海

王　飞　段晓林　宋　赞　陈　娟　袁　康　李淑娟

马艳娜　王文婧　温　娜　李威林　王宇飞　张振华

王艳婷　关　欣　曹文献　张艳琴　张连杰　赵冰封

秦富强　刘东方　王　红　张永良　贾莹莹　梁怀德

前　言 PREFACE

《畜禽养殖与疾病防治实用技术》，本书内容涵盖生猪标准化养殖与疾病防治，生态型肉鸡养殖与疾病绿色防控， 牛、羊、兔健康养殖与疾病防治，畜禽养殖场生物安全等主要内容，本书集猪、鸡、牛、羊、兔等畜禽饲养管理、饲料与营养、疾病防治、生物安全控制知识和技能于一体。

本书把畜禽养殖和疾病防治有机融合在一起，畜禽养殖中饲养管理和饲料饲养紧密结合，疾病防治和生物安全紧密结合。畜禽饲养管理细化了畜禽各阶段饲养管理，针对不同动物、不同饲养阶段提出个性化饲养管理措施，畜禽疾病防治，提出以防为基础，防重于治，在疾病治疗突出标本兼治、中西医结合，畜禽饲料与营养，针对不同的动物、不同的阶段，提出差异化营养方案，结合不同的饲料原料制定饲料原料的加工方式。在养殖场生物安全控制主要通过养殖场安全生物选址与建设、养殖场消毒、畜禽粪便等废弃物处理等措施达到养殖场生物安全的目的。

本书由从事畜牧兽医一线的专业技术人员编写，本书是编写人员专业知识技能的积累，也是长期实践经验的总结，本书吸收本行业先进的技术经验，博采众长。本书具有实用性、科学性、和可操作性，本书突出实践技能，整体内容有机衔接，详略得当，本书深入浅出、通俗易懂。本书可作为养殖场、养殖户、畜牧兽医专业技术人员的专业学习用书，也可作为农业院校相关专业师生参考书。

由于编者水平有限，疏漏之处在所难免，敬请读者批评指正，以便再版时更正。

目 录 CONTENTS

第一部分 生猪标准化养殖与疾病防治

第二部分 生态型肉鸡养殖与疾病绿色防控

第一部分

生猪标准化养殖与疾病防治

第一章　标准化猪舍建设

第一节　猪舍总体要求

一、选址

猪舍的建设要根据自己的生产及发展需要选择地块大小，选址要符合当地建设规划，初选后要与农业、规划、水利、环保、发改、林业、草原等部门对接，必要时查看当地规划。不能在旅游风景区、水源保护地等政府划定的禁养限养区内养殖，但可以根据当地的自然环境，尽可能选择周围有可利用的自然隔离条件，且交通方便，水源、电力等使用便利的场地，对猪场生物安全有影响的因素（如主风向、海拔、日照、村庄、居民、化工厂、屠宰场）要有充分预想、预判和应对措施（增建挡风墙、保温设施、空气过滤净化设施等）。

（一）地势地形

选择地势高燥的地块，同时地块所处地势要处于历史洪水水位线以上，且地下水位低于 2 m。

（二）向阳避风

地块应处于避风向阳的地方，特别是不要处于山势的通风口，或者正对冬季主风向，而且阳光照射充足，但不要处于山顶，也要适当避开山谷谷底。

（三）平坦而稍有坡度

在建设前，应根据情况对场址进行地面平整，根据地势平整至 1° ～ 30° 的坡度利于排水，但坡度最好不要超过 25°。

（四）面积

一般饲养 100 头能繁母猪、年产 2000 头商品肉猪的自繁自养猪场，占地面积不得少于 5 亩（一亩约等于 667 m^2）；饲养 500 头能繁母猪，年产 10 000 ～ 12 000 头商品猪的大型猪场，占地面积 30 ～ 50 亩为宜。

二、平面布置

（一）总平面布置

猪场总平面布置方案，应根据其项目组成、生产规模、工艺流程、卫生防疫、环保、消防、安全等具体要求，结合场址地形地貌，自然环境、气象等条件进行设计，为安全优质商品猪生产及管理创造出一个生产、生活方便，有利卫生与防疫，经济合理，美观的生产环境。

1. 合理分区，适当隔离

将整个场区分为生活办公区、生产区、辅助生产区、废弃物处理区等。各功能区之间保持合理的防护距离，防止交叉感染。

2. 符合工艺流程

结合场址自然条件，合理布置场区路网，保证生产运输方便、废弃物处理及输出便利；合理设置净、污道路及公共道路，公共道路及净、污道路之间无交叉污染，确保满足卫生防疫、环保和消防要求。

3. 选择建筑形式、适宜朝向和建筑间距

根据场区安全生产要求，本着经济、节能、高效、环保的原则，选择建筑形式（钢构、框架、砖混、土木竹）；根据地形面积、主风向等，选择南北或东西朝向，同时，因地制宜，设计建筑物抗震及防火等级，保持安全防火间距，保障消防道路畅通，确保安全生产。

4. 建立生物防护带

围墙边及场区猪舍间的空地，在尽量保持原有植被的前提下，可适当布置一些高低灌木、蔬菜或牧草地，既能美化猪场环境，防止水土流失，又能作为动物疫病生物隔离带使用。

5. 经济合理，技术可行

在满足以上要求的前提下，结合场址地形地貌，合理利用土地进行总平面布置，尽可能遵循物料及生产资料“由近到远、由多到少、由净到污”单一流动的布局设计，使方案技术可行，经济合理，美观、实用。

（二）总平面布置方案

在确定项目方案前需对场址现场勘察，进行多方案设计比较，并会同建设单位进行充分的讨论研究，最终确定总平面布置方案。总平面分别由生活办公区、生产区、辅助生产区和废弃物处理区等功能区组成。生活区位于场区的上风向或与主风向错开，由综合楼、食堂、消毒间及药品库、绿化广场等组成，环境幽雅，位置适宜。生产区布置在场区上风向，由配种舍、怀孕舍、分娩舍、保育舍、生长育肥舍、隔离舍等组成。辅助生产区布置在生产区附近，主要进行生产资料储备制作、清洗消毒等工作，一般有饲料原料库、物资储备库、饲料加工车间等。废弃物处理区位于下风向，由剖检室、污水及猪粪处理系统、病死猪无害化处理区等组成。场区内各猪舍间间距为 7 ~ 10 m，生活区与生产区之间间距不小于 30 m。

三、规划布局

“不要把所有鸡蛋放在一个篮子里”是所有人都明白的风险规避方法，当然，在非洲猪瘟肆虐的当下，这一理论在猪场设计上也同样适用。就是说，“小规模、多点式”建设布局将是一种发展趋势。

比如建设一个年出栏 1 万头的自繁自养养猪场，以前，为了方便管理与生产，猪场大多采用一点式布局，即在一个地点完成猪的配种、分娩、保育、生长及育肥出栏的全部生产工艺，但在非洲猪瘟等动物疫病流行的背景下，实行拆分，采用两点式或者多点式进行布局较为妥当。

两点式布局：即在一个场区进行配种、分娩、保育，在另一个场区进行生长、育肥出栏工艺，且两个场区至少需要有 1000 m 的安全隔离地带。

三点式或多点式布局：即在第一个场区内进行母猪配种、妊娠、分娩，第二个场区内进行仔猪保育，第三个场区内进行生长育肥。三个场区相互间隔不小于 1000 m，也可以一个场区进行配种、分娩、保育，另外两个场区进行生长育肥。

第二节　猪舍相关参数确定

一、生产工艺要求

确定生产工艺是设计猪场时必须考虑的内容，生产工艺合理与否决定着生产效率的高低，确定生产工艺需要考虑以下内容。

（一）确定饲养模式

一般需要根据经济、气候、能源交通等综合条件，以及猪的品种、养殖规模、养猪技术水平来确定。主要包括：饲养方式、饲喂方式、饮水方式、清粪方式、配种方式等。如果是集约化饲养，可采用公猪与待配母猪同舍饲养，也可采用分舍饲养，母猪可采用定位饲养和小群饲养。如果规模太小，采用定位饲养则投资高、栏位利用率低、每头出栏猪成本高，取得的经济效益不明显。配种方式一般主要有两种，即猪与猪相互交配（本交）和人工授精。

（二）确定生产节拍

生产节拍也称为繁殖节律，是指在一定的时间内，母猪进行交配受胎后组成的一定规模的生产群，相邻母猪群生产转群的时间间隔（天数）。生产节拍是全进全出工艺的前提，是有计划地利用猪舍和合理组织劳动管理、均衡生产商品肉猪的基础。因为猪的发情期为 21 天，是 7 的倍数，繁重的技术工作和劳动任务安排在一周 5 天内完成，避开周末；有利于按周、按月和按年制订工作计划，建立有序的工作和休假制度，减少工作的混乱性和盲目性。生产节拍一般根据猪场规模制订，目前大部分猪场采用的是 1 天、7 天、28 天制。年产 5 ～ 10 万头商品肉猪的大型企业多实行 1 ～ 2 天制，即每天有一批母猪配种、产仔、断奶、仔猪保育和肉猪出栏；年产 1 万～ 3 万头商品肉猪的企业多实行 7 天制；而规模较小的养猪场一般采用 28 ～ 30 天制。

（三）确定工艺参数

为了准确计算猪群结构即各类猪群的存栏数、猪舍及各猪舍所需要的栏位数、饲料用量和产品数量，必须根据猪的品种、生产力水平、技术水平、经营管理水平和环境设施等，实事求是地确定生产工艺参数。

养猪场的工艺参数涉及生产的各个环节，数量比较多，关系比较复杂，一般以母猪的繁殖周期和母猪的年生产窝数为基础进行设置。

1. 母猪繁殖周期

母猪的繁殖周期是指母猪完成一个胎次生产所需要的天数。与妊娠期、哺乳期及断奶至受胎的时间有关。母猪的妊娠周期一般为 114 天；母猪哺乳期一般为 28 ～ 35 天，也有少数场采用 21 天饲养管理方式；母猪的非生产天数（断奶至受胎时间）与场内的受胎率相关，正常时间为断奶后 4 ～ 10 天，但如果配种没有成功，错过了一个发情期，则需要延长 21 天左右。母猪的繁殖周期计算公式如下：

母猪的繁殖周期 = 妊娠期 + 哺乳期 + 断奶至受胎时间

=114+28+10+21 ×（1- 情期受胎率）

=152+21 ×（1- 情期受胎率）

由以上公式可见母猪的情期受胎率每增加 5%，繁殖周期减少 1 天，即当情期受胎率分别为 90%、95% 和 100% 时，繁殖周期约为 154 天、153 天和 152 天。

2. 母猪的年产窝数

母猪的年产窝数是指母猪一年所生产的胎次数量。与母猪的繁殖周期成反比，如果母猪的繁殖周期延长，则母猪的年产窝数就会下降。计算公式如下：

母猪年产窝数 =（365× 分娩率）÷ 繁殖周期

=（365× 分娩率）÷（妊娠期 + 哺乳期 + 断奶至受胎时间）

二、核算猪群结构

为减少固定设施设备的投入成本，就必须提高设施设备的使用率，一般按全进全出均衡生产模式进行设计。在确定了生产模式、生产节拍和工艺参数后，就可以计算相应的猪群结构了。为了最大限度地利用猪群、猪舍和设备提高生产效率，根据猪场规模、生产工艺流程和生产条件，将生产过程划分为若干个阶段，不同的阶段可组成不同类型的猪群，依此计算出每一类群猪的存栏数量就形成了猪群结构。以自繁自养年生产 1 万头猪的猪场为例计算，步骤如下：

（一）根据生产节拍计算各阶段猪数量与计划年出栏头数

年产总窝数 = 窝产活仔数 × 从出生到出栏的成活率

=10 000 ÷（11 × 0.9 × 0.95 × 0.98）≈ 1085（窝 / 年）

每个节拍转群头数（繁殖节律 =7），每年按 365 天计，则有 52 周。

周产仔窝数 =1085 ÷ 52 ≈ 21 窝，每周分娩哺乳母猪数为 21 头；

周妊娠母猪数 =21 ÷ 0.95 ≈ 22 头，分娩率为 95%；

周配种母猪数 =22 ÷ 0.80 ≈ 28 头，情期受胎率为 80%；

周哺乳仔猪数 =21 × 11 × 0.90 ≈ 208 头，成活率 90%；

周保育仔猪数 =208 × 0.95 ≈ 198 头，成活率 95%；

周出栏生长育肥猪数 =198 × 0.98 ≈ 194 头，成活率 98%。

（二）各类猪群组数

生产以 7 天为节拍，故猪群组数 = 饲养的周数。

（三）猪群的结构

各猪群存栏数 = 每组猪群头数 × 猪群组数

生产母猪的头数为：5 × 28+12 × 22+6 × 21=530 头。

公猪数、后备猪群数的计算方法如下：

公猪数：530 ÷ 80 ≈ 7 头，公母比例为 1 ：（80 ～ 120）；

后备公猪数：7 ÷ 3 ≈ 2 头，年更新率 =33.33%；

后备母猪数：530 ÷ 3+52+0.5 ≈ 7 头 / 周，年更新率 =33.33%，留种率 50%。

三、猪栏及设备参数

养猪生产能否按照工艺流程进行，产生较好的经济效益，关键是看猪舍和栏位配置是否合理。在计算出猪群结构和数量后，就需要计算栏位数量。

（一）计算栏位数量

各饲养群猪栏分组数 =（猪样组数 + 消毒空舍时间）+ 生产节拍（7天）；

每组栏位数 = 每组猪群头数 + 每栏饲养量 + 机动栏位数；

各饲养群猪栏总数 = 每组栏位数 × 猪栏组数。

如果采用空怀待配母猪和妊娠母猪小群养，哺乳母猪网上饲养，消毒空舍时间为7天。以年自繁自养出栏1万头商品猪为例，根据以上公式可计算出栏位数量。

（二）计算栏位面积

猪栏要有足够面积，猪群密度不能太大。猪栏面积与猪只品种、大小、地面结构、气候环境都有密切关系，可根据其最小占地面积，确定栏位数，同时结合地形，确定各类型猪猪舍面积和猪舍数量，绘制总体规划布局图。

四、不同种类猪舍配置

根据栏位数，计算每栋猪舍的数量及面积大小，结合场区的面积，建设条件及生物安全隔离、消毒等要求规划猪舍数量及建筑风格。舍型的选择取决于诸多因素，猪场所在地区的气象因素则是其中最重要的一个因素。南方地区夏季气温较高、湿度较大，猪舍形式的选择必须遵循以隔热为主，兼顾防寒、防潮的原则，北方地区冬季较寒冷，猪舍形式的选择要以保温防寒为主。目前，猪舍形式主要有封闭式、半敞开式和全敞开式等，以封闭式最多。

（一）配怀舍

配怀舍主要是后备母猪配种、经产母猪断奶后和妊娠诊断前的养殖场所。在非瘟防控常态化下，自动化设施设备改造或者升级等是抵御风险最好的方式。目前“以限位栏设置为主，小栏散养为辅”的生产形式，配备人工饲喂和自动饲料供应线、自动饮水供应线，注意粪尿排放及清洗消毒，通风换气、防止极端天气等问题是配怀舍应满足的基础条件。

（二）妊娠舍

妊娠舍是母猪配种经诊断确定已怀孕后的养殖场所。小规模的养猪场一般没有明确区分，只是在配怀舍内进行栏位的分配和调整。设施布局要求与配怀舍类似。

（三）分娩哺乳舍

分娩哺乳舍又叫产房，是母猪生产仔猪及哺育仔猪的地方，也是猪场内生产效率的核心区。故而在各种设施的配置上要求比较高，因此，在妊娠舍的基础上增加了保温和通风设施。设计制作的母猪产床，有“高位饲养，干净卫生，母子隔离，温度可控，方便管理”等特点，是提高仔猪成活率的重要保障。

（四）保育舍

保育舍是仔猪断奶后的养育场所，一般与产房靠近，为了减少仔猪的断奶及换料应激，里面主要还是以保温、清洁为主，一般都是现成的保育高床。主要是满足清洁卫生条件。

（五）生长育肥舍

仔猪保育结束后，就转入了生长育肥舍，一般情况下，生长育肥舍是群养，相关的设施比较简单，主要保证一定的饲喂及饮水、易于打扫就可以了。但在非洲猪瘟防控常态化下，建议栏内尽可能光滑、易清洗消毒。

（六）公猪舍（含后备公猪舍）

可以单独设公猪舍，一猪一圈（栏），配建相关的运动场或者运动通道，小规模猪场也可以在配怀舍一定区域内设置。

第三节　猪舍环境控制

一、粪污收集方式

1. 水冲粪

饲养员需要每天数次用高压水枪，将猪排放的粪尿冲入排粪沟，粪污顺排粪沟分别集中于集污池，并经排污泵转到粪污处理区，该工艺能及时有效地消除猪舍内的粪便、尿液，保持猪舍内环境卫生，减少粪污处理过程中的劳动力投入，提高养猪场自动化管理水平。该工艺的优点是保持猪舍内环境清洁，有利于猪只与工人健康，减小劳动强度，效率高，在劳动力缺乏、水资源丰富、排污方便的地区较为适用；缺点是耗水量大，污染物浓度高，经固液分离后固体部分养分含量低，肥料价值低。

2. 干清粪

猪的粪尿一产生，便利用漏粪地板进行初步的固（粪）液（尿）分离，然后由人工或机械对粪便进行收集、清扫和运输到固体粪便处理区堆放处理，尿及污水则由排污管道集中在集污池进行下一步处理。该工艺能及时有效地清除猪舍内的粪便、尿液，保持猪舍环境卫生，减少粪便清理过程中的用水，保持了固体粪便内所含的营养物质，提高了粪便有机肥肥效，减少了污水排放量，降低了后续污水处理的成本，但工人的劳动强度有所增加。干清粪一般可采用人工清粪和机械清粪两种方式。人工清粪只需要一些简便的清扫工具（如粪铲、小推车等），投资较少，但工人劳动强度较大，效率不高；机械清粪则可以减轻劳动强度，提高劳动效率，但投资较大，且运行成本（电费、维护）较高。两种方式都可做到初步的固液分离，污水排放量相对较少，后面粪污处理成本相对较低。

3. 水泡粪

该工艺一般用于育肥猪舍，但现在的楼房猪舍等一些自动化程度较高的场内也有此工艺。猪场建设前期，在猪舍地面先建设一个深约 1.5 m 且有防水功能的集污池，上铺全漏缝地板，在进猪前先向集污池中注入约 80 cm 深的水，猪只所排泄的粪尿、冲洗用水和猪只饮用漏水，经漏缝地板全部排入集污池，储存一定时间后（一般为 2 ～ 4 个月），待集污池到 1.2 m 高时，打开集污池的出口闸门，利用虹吸原理或者排污泵将所有污物抽吸到猪场统一的粪污处理区进行下一步的处理。该工艺可保持猪舍内地面环境清洁，劳动强度小，粪污产生量少，有利于粪污处理，但由于粪便集污池在猪舍地下，且长期收集储存猪只产生的粪污，粪污经厌氧发酵会产生大量的有害气体，导致猪舍内空气质量比较恶劣，影响猪只健康，因而需要配套强大的通风系统，固定投资较大，而且还存在收集后的粪污经固液分离后，污水污染物浓度较高、固体部分有机肥肥效低等问题。

4. 生态发酵床

在建设猪舍时，建设深约 80 cm 的垫料池，在进猪前铺装 40 ～ 60 cm 厚的垫料（锯末、稻壳及相应的菌种），猪只的粪尿直接排放于垫料上，利用有益微生物发酵，长期持续地将动物粪尿转化为有机质，然后定期翻动、更换和清理垫料粪污混合物，实现无污染，零排放的目标，且能保持猪舍内的温度与卫生。该工艺可节约保暖投资和水电费用，地面松软，能满足猪只拱土习性，并减少肢蹄病的发生；但粪便需要定期人工填埋，垫料需要定期翻倒和更换，劳动强度大，成本高，且温湿度不易控制，容易滋生有害微生物，饲养密度较小，不适用于规模化饲养。

二、粪污处理工艺

（一）固体粪污处理工艺

1. 自然发酵

粪便经分离后，将固体部分集中堆放于堆粪场，自然堆腐熟化后，达到 GB 18596—2001 要求后，作为有机肥料使用。这种方法比较简单、成本较低，但需要的占地面积大，臭味较大，导致场区卫生条件和环境差。目前仅存在于规模较小、远离居住区、土地宽广并配套有一定的种植用地的经济欠发达地区。

2. 好氧堆肥

在敞棚下，将固体粪便铺堆成高约 1 m 的粪堆，同时均匀加入一定种类和数量的微生物，进行自然发酵；随后根据堆内温度，进行人工或机械翻倒，使好氧微生物在适宜的水分、酸碱度、碳氮比、氧气和温度条件下，将固体粪污中的有机质分解生成无害腐殖质肥料，堆腐时间一般为 3 ～ 6 个月。如采用塑料大棚堆腐时间为 20 天左右，采用发酵塔堆腐时间为 7 ～ 10 天，然后进行烘干处理。这种方式，可以节约时间和土地，提高效率，但劳动力成本较高，臭味大，场区卫生条件差。一般中小规模的养殖场会采用这种方法处理。

3. 自动高温发酵

粪便通过干湿分离设备后，送入自动发酵罐内，通过程序设定，进行混合、搅拌、控温、通气等控制，使固体粪污在 90 ～ 95℃（高温）处理发酵，一般经过 24 小时，就可将病菌、寄生虫卵、草籽等彻底杀灭失活，避免二次污染。该方法占地面积小，发酵处理时间短，没有后续污染风险。但需要投资相应的干湿分离设备及全自动发酵罐，投资及运行成本高，一般集约化的大型养殖场目前都采用这种处理方式。

4. 媒介处理

通过引入处理媒介（如水虻、蚯蚓、蝇蛆）等，对固体粪污进行二次利用或处理，使其中的一部分有机质转化为动物蛋白，同时改变了固体粪污的质地及形态。这样可以使粪污得到二次资源化利用，并获得一定量的动物蛋白，但由于处理工艺复杂，周期长，场地面积大，劳动力成本比较高。所以目前仅有部分小规模的猪场进行试验和探索。

（二）污水处理

配套建设一定数量及容积的污水过滤池和沉淀池，猪场内的污水（尿液）通过沉淀过滤后，排入沉淀池内，进行自然发酵后，排放以供场区内绿化及配套消纳农田等利用，还必须定期清理池底的固体粪污。该方法建设简单，操作方便，成本较低，但对污水处理不彻底，且处理效率低下。

三、自动供水

需要配建水塔和相应的自动供水系统，包括控制水压、水温等，终端饮用设备建议使用饮水碗，好处在于可使猪只充分喝水，节约用水，并避免呛猪，其安装的位置最好在栏圈后方，并高度可调，乳仔猪一般安装距地面 10 cm、其他猪距地面 30 cm，每 8 ～ 10 头猪可以配一个饮水碗。

四、自动环境控制

由于猪没有汗腺，对温度比较敏感，大猪怕热，小猪怕冷，温度不适宜会影响猪只的增重、饲料利用率及其健康，因此对温度的控制要求比较高。猪对湿度与温度感应是相互关联的，一般母猪和仔猪舍相对湿度需要控制在 60% ～ 70%，生长猪舍相对湿度控制在 65% ～ 75% 为宜。

另外，猪舍内通风同呼吸道疾病关系很大。舍内饲料、粪尿的发酵或腐败，会造成猪舍内 NH_3、H_2S、CO_2 等有害气体超标，直接影响猪的食欲、增重，饲料利用率和健康状况，故猪舍应注意经常清扫，清除粪尿和剩余饲料，同时注意通风换气、保持猪舍空气新鲜。农户养猪舍内要设置对流窗户，窗户下沿要高于地面 1 ～ 1.5 m。规模猪场一般在三墙或房顶设置抽（排）气扇、以保持环境质量。

一般集约化的猪场都采用猪舍环境控制系统，其主要包括温度控制、湿度控制、空气质量控制系统，分别与风扇、水帘、加温、温湿度感应探头、空气质量感应探头等连通，相互配合，协同工作，对猪舍的温湿度及 NH_3、H_2S 等气体进行监测，同时启动工作。如办公室、技术检测、研发中心、辅助生产工程、消毒室、饲料间及药品房、公用工程、配电室、水塔、污水处理工程、服务性（绿化）工程等。

第二章　品种选择

第一节　引进品种

1. **大约克**（Yorkshire，简写为 Y）

大约克猪，又称大白猪、大约克夏猪，原产于英国约克郡及其邻近地区，由英国约克郡本地猪与中国猪种、英国莱塞斯特猪杂交育成，1852 年正式确定为新品种，有大约克和中约克。目前我国引入有法系、英系、美系、瑞系、丹系和加系等大约克猪品种，大约克猪全身被毛白色，头大小适中，鼻面直或微凹，耳向前上方直立，背腰平直，后躯丰满，体躯呈长方形，肢蹄健壮，乳头数 7 对，大约克猪初情期 5 月龄，成年公猪体重 250 ～ 300 kg，成年母猪体重 200 ～ 260 kg。后备公猪 6 月龄体重 90 ～ 100 kg，后备母猪体重 85 ～ 95 kg。初产母猪产仔 9 ～ 10 头，产活仔 8 头以上，初生窝重 12 kg 以上。三胎以上经产母猪产仔 11 ～ 12 头，产活仔 10 头以上，初生窝重 13 kg 以上。21 日龄窝重 60 kg 以上，断奶仔猪数 9 ～ 10 头，哺育率 95% 以上。30 ～ 100 kg 阶段日增重 700 ～ 950 g、155 ～ 170 天达 100 kg 体重，100 kg 时活体背膘 13 mm 以下，料重比（2.3 ～ 2.6）：1。体重 100 kg 时屠宰，屠宰率为 72% ～ 75%，胴体瘦肉率 63% ～ 66%、肌内脂肪 2.00% 左右。

国外在猪三元杂交生产中，常用大约克猪做母本或第一父本。国内多用大约克猪做父本与地方猪种杂交，或者以大约克猪做三元杂交中第一或第二父本，如长白 × 大约克 × 太湖，长白 × 大约克 × 金华等。大约克也被广泛用作终端父本或外三元第一母本及第一父本，如杜洛克 × 长白 × 大约克（DLY）或杜洛克 × 大约克 × 长白（DYL）。大约克猪做亲本杂交，有良好的利用价值。

2. **长白猪**（Landrace，简写为 L）

长白猪原产于丹麦，是由大白猪与丹麦土种猪杂交育成。目前引入的有法系、英系、瑞系、加系、丹系等，长白猪体躯长，被毛白色，头小颈轻，鼻嘴狭长，耳较大，向前倾或下垂。背腰平直，长躯发达，臀腿丰满，整体呈前轻后重，体躯呈流线型，外观清秀美观，体质结实，四肢坚实。乳头数 7 ～ 8 对。长白猪比大白猪性成熟稍晚，公猪 6 月龄性成熟，8 月龄配种。成年长白公猪体重 250 ～ 350 kg，成年长白母猪体重 220 ～ 300 kg；后备公猪 6 月龄体重 90 ～ 95 kg，后备母猪 6 月龄体重 85 ～

90 kg。初产母猪产仔 10 头以上，产活仔 9 头以上，初生窝重 11 kg 以上：三胎以上经产母猪产仔 11 头以上，产活仔 10 头以上、初生窝重 13 kg 以上。21 日龄窝重 50 kg 以上，断奶仔猪数 9 ～ 10 头，哺育率 95% 左右。30 ～ 100 kg 阶段日增重 800 ～ 900 g；体重达 100 kg 日龄为 165 ～ 175 天，料肉比（2.40 ～ 2.80）：1。100 kg 时屠宰，屠宰率 72% ～ 75%、胴体瘦肉率 64% ～ 68%，肌肉脂肪 2% 左右。

国外在猪三元杂交生产中，常用长白猪做母本或第一父本。国内多用长白猪做父本，或者以长白猪做三元杂交中第一母本或第一父本，如长白 × 太湖，杜洛克 × 长白 × 大约克（DLY）。在商品猪生产中，长白猪被广泛用作洋土二元杂母猪的第一父本品种或终端父本，在外三元杂交中的第一父本或第一母本（DLY 或 DYL），均获得较好的杂交效果。但长白猪还存在体质较弱、抗逆性较差，对饲养条件要求较高等缺点。在生产实际中要特别重视。

3. 杜洛克猪（Duroc，简写为 D）

杜洛克猪原产美国东北部，由不同的红色猪种组成，其中纽约的杜洛克猪和新泽西的泽西红毛猪对其贡献最大。我国先后引进台系、美系、瑞系、加系、法系及丹系等。

杜洛克猪全身被毛棕色，体侧或腹下有少量暗斑点。头中等大，嘴短直，耳中等大，略向前倾。背腰平直，腹线平直，体躯较宽，肌肉丰满，后躯发达，四肢粗壮结实。乳头 7 ～ 8 对。杜洛克猪母猪一般在 6—7 月龄开始发情，成年公猪体重 240 ～ 350 kg，成年母猪体重 200 ～ 290 kg：后备公猪 6 月龄体重 95 ～ 110 kg，后备母猪 6 月龄体重 90 ～ 100 kg。初产母猪产仔 8 ～ 9 头，产活仔 8 头以上，初生窝重 10 kg 以上；三胎以上经产母猪产仔 10 ～ 11 头，产活仔 9 头以上，初生窝重 13 kg 以上。30 ～ 100 kg 阶段日增重 800 ～ 900 g，料肉比（2.3 ～ 2.6）：1，达 100 kg 体重日龄为 170 天以下。100 kg 体重时屠宰，屠宰率 72% 以上，胴体瘦肉率 63% ～ 67%、肌内脂肪 2.5% 左右。国内多用杜洛克猪做父本与地方品种杂交，二元杂交或者三元杂交中做父本。在云南省进行商品猪产业化生产中，多用作二、三元杂交的终端父本，效果较好，也有些规模场用杜洛克猪做父本与本地野猪杂交，做特种野猪培育，但还存在受精率低、母性差、肌内脂肪低、水分含量高等问题，需要进行探索研究。

第二节　品系、品种与杂交利用

一、品系

品系是人工育成的具有一定特点、能够稳定遗传、拥有一定数量的猪群。在育成方法上，已不局限于近交一种途径，而且包含杂交、合成等各种手段。不同品系猪存在一定的差距，这和当地生产力需求有较大关系，品系培育灵活，质量要求不如品种全面，主要突出某种特点，不需要考虑长期存在。目前我国引进种猪的品系主要有新美系、丹系、加系和台系等。

1. 新美系猪

新美系的优点是体型好、体格粗壮、生长速度快、瘦肉率高、肉质好、环境适应性强，耐粗饲，在生产中适合做父本或母本。不足之处是母猪的生产性能、产仔数量比较一般，据场内测定数据，产活仔平均 11 ～ 12 头，且后备种母猪利用率、泌乳性能上相对较弱。

2. 加系猪

加系猪与新美系猪的特点类似，体型好、四肢粗壮、生长速度快、120 kg 出栏料重比较低等。

3. 丹系猪

丹系的长白猪性能优秀，杜洛克无特点。丹系长白母猪繁殖生产性能好，根据场内测定成绩，窝均活仔平均 13 ～ 15 头，仔猪生长成绩、后备猪的生长发育性能成绩好。但母猪体型略显单薄、肢蹄不够结实，母猪肢蹄弱，营养水平需求高，仔猪初生重低，对管理要求高，否则淘汰率高。

4. 台系猪

台系猪主要指杜洛克，体型非常好，背膘薄，生长速度快，瘦肉率高、赘肉少、但繁殖性能较弱，胎产活仔数在 8 ～ 10 头。

二、品种选择

猪场要想长期将生产水平维持在一个较高的水准，就一定要重点关注后备猪的选留和引种、需要及时选留或引入后备种猪。这关系到一个猪场的发展和未来。作为养猪人而言，无论是养种猪，还是养育肥猪，首先考虑的就是种源，须了解不同品种和品系的产仔数、生长速度、瘦肉率、料肉比、体型、适应性等特点，同时，我们还要知道自己的需求，比如养殖目的、土地面积、资金、技术、意愿、目标等，确定养殖品种和规模等。

1. 基本要求

因地制宜，选用高产优质高效的生猪良种，品种来源清楚、性能良好、检疫合格。对于中小规模的养殖户，主要是注意外购种猪时务必要从具有《企业法人营业执照》《种畜禽生产经营许可证》《动物防疫条件合格证》的正规种猪场引种，同时，引种时要求其提供“种猪合格证”或“种猪档案证明”。合格证中有三个比较重要的内容：种猪的耳号标记方法、种猪三代以上的系谱和生产性能测定结果。有了这些资料和数据，说明所购买的种猪来源正规，种猪质量相对有保证。

2. 引种流程

第一，各种猪场、扩繁场要根据自己场内的生产工艺及流程设计、生产母猪存栏、淘汰计划、后备存栏、后期生产计划等推算制定引种计划。比如品种、免疫要求、体重、性别、日龄等。第二，寻找能够满足自己需求条件的种猪场，与其联系对接，确定猪只体重、数量等，同时需要提供其企业资质、种猪性能、健康情况等证明材料。第三，将引种计划和所引种生产企业的证明材料等，报当地畜牧兽医行政主管部门审批。第四，联系种猪生产企业，请其向当地的动物疫病预防控制部门申请，对所引种猪群体进行抗体及病原检测，并提供检测报告。第五，由生产技术人员前往猪场进行挑选引进种猪。种猪场在 7 天内将猪只日龄和系谱及免疫信息发送至引种场。

3. 挑选方法

直观挑选法（体型外貌法）。身体健康，无遗传缺陷。毛色等符合品种特征，头部清秀，面额清秀，无腮肉或小腮肉；耳部血管清晰，耳型也符合品种特征（大白竖立，长白下垂前倾，杜洛克下垂）。体形匀称，背腰平直，腰间结合良好，过渡平稳；后躯丰满，肌块明显；四肢健壮有弹性，行走自如、步态轻盈，无跛行、无八字腿、O 型腿等；肢蹄齐整，无蹄裂。乳头，杜洛克 6 对以上，大白、长白 7 对以上，且无副乳头、畔乳头和内翻乳头。公猪性情温顺，睾丸大而对称。

（1）母猪挑选

纯种（L 或 Y）母猪及二元母猪外形必须符合纯种及二元母猪品种特征基本要求，体格及肢蹄健壮，发育良好，且无漏肠等异常，无遗传缺陷，血缘清楚；母猪易亲近，无繁殖缺陷，阴户发育良好，端正，无上翘，大小适中；乳头发育正常，有效乳头 6 对以上且分布均匀。

母猪阴户过小会造成配种和分娩困难，容易导致难产；同时阴户过小意味着母猪子宫容积小，会导致产仔数低。

（2）公猪挑选

被毛及外形符合品种要求，唾液分泌充足，性欲旺盛，体格及肢健壮，发育良好，且无漏肠等异常，无遗传缺陷，血缘清楚，乳头、睾丸等生殖系统发育正常，有效乳头 6 对以上且分布均匀。睾丸大小一致，对称，包皮小，无积液。

（3）商品仔猪的挑选

商品猪品种为 DLY 外形必须符合其品种基本要求，体形匀称，结构良好，被毛及外形符合品种要求，口界干净，同日龄同窝挑选体重较大者，体格及肢蹄健壮，发育良好，精神旺盛，好斗，无拉稀、无漏肠等异常，应长期关注其商品后代的体型、生长速度和料肉比等。

4. 运输

运输之前，让所运输猪只饮用添加抗激剂（如电解多维）的水，联系安排有生猪运输相关资质的专业运输车辆，按规定清扫消毒后，前往指定区域装猪，赶猪时动作尽可能轻缓温柔，等猪只全部装完后，尽可能减少运输时间、夏天长距离运输的需要定期喷水降温，冬天注意保暖，条件允许时，观察所运猪群状况，如有打斗等情况发生，及时隔离处理。

隔离：在运猪之前，选择准备适宜的隔离场所，安装相关设施，做好清扫消毒等准备工作。待猪只安全运到后，先将猪只赶入隔离，34 小时内给饮添加抗应激剂（如电解多维）的水。然后少量添加给喂原场饲料，并逐日按 9 ∶ 1、6 ∶ 4、4 ∶ 6、1 ∶ 9 的比例过渡成本场饲料。隔离期间如发病，对症治疗，待 30 ～ 45 天隔离结束后，转入本场分群饲养。

三、杂交利用

杂交指不同品种、品系或品群间的相互交配，得到杂种后代。目前主要采用的为二元或三元的经济杂交。

1. 二元杂交

二元杂交是利用两个不同品种的公、母猪进行一次杂交，生产杂种一代猪，全部用来育肥。这种方法简单易行，在农村推广应用较多，只要是有父系品种都可以进行，是目前应用最广泛、最简单的一种杂交方式。这种方式仅利用了父系品种的生长速度和胴体性状，没有利用母猪的繁殖性能的杂种优势。但这种方式将引进品种作为父本，本地品种作为母本进行杂交，这对改良利用本地品种，有很好的效果。

2. 三元杂交

三元杂交是先用两个品种的猪进行杂交，从杂交一代中挑选较好的母猪与第三个品种进行杂交，生产的商品猪全部育肥。这种杂交方式由于母本是二元杂种，能充分利用母本杂种优势。另外，三元杂交比二元杂交能更好地利用遗传互补性。目前普遍受市场欢迎。

3. 其他杂交

非洲猪瘟疫情肆虐，致使猪种源极度缺乏时，需要提高种猪繁殖效率和良种供应能力。可以采取延长能繁母猪使用时间，扩大母猪存栏，增加繁殖仔猪数量满足供应，对有条件的扩繁场，建议探索系间杂交、级进杂交、轮回杂交或者配套系杂交等，以快速增加种源供应。

（1）系间杂交

同一品种内的不同品系，或者不同品种的品系之间进行杂交，比如用美系的长白与丹系的大约克进行杂交，生产二元杂交猪，也可以生产三元杂交猪。

（2）级进杂交

两个品种杂交，其杂种后代连续几代与其中一个品种进行回交，最后所得的畜群基本上与此品种相近，同时亦吸收了另一品种的个别优点。级进杂交通常有两种方式。若某一品种生产低劣，可将该品种母畜与另一高产品种的公畜杂交，其杂种后代连续 3 ～ 4 代与高产品种回交，后代保留低劣品种个别优点，生产性能接近或超过高产的优良品种。这种级进杂交方式常称为改造杂交或改良杂交。若某一品种基本上能满足需要，但个别性状不佳，难以通过纯繁得到改进，则选择此性状特别优良的另一品种进行杂交改良。杂种后代连续 3 ～ 4 代与原有品种回交，可纠正原有品种的个别缺点，以提高畜群的生产性能。此方式常称为引入杂交或导入杂交。

（3）轮回杂交

又称回交，是在杂交过程中，逐代选留优秀的杂种母猪作母本，每代用组成的亲本的各品种公猪轮流做父本进行杂交的方法。通过多次轮回杂交，其回交后代与亲本的性状将会有很大的一致性。利用轮回杂交，由于猪场只将杂种母猪和少数不同品种良种公猪来轮回相配，可以减少纯种公猪的饲养数量，可利用各代杂种母猪的杂种优势来提高生产性能，减少引进纯种母猪、降低疫病传染的风险。常用的轮回杂交有二品种轮回或三品种轮回。

（4）配套系杂交

又称多品种杂交。采用四个品种或者品系，先分别进行两两杂交，然后在杂交后代中选出优良的父母代，再进行多品种杂交。目前国外推进的配套系杂交有 4 系（斯格、托佩克）、也有 5 系（PIC、迪卡）。

以上的杂交生产方式仅是应急性地生产商品仔猪的一种方式，一旦非瘟常态化下生猪产能平稳恢复后，通过一系列的实践验证，这种生产方式将会逐渐更改或消失。

四、妊娠母猪管理

（一）母猪的发情鉴定

1. 初产母猪

初情时排卵数目少，身体其他器官和组织的发育也未完全成熟，故一般应在第二或第三次发情时配种，发情鉴定参考经产母猪。

2. 经产母猪

断奶后 3 ～ 5 天母猪开始发情。在断奶后第三天起必须注意观察母猪的行为。每日早、晚两次对母猪进行试情（上午 6：30—8：30 和下午 16：00—17：30），试情选用善于交流、唾液分泌旺盛、行动缓慢的老公猪，在安静的环境下，当母猪出现站立不动并接受公猪的爬跨（静立反射）时，即可判断母猪发情成熟。此时即把母猪赶开，以便让公猪集中精力来检查和刺激其他母猪的发情。

（二）适时配种

1. 母猪表现

行为上由鸣叫不安、爬跨其他母猪，变得相对安静，由不愿意接受压背试验变成愿意接受压背试验，出现静立反应及表现。

2. 阴户颜色

阴户肿胀消退并出现皱褶，黏膜颜色由鲜红色变成暗红色（潮红色），阴户间有白黏液流出，用手扒开阴户可见阴蒂、阴户内四周变成暗红色（潮红色），内黏膜有反光黏液溢出。内黏液用手指沾后，拉开手指黏液呈现“线形”。

3. 按穴表现

用手指按母猪压巢穴、尾本穴，母猪不动，做出接受交配的姿势。

（三）配种

受胎是精子和卵子在输卵管内结合成受精卵以后受精卵在子宫内着床发育的过程。所以掌握最佳的配种时间，使精子刚达到输卵管时排卵，这对于提高猪的受胎率非常重要。但生产中一般难以掌握，饲养员可通过按压母猪背部开始静立反射后12小时进行配种，或在有静立反射且母猪发情征兆明显时，则立即配种。

如果在上午出现“静立表现”，则当天下午输精一次，第二天上午再输精一次。如果在下午出现“静立表现”，则第二天上午第一次输精，第二天下午第二次输精，二次输精间隔时间必须在 8 ～ 18 小时。对于个别发情异常的母猪应根据个体不同情况决定配种时间。

配种方法主要有自然交配（本交）和人工授精两种。本交又分为自由交配和人工辅助配种两种，目前农户在生产中多采用本交中的人工辅助配种方式，而专业户和规模场在生产中多采用人工授精。

1. 人工辅助配种

人工辅助配种交配场所应选择离公母猪猪圈较远，平坦安静的地方，且应在公母猪饲喂前后2小时进行。配种时先把母猪赶入交配地点，用毛巾蘸0.1%的高锰酸钾溶液，擦拭母猪臀部、肛门和阴户，然后赶入公猪，当公猪爬上母猪背部后，用含0.1%高锰酸钾溶液的毛巾擦拭公猪的包皮周围和阴茎，然后把母猪的尾巴拉向一侧，使阴茎顺利插入母猪阴道，必要时可用手引导阴茎。公母猪交配后赶回圈内休息。

2. 人工授精

人工授精有利于预防传染病，减少外来养畜人员进猪场以及公猪接触母猪的机会，防止带菌、带毒，提高公猪利用率。一头良种公猪一年可以承担500头母猪的配种任务，每年提供商品猪近万头，一次采精量可以配母猪 10 ～ 20 头。而本交，一头公猪只能承担 30 ～ 50 多头母猪的配种任务。人工授精有利于优良品种的推广，充分发挥良种公猪的优势作用。可以适时给发情母猪输精配种，由输精技术员携精上户，十分方便。可以克服因公、母猪体型差距过大，不易本交的困难。通过精液质量，可以快速鉴别不育或者有生殖缺陷的公猪。

（1）用具

目前多用一次性输精管，有螺旋头形和海绵头形，长度约为50 cm，螺旋头形适合于后备母猪，海绵头形适合于经产母猪。

（2）清洁

输精前准备工作：输精前先用 0.1% 高锰酸钾水溶液清洁母猪外阴、尾根及臀部周围；再用温水将母猪外阴部冲洗干净；最后用洁净的一次性纸巾擦干，防止将细菌带入阴道。

（3）精液准备

从保存箱取出精液，轻轻摇匀，用已灭菌的滴竹取 1 滴精液放于预热的载玻片上，在 37℃下检查活力，精液活力＞0.7 才可进行输精。确认公猪品种耳号，让精液缓缓升温至 35℃左右。

（4）输精方法

从密封袋中取出一次性输精管（手不应接触输精管前 2/3 部分），在其前端涂上专用润滑油或精液，润滑输精管的色头。用手将母猪阴唇分开，将输精管沿着稍斜上方呈 45° 角慢慢插入阴道内，当插入 4 ～ 5 cm 时再平行插入，当插入 25 ～ 30 cm 时会感到有阻力，此时输精管顶端已到子宫颈口，用手再将输精管左右旋转，稍用力，此时输精管顶部已进入子宫壁，可进行输精。用输精瓶输精时，当插入输精管后，打开输精瓶顶端盖子，插到输精管尾部即可输精。

（5）输精控制

正常的输精时间应与自然交配所用时间一样，精液流出的速度不能太快，输精时间要求 3 ～ 5 分钟，最好是在人为刺激条件下让子宫自然收缩而产生负压进行自然吸收。为了防止精液倒流，输完精后，不要急于拔出输精管，可将输精瓶取下，把输精管后端一小段打折，使其滞留在生殖道内 3 ～ 5 分钟，再把输精管慢慢拉出，防止精液的倒流。

（四）妊娠诊断

1. 观察法

配种后根据母猪外阴部及母猪行为变化判断母猪是否妊娠，主要做好“一看、二查、三验尿”。“一看”即配种后 20 ～ 23 天，察看是否出现发情表现。“二察”即配种后是否表现嗜睡、安静、贪吃且食量渐增，逐渐上膘，性情温驯，行步稳重，腹部膨大等特点。“三验尿”即取母猪尿液 10 mL，比重 1.01 ～ 1.025、尿液中加少量醋酸（使呈弱酸性），滴入碘酒，移到酒精灯上煮沸、孕尿呈现红色（杨梅红），冷却后尿液颜色消失，而未怀孕母猪尿为黄色或褐绿色。

2. 超声波测定法

在配种后 28 天，采用超声波妊娠诊断仪对母猪腹部进行扫描，观察胚泡液或胎儿心跳的变化，此种方法操作简单，检出率高，但设备昂贵，故在专业户与规模养殖场中使用较多。

以上方法诊断准确率一般为 80% ～ 95%。

（五）母猪饲养管理

母猪怀孕期为 114 天，按胎仔在子宫内发育情况可分为：配种受胎期、妊娠前期、妊娠后期。受胎期与妊娠后期的饲养管理最为关键。

1. 妊娠前期

配种后 3 ～ 21 天，是胚胎附着子宫角，内分泌处于调整的关键时期。此期主要是保胎，防止胚胎死亡，防止流产。研究表明，配种后 28 天，不要轻易惊吓母猪，这对胚胎着床十分重要。

配种后尽快将群饲改为个体饲养，妊娠前期可采用 3 ～ 5 头的小群饲养；调教定点排便，保持圈舍干燥卫生；做好夏防暑冬保暖工作，使温度保持在 20℃左右，严禁舍内高温、潮湿、结冰、打滑，防止流产；在适温的情况下保持安静，使子宫能有效地附植更多的受精卵。配种后 18 ～ 24 天以及 39 ～ 45 天认真做好妊娠诊断，及时检测出复发情或未受孕的母猪；此时期的母猪应尽量少受应激刺激，特别是要避免热应激，不得鞭打、追赶及粗暴对待母猪，不得大声吆喝，不得饲喂霉变、冰冻的饲料，以防止死胎和流产。

要让母猪吃好，日喂配合饲料、青绿饲料各两次，休息好，不能驱赶，少运动，保证清洁饮水和厩舍干燥清洁卫生，防滑倒、防惊吓、防越沟跳墙。严禁鞭打拥挤的母猪，以防流产。挂牌标明母猪预产期，并于临产前半个月清扫消毒（三轮大消毒）产仔舍，临产前一周进入产仔舍饲养管理。

2. 妊婚后期

妊娠后期单栏饲养，并减少运动量，临产前停止运动，防止便秘，有利于产仔。母猪在产前 7 ～ 10 天转入产房适应环境，同时注意乳房、腿、阴户部分的刷洗，保持圈舍及猪体的清洁卫生。

五、哺乳母猪管理

（一）推算预产日期

母猪妊娠期平均为 114 天，根据配种记录推测预产期。推算：3 个月 3 个星期零 3 天，简记：333。

（二）防止便秘

给产前 1 周的母猪或其他便秘母猪投服轻泻剂，每头 15 ～ 20 g 硫酸镁（$MgSO_4$）或硫酸钠（Na_2SO_4）。

（三）消毒驱虫

产前 1 周，对母猪进行清洁、消毒，重点是尾部、腹部、四肢。同时驱除体内外寄生虫，每头肌内注射 2 ～ 5 mL 维生素 A、维生素 D、维生素 E，为临产母猪转入产房做准备。

（四）清洗准备

产前 1 ～ 2 天，用 0.1% 卫康将乳房清洁干净，检查产房温度使其保持在 32℃，预备保温箱供乳猪保温，规模化猪场要将产房冲洗干净。

（五）临产前征

产前 1 天，若奶头可挤出乳汁，约 6 小时后可分娩，产前 6 ～ 12 小时，母猪出现扒地和擦栏现象，食欲下降，甚至不起身吃料，产前 3 ～ 5 小时母猪兴奋不安，呼吸加快，发生连续的声音，粪尿频繁，母猪下卧，四肢伸直，这是临产前征兆。

（六）接生准备

出生环境越冷，仔猪体温降低越多，过低体温所形成的风险就越大。要满足新生仔猪对较高环境温度的要求，即最低临界温度为 34℃，同时也应考虑产仔母猪的临界温度，即 15 ～ 20℃。接产前，要求饲养员必须在场，对母猪与仔猪做好护理与紧急救护工作。并准备好保温设施，接产室，消毒药（米苏儿、消毒灵、碘酒、高锰酸钾溶液、百毒杀），冬季要特别注意仔猪保温箱的保温效果。并用消毒毛巾擦干净母猪乳房、阴部，并垫上消毒后的清洁麻袋。

（七）接生操作

（1）用已消毒的毛巾擦干小猪口、鼻、身上黏液。

（2）剪牙。

（3）剪尾（剪至留 4 ～ 5 cm 用缝线结扎或烧烙止血）。

（4）剪脐带（在距腹部 4 ～ 5 cm 处夹断，涂上碘酒）。

（5）称窝重，留种猪打耳标，记录好档案卡。

（6）产后 12 小时内注射补铁剂血康 1 mL。

（7）让仔猪吃上初乳，并固定乳头，即使寄养仔猪，也要吃上初乳。

（8）实行猪瘟超前免疫：即吃初乳 2 小时前皮下注射猪瘟弱毒苗 1 份 / 头。

（八）异常状况处理

1. 仔猪假死

产仔时，发现假死现象，及时处理。先将口腔、鼻腔中的黏液擦掉，抓住仔猪后肢，让其倒吊，用手拍打背部或使仔猪腹部朝上，左右手持其前后肢，进行屈伸运动以促进呼吸，如呼吸困难，轻轻按压仔猪胸肺以帮助呼吸，切忌向仔猪的嘴中吹气。

2. 助产

对产期时间长的母猪，周期性宫缩超过 6 小时，羊水破后 1 小时以上要及时处理，注射催产素，每次用量为 10 ～ 20 单位，必要时隔 30 分钟再注射一次，再经半小时仍未生产，需要及时助产。助产前必须用肥皂和消毒水擦干净母猪的阴户和后臀，消毒双手，戴上消过毒的乳胶手套或双手涂上润滑剂，五指捏成锥形，缓慢伸入阴道，手深入不必超过骨盆，抓住小猪，随母猪的努责，慢拉出以便不伤害母猪与仔猪，产后用高锰酸钾冲洗子宫，通过阴道灌注生理盐水和抗生素。

（九）产后处理

产后母猪要用 0.1% 卫康或 0.1% 高锰酸钾溶液冲洗阴道消毒、有流产、死胎、木乃伊、黑胎或难产要加注青霉素等抗生素，预防产科疾病，产后一周检查母猪的胎衣不下、产后恶露、流血、厌食等情况，并及时采取治疗措施。

（十）饲料营养

产仔前的母猪每日定量饲喂料 2.8 kg。分娩当天停止喂料，产后第 1 天喂料 1 kg，逐日增加至第 3 天正常量。每日饲喂料 2.5 kg，每带仔一头加喂料 0.25 kg，体况较瘦的母猪，可增加喂料量，有条件的可加喂熟鸡蛋。

（十一）管理

每天要对产后 1 周内，厌食、乳头红肿的母猪，所带仔猪发生下痢及生长不良的母猪作乳房检查，看是否有坚硬、红肿、发热的症状，检查阴道有无不正常的排泄物和上阴是否肿胀，对食欲差的母猪做全面检查，发现异常及时治疗。

产后 2 ～ 3 天，仔细检查仔猪发育状态，若母乳不够，仔猪会比较瘦弱；母乳充足、仔猪生长迅速，肌肉体态营养良好，如母乳不足应注射 2 mL 催乳素或 10 ～ 20 g 催乳粉与饲料混合连续饲养。断奶前 34 天，母猪减料 1.5 ～ 1.8 kg, 断奶当天完全停止饲料供给，预防仔猪停止吮乳导致乳腺炎发生，同时注射维生素 A、维生素 D、维生素 E，以促进断乳后正常发情。同时注意保持栏舍卫生清洁、舒适、温暖、安静、防止乳房损伤、冻伤，使母猪养成正常的哺乳规律。每天让母猪适当运动（参考运动量为每天 1 ～ 2 km），增强体质，严禁饲喂发霉变质饲料，每天喂 3 次湿拌料，清扫 2 次猪舍，保证清洁饮水。

（十二）适时断奶

当前农户，一般采用 28 ～ 35 日龄断奶；规模猪场，一般采用 28 日断奶。可分为一次断奶、分批断奶和逐渐断奶三种方法。

第三节　仔猪与生长育肥猪饲养管理

一、　哺乳仔猪饲养管理

哺乳仔猪生长快，代谢旺盛（10 日龄体重达到出生体重的 2 倍以上），但由于消化器官不发达，消化机能不完善，体温调节机能不健全，怕冷，缺乏先天免疫力，容易出现患病等生理特点。哺乳仔猪的饲养管理要“抓二食（奶食和料食）”“过三关（初生关、补料关和断奶关）”。

（一）固定乳头

母猪无乳池，泌乳有间歇性，只分娩后 2 ～ 3 天是连续放乳，其后是由仔猪拱揉母猪乳头 1 ～ 2 分钟后放乳，每次放乳时间 10 ～ 20 秒，平均昼夜哺乳 20 余次；产后 3 天内的乳汁为初乳，含有大量抗体物质，但仔猪吸收抗体的最佳时间是出生后 24 小时之内。

根据仔猪“四阶段”吮乳特性而固定。出生后 24 小时内是吃初乳的最佳时间，特别是出生后 5 小时内可 100% 吸收大分子抗体物质，此时肠壁通透性非常好、无条件无选择吸收、称为肠道的饱饮作用，初乳是仔猪生存的保护神，对于仔猪是不可缺少和取代的。

（二）保温防冻防压

初生仔猪 1 ～ 3 日龄最适环境温度为 30 ～ 32℃，4 ～ 7 日龄为 28 ～ 30℃，8 ～ 30 日龄为 22 ～ 27℃，根据不同日龄适宜温度需求可采用红外线保温灯、电热板防寒保暖。也可调整母猪产仔季节，让母猪 3 ～ 5 月和 9 ～ 10 月产仔，可避免严寒和酷暑天气的影响。

（三）仔猪寄养技术

由于仔猪数量多于母猪的有效乳头数或同窝仔猪个体参差不齐，母猪异常终止泌乳等原因，可能导致仔猪营养不良、饥饿甚至死亡。所以将仔猪寄养给合适的母猪，是减少营养不良、饥饿和死亡非常有效的技术。通过交叉寄养可减少一窝仔猪的出生重差异，提高弱小仔猪的存活率和生长速度。“调配寄养”可在有过多孤儿仔猪时采用，但取决于猪场的健康状况。越来越多的猪场不会在产房间转移仔猪，并将寄养限制在产后 24 小时内。

根据仔猪能吮吸的母猪的有效乳头数来确定母猪的抚养能力，并观察仔猪吮乳行为，确定哪些仔猪没有固定奶头，哪些仔猪的状况可能会恶化。寄养最好在分娩后 6

小时内，在亲生母猪那里吃 10 ～ 12 次初乳后；营养不良的仔猪应被寄养给最近产仔的母猪，同时也要考虑健康状况。如果弱小仔猪能在母亲那里生长得更好，那么强壮的仔猪应被寄养。挑选强壮仔猪（非病患）进行寄养，应寄养给性情温顺、有细长奶头、生产 1 ～ 3 天内的母猪；若弱小的仔猪，应寄养给刚生产的仔猪头数不多的母猪，生存机会更好，那么可寄养弱小仔猪。据研究，凌晨 4：00 寄养易成功。

（四）抓五补

1. 补铁

母乳含铁量少（0.2 mg/100 mL），仔猪生长需铁量大（7 mg/d）；铁是构成血红蛋白、肌红蛋白、细胞色素酶和氧化酶的重要成分；缺铁则贫血、生长受阻、抗病力弱、易患病；缺铜则铁吸收受限，同时贫血造血、毛发生长、骨骼、结缔组织正常发育受阻，铜一般不易缺乏，但高铜对幼猪生长和饲料效率有促进作用（200 mg/kg 饲料）。仔猪出生后应补 Fe-Cu 合剂，25 g 硫酸亚铁 +1 g 硫酸铜溶于 1000 mL 冷开水中，每天每头仔猪喂服 2 次，每次 3 ～ 5 mL，也可在饮水或饲料中喂给或注射富铁力、生血素、血多素（英国）、富来血（加拿大），按说明使用，一般 3 ～ 4 日龄注射 1 ～ 2 mL，12 ～ 15 天时再注射一次。

2. 补硒

硒是谷胱甘肽过氧化酶的主要成分，可保护细胞内膜不受破坏，同时具有抗氧化作用，并促进维生素 E 吸收利用；如果缺硒，可导致仔猪食欲下降精神不振、关节肿大瘫痪，猝死，剖检肝坏死，肌肉苍白，心包积水，心肌坏死，胃溃疡；我国绝大部分县是缺硒县。所以仔猪出生后 3 日龄肌注 0.1% 亚硒酸钠 0.5 mL、断奶时再注射 1 mL；也可注射硒 – 维生素 E 合剂或者饲料中加入硒 0.3 ～ 0.5 mg/kg，效果更好，应普遍使用。

3. 补添加剂

仔猪胃酸不足，不能激活消化酶对饲料产生消化作用，补酸有利于抑制胃肠道有害微生物繁衍，降低消化道疾病发生率，可促进矿物质和维生素的吸收，矿物质在碱性环境中易形成难溶的盐而不易被吸收，在酸性环境中易形成被吸收的络合物，如延胡索酸和柠檬酸，这些络合物与 Ca、Cu、Zn、Fe、P、Mg 等发生反应形成一种生物效价高的络合物促进了吸收和保留，经试验研究发现，饲料中添加有机酸，则 Ca、P、Mg、Zn 的吸收率提高 30%，仔猪体内常量和微量元素贮量增加 13% ～ 43%，维生素 A、维生素 C 稳定性提高 10.24% 和 12.20%。可以采用饮水或饲料中添加有机酸的形式进行补饲。

4. 补水

水是消化、吸收、运送养分和排出废物的溶剂，也可调节体温和体液电解质的平衡，仔猪新陈代谢旺盛，生长发育迅速，母乳含脂率高，所需水量较大，仔猪缺水可导致其消化不良，食欲下降，因此，必须随时保证足够的清洁饮水。故猪场要安装自动饮水器或水槽，饮水器高度 10 ～ 15 cm（仔猪肩部水平线上 5 cm 处），水槽常刷洗，勤换水，冬季可供给温热水，一般出生后 3 天开始补给清洁饮水。

5. 补料

补饲优质饲料是仔猪获取生长发育所需营养物质的唯一途径，母猪泌乳量在分娩后第 3 周达到高峰后逐渐下降，不能满足迅速增长的仔猪对营养物质的需求，补饲优质饲料可以降低断奶后生长停止的发生率，并使断奶时母猪的体况较好。当仔猪 7 日龄时，在仔猪能自由出入的补料箱（栏）的清洁、干燥、坚硬地面撒上少量经膨化处理的新鲜优质乳猪颗粒料，要充分利用上午 9：00 至下午 3：00 仔猪活动时间来诱食，也可关进补料箱（栏）强制补料，每天 2 ～ 3 次；训练刚出牙和好奇的仔猪认料，锻炼其咀嚼和消化能力；每天清扫掉未吃完的饲料，换上新鲜饲料，4 天后可在仔猪食槽中补料；严禁粪便污染饲料并保证充足清洁饮水。15 ～ 30 日龄时，仔猪已有一定的消化能力，母乳已不能满足仔猪营养需要，仍可强迫训练，以减轻母猪泌乳的负担。当仔猪 28 ～ 35 日龄能正常采食颗粒乳猪料时即可断奶，断奶后仍喂 7 ～ 10 天乳猪料，然后再逐渐换喂仔猪料。

（五）免疫接种

预防传染病：仔猪一生下即皮下注射猪瘟疫苗 1 头 / 份量，2 小时后喂初乳，30 日龄进行猪瘟二次免疫，断奶时注射三联苗预防传染病，15 ～ 30 日龄口服 2 次副伤寒苗。

定期消毒，给予清洁饮水，母猪产前 15 天注射大肠杆菌工程苗、多价苗，饲料中添加酸化剂、抗生素、益生素等综合措施预防仔猪腹泻。

二、仔猪饲养管理

（一）平稳过渡

断奶时，先赶走母猪，让仔猪留原栏饲养 4 ～ 5 天，断奶半月内应保持饲料组成、饲养方式、饲养时间不变，饲养人员不变，应与原来基本相似的饲养管理秩序，使之不会因骤变引起仔猪消化机能减退进而发生腹泻。

（二）组群

进入保育舍，仔猪组群应尽量保持按窝分群；适当调整大小，较弱的集中一栏，加强护理，投喂药物，加强保温。编群时，将编群仔猪放入较大运动场、饲喂鲜嫩青绿饲料，让其相互熟悉后再合群圈养。

（三）少量多餐，逐渐过渡

仔猪断奶 7 天内，投放饲料应少量多餐，细心护理，每天 4 ～ 6 次，断奶当天不可喂料、第二天开始喂料，并逐渐增加，同时拌入抗生素防止因暴吃而腹泻。仔猪断奶15天左右，逐渐由仔猪料转换成小猪料，应安排7天转换过渡期。

（四）防寒保温

冬春断奶仔猪应作好防寒保温工作，一般栏舍应保持20℃以上，发现仔猪叠堆、说明室温较低，需打开保温灯；若仔猪分散活动，则不需开保温灯；若夏秋气温过高，超过32℃，应采取淋浴降温或排风通风降温。

（五）驱虫防疫

断奶后4周口服抗寄生虫药帝诺玢（一吨料加1 kg，连喂7天），驱除体内外寄生虫。每周用0.5%卫康对猪舍进行带猪消毒2次。搞好免疫注射，要求绝对保证将各种疫苗逐头按要求剂量注射到正确部位。

三、生长育肥猪饲养管理

猪的肥育是养猪生产中的最后一个环节。此阶段的主要任务是在较长的时期内，用较少的劳动力和饲料，使猪生长快，肉质好。

（一）合理分群

对体小瘦弱的猪及时调教，尽量分开饲养，给予充足饲料。适宜规模是每栏饲养10～20头，密度为每头猪平均占地面积0.8～1 m。

（二）适宜环境控制

1. 适宜温度

猪舍适宜温度15～25℃，过低过高都不利于猪生长。

2. 适宜湿度

猪最适宜的相对湿度为50%～70%。温湿度是相关联的，获得最高日增重的适宜温度为20℃和相对湿度50%。研究表明：潮混空气的导热性为干燥空气的10倍。猪舍湿度越大，猪体散热越多，猪体感觉越冷，生长受阻，易患病。因此，要求猪舍干燥。

3. 通风换气

猪舍应以螺旋式通风换气为宜，禁止对流式通风换气。冬春空气流速以0.2 m/s，夏秋以0.8 m/s为宜。每头肉猪每小时换气量冬春季为45 m^3，夏秋季为65 m^3。

4. 光照

大量研究表明，光照对肉猪的日增重和饲料转化率均无显著影响。

（三）饲料调制与饲喂技术

试验表明，稠喂饲料比稀喂饲料营养物质利用率提高 35% 以上，氨的存留率提高 45%；喂颗粒料比喂湿粉料日增重提高 21.6%，节省饲料 36.9%。所以，颗粒料优于粉料，湿喂优于干喂，稠喂优于稀喂。体重在 20 ～ 60 kg 的猪，应利用其生长快、饲料利用率高、沉积脂肪少等特点采用不限量方式日喂 2 次，吃饱吃净为度。保持充足饮水，厩舍干燥卫生。体重在 60 ～ 100 kg 的猪，应限量喂给，这样可减少背膘厚，提高瘦肉率，提高饲料转化率，日喂 2.2 ～ 2.6 kg，每日 2 次。保持充足清洁饮水，厩舍干燥卫生。

（四）调教

做到食、睡、便三定位。做好调教工作，必须“三勤一早”，即：勤守候、勤驱赶、勤调教，抓得早（当猪进入新圈舍时应立即抓紧调教）。

（五）防疫驱虫

1. 防疫

若仔猪阶段已进行有效防疫注射，则转入肉猪群后到出栏前，无须再进行防疫注射。但当周围出现疫情时，为防万一，可再注射一次疫苗。猪舍每月用 2%NaOH 溶液消毒一次。饲养员不得在各幢猪栏之间互串。

2. 驱虫

肉猪的寄生虫主要有蛔虫、姜片吸虫、疥螨和虱子等体内外寄生虫，一般肉猪在 80 日龄进行第一次驱虫，50 kg 左右，再进行第二次驱虫。

3. 驱虫药物

驱虫净（四脒唑）用量为每千克体重 20 mg；丙硫脒唑用量为每千克体重 100 mg，拌饲一次喂服；驱疥螨和虱子：敌百虫用量为每千克体重 0.1 g，溶于温水中，擦洗猪体。注意驱虫后排出的虫体和粪便，要及时清除发酵，以防再度感染。

（六）适时出栏

达到出栏体重即行出栏，出栏体重因猪种不同而异。土洋杂猪一般 90 ～ 100 kg 出栏，瘦肉型猪一般 100 ～ 130 kg 出栏，用于腌制的本地猪一般 120 ～ 140 kg 出栏，小型猪种，如滇南小耳猪等，一般 50 ～ 60 kg 出栏。

第三章　常见疫病防控技术

第一节　非洲猪瘟、口蹄疫和猪繁殖与呼吸综合征

一、非洲猪瘟

非洲猪瘟（African swine fever, ASF）是一种由非洲猪瘟病毒（Africanswine fever virus, ASFV）引起的所有品种和年龄的家猪和野猪的传染病。临床症状根据流行毒株的致病力不同而有很大差距，从超急性、急性、亚急性到慢性不等。急性非洲猪瘟的特点是高热、网状内皮系统出血和高死亡率。欧洲野猪和野化家猪也易感，临床症状和死亡率接近于家猪。非洲野猪如疣猪(*Phacochoerus aethiopicus*)、丛林猪(*Potamochoerus porcus*)和大森林猪(*Hylochoerus meinertzhageni*)对该病不易感，很少出现或无临床症状。这些非洲野猪在当地是该病的储存宿主（Sanchez-Vizcaino，2006）。现已证明钝缘蜱属的软蜱是 ASFV 的储存宿主和传播媒介。世界动物卫生组织（OIE）将其列为法定报告动物疫病（A 类动物疫病），该病也是我国重点防范的一类动物疫病。急性型特征是发病过程短，超急性和急性感染病死率可高达 100%，临床表现为发热（40 ～ 42℃），心跳加快，呼吸困难，部分咳嗽、鼻孔流血、呕吐及腹泻，有的呕吐物及腹泻粪便带血，眼鼻有浆液性、黏液性或脓性分泌物，皮肤发绀，淋巴结、肾脏、胃肠黏膜明显出血，脾脏异常肿大、质脆、颜色通常呈深蓝紫色。非洲猪瘟临床症状及病理变化与古典猪瘟的临床症状及病理变化高度相似，只能通过实验室检测进行最终的确诊。

（一）病原

ASFV 是非洲猪瘟病毒科（Asfarviridae）非洲猪瘟病毒属（*Asfivirus*）的唯一成员，它是一种复杂的大 DNA 病毒，二十面体对称，有囊膜，具有虹彩病毒科和痘病毒科的许多特征（Arias 和 Sanchez-Vizcaino，2002a； Vinuela，1985）。该病毒对外界环境抵抗力强，对腐败和干燥环境都有很强的耐受力，在有机质存在条件下，会表现出更强的抵抗力。病毒耐低温，对高温敏感，低温暗室内存在于血液中的病毒可生存 6 年，室温中可存活数周；加热被病毒感染的血液 60℃ 20 分钟，病毒才能被破坏；许多脂溶剂（乙醚及氯仿）和消毒剂（碘制剂、苯酚类、福尔马林）也可将其破坏。非洲猪

瘟（ASF）不是一种人畜共患病，不会影响到公共卫生。ASFV 检测应在主管部门批准的实验室操作，并遵守 OIE3 级和 4 级病原体生物防护措施准则。

（二）临床症状

该病的潜伏期通常为 4 ～ 19 天。强毒力毒株可引起以高热、食欲废绝、皮肤和内脏出血为特征的最急性和急性出血性疾病，通常在 4 ～ 10 天内死亡，有时甚至在出现临床症状前死亡，死亡率高达 100%。毒力稍弱的毒株感染表现为轻微发热、食欲减退、精神沉郁等温和临床症状，易与猪的其他疾病相混淆而不会怀疑是 ASF。不会产生出血症状的低毒力毒株，偶尔会引发一些非出血性亚临床症状或仅是血清转阳，但有些动物可在肺脏和骨骼突出部位的皮肤上出现个别损伤，或在其他部位存在散在病灶。急性或慢性病例自然痊愈后可转成持续性感染，成为病毒携带者。

1. 超急性型非洲猪瘟

超急性型非洲猪瘟由高毒力的病毒毒株引起。病猪往往无明显症状就突然倒地死亡，个别猪只出现食欲缺乏、惊厥的症状，并在几个小时内死亡，器官无明显病变。

2. 急性型非洲猪瘟

急性型非洲猪瘟是该病的最常见表现形式，由高毒力或中等毒力的毒株所引起。感染急性非洲猪瘟的猪病初表现为高热（40 ～ 42℃），随后逐渐开始食欲废绝、精神沉郁、共济失调、咳嗽、呼吸急促，白色被毛的猪只感染后可见其四肢、耳部、尾部等末梢处出现皮肤发绀。感染猪只通常在出现高热 1 周后死于休克，鼻唇可观察到泡沫。其他临床症状包括脓性鼻液、鼻血、呕吐（带血）、疼痛、便秘或腹泻（带血）。母猪可出现流产，且在一些病例中流产是该病暴发的前兆。出现以上症状的猪，其中 90% ～ 100% 将在 7 天内死亡，康复猪带毒时间长达 3 个多月。

3. 亚急性型非洲猪瘟

亚急性型非洲猪瘟主要由中等毒力的毒株引起，感染动物所表现的临床症状与急性型类似，只是出血与水肿比所报道的急性型病例要更严重，且流产是亚急性型的首要临床症状。

4. 慢性型非洲猪瘟

慢性型非洲猪瘟主要由低毒力毒株引起或由急性型转化而来，主要以皮肤坏疽及关节炎为主要特征。体温 39.5 ～ 40.5℃，呈不规则波浪热，生长抑制跛行、出现呼吸系统症状、流产及低死亡率，与其他型相比，慢性型并不出现血管病变，大部分病猪都能康复，并长期带毒。

（三）病理变化

非洲猪瘟病毒会引起多种病变类型，这取决于病毒毒株的毒力。急性和亚急性以广泛性出血和淋巴组织坏死为病变特征。病变主要发生在脾脏、淋巴结、肾脏、心脏等器官组织上。内脏器官广泛性出血。脾脏异常肿大，呈深蓝紫色，质地脆弱。肺脏常伴发严重肺炎。淋巴结肿大、出血，呈暗红色，切面呈大理石样。肾脏表面及皮质有点状出血。心包中含有猩红液体，心内膜及浆膜可见斑点状出血。在一些慢性或者亚临床病例中病变很轻或者几乎不存在病变。

在急性病例中，还会出现其他病变，例如，腹腔内有浆液性、出血性渗出物，整个消化道黏膜水肿、出血。肝脏和胆粪充血，膀胱黏膜斑点状出血。脑膜、脉络膜、脑组织发生较为严重的水肿出血，亚急性型感染猪可见淋巴结和肾脏出血，脾肿大、出血，肺脏充血、水肿、有时可见间质性肺炎，慢性型感染猪可见肺突变或局灶性干酪样坏死和钙化。病程较长者，大多发生纤维素性心包炎、肺炎以及关节肿大等慢性病变。

（四）诊断

非洲猪瘟的临床症状和病理变化与猪的其他一些出血性、高度接触性传染病很相似、比如猪瘟、高致病性蓝耳病、猪丹毒、收血型猪链球菌病及沙门氏菌病等。因此，很难或者不能根据临床症状和眼观病变来判断是否为非洲猪瘟、实验室检测是诊断该病最可靠、最准确的方法。通常采集猪的 EDTA K2 抗凝血、脾脏、淋巴结、扁桃体、肺脏、肾脏组织样品送检，也可采集猪的口鼻肛拭子和血拭子样品。如有需要检测环境、车辆、用具、物资外包装及人员等样品时，可用无菌纱布、棉花等经无菌生理盐水浸湿后挤除多余水分反复擦拭需取样的部位。注意采样时避免样品之间的交叉污染，采样时务必要及时更换手套、针头、剪刀、镊子、手术刀等一次性耗材及手术器械。非洲猪瘟的实验室常用诊断方法主要有 TaqMan 探针法实时荧光定量 PCR（qPCR）、传统 PCR 及酶联免疫吸附试验（ELISA），这几种方法均被国际动物卫生组织推荐。qPCR 方法较 PCR 灵敏度更高，不仅可以检测出猪只口鼻肛拭子、咽拭子、血液及内脏组织中的 ASFV，甚至可以检测出首发病猪排泄物污染的环境、水源、运输工具、人员及器械等用品上的 ASFV。ELISA 是一种最常用的血清学检测方法，目前有很多品牌的商品化试剂盒可用于 ASFV 抗体检测。由于目前尚无 ASF 疫苗，若检出 ASFV 抗体则提示猪只曾经受到过 ASFV 感染，如果猪只免疫接种过非法疫苗（多为基因缺失疫苗）或者饲喂过某些非法 ASFV 基因表达产物类生物制品添加剂后，血清样品有可能检测出 ASFV 抗体呈阳性。

（五）防控

迄今为止，尚未发现治疗 ASF 的有效药物，也无有效预防的疫苗。ASF 的防控重点在于避免易感动物与病毒接触，做好养殖场生物安全防护是防控非洲猪瘟的关键。

要严格控制猪及猪肉制品的进口，严禁从有疫国家或地区引种、进口生猪及猪肉制品；禁止进口、生产或饲喂受 ASFV 污染的动物源性饲料原料或饲料产品；严禁使用餐厨剩余物饲喂生猪，严格控制人员、车辆、用具和其他动物进入养殖场；进出养殖场及其生产区的人员、车辆、用具、物品要严格实施隔离、清洗、消毒等措施；避免边境地区家猪与野猪的接触。尽可能封闭饲养生猪、采取隔离防护措施，尽量避免饲养家猪与野猪、钝缘软蜱接触；养殖场要定期开展灭鼠、蟑螂、蚊蝇、螂虫等工作，做好防鸟、鼠、流浪猫狗、野生动物等硬件防护措施；养殖场日常生活必需品应严禁外购猪肉及其制品，肉食品及蔬菜等消费应力争场内自给自足；对有疑似症状的猪只应严密监测，严格按照动物防疫法和国家颁布的 ASF 疫情应急实施方案进行处理；积极配合属地动物疫病预防控制及动物卫生监督机构开展疫病监测排查，特别是发生猪群经猪瘟疫苗免疫后仍然出现类似猪瘟的疫情、不明原因的死亡且经药物治疗无效的情况，应及时上报当地兽医主管部门进行采样确诊。引种或采购猪苗时务必全群采样进行 ASF 病原学及血清学检测，只有两者检测结果均为阴性才符合引种要求。引种后建议隔离观察 45 天后再进场或并群，受条件限制时，隔离观察期至少不能少于 ASF 的最长潜伏期 21 天。

（六）复养技术

非洲猪瘟发生后必须对猪场的一些设备、设施进行升级改造，并重新引种建群。目前，复产成功的猪场大多为育肥场，自繁自养的母猪场因生产流程多，生物安全漏洞也更多。因此，复养猪场要根据实际情况选择合适的生产模式。对于因感染非洲猪瘟后的猪场，如果猪场周边还有疫情，则不建议复养，待疫情解除后进行复养风险评估。在条件允许的情况下，可以采取一些措施进行处理，达到复养条件后，再进行评估。首先对前次感染非洲猪瘟的原因进行深刻分析，查找相关原因，并进行改进。

1. 猪场选址

如果是猪场建设方面的原因导致的，则需要对猪场重新选址建设或者改造。养殖模式也是影响复产成功与否的重要因素。

猪场的选址非常关键，是保证猪群健康的首要条件。如果猪场的选址无法达到生物安全管理的相关要求，如原猪场建设在低洼区域，例如在雨水较多地区或季节、地势低洼的猪场经过一场暴雨冲洗后，由于水流携带非洲猪瘟病毒而被感染的可能性增加，也没有很好的排泄防洪设施，不建议原址复产，建议重新选址建设。如原猪场地处交通枢纽，且距离村庄较近，村民混杂不易管理、也不建议原址复产。非洲猪瘟的传播会加大环境的病毒载量，乱扔病死猪等行为会导致浅表水源的污染，所以复养前要排查水源是否污染，如果猪场使用的是河流水源，也不建议原址复产。

重新选址时，对需要经常引种的扩繁场，建议在间隔 200 m 以上距离外，规划配套建设一个引种隔离场；同时配套建设一个洗消中心。并在新址规划建立 3 000 m 防疫带。钝缘蚌、苍蝇等蚊虫，野猫、老鼠及散养家禽等一般活动范围不会超过 3 000 m。3 000 m 防疫带的建立可有效切断动物等媒介的传播途径。

2. 猪场改造

如果是场区内的建设原因，则需要重新规划建设，以实现小单元区域化管理为目的。升级改造生物安全设备，采购中转运输车辆、高压热水清洗机、实时荧光定量PCR仪等，增加物资熏蒸消毒室、员工返场的隔离区等，禁止外来人流、车流、物流等直接进入生产区。非洲猪瘟病毒可以在泥土中存活的时间约205天，因此，发过病的猪场需要对场内及猪舍周边的泥土进行水泥硬化处理；如果是传统水管栏，则需要改造为实体水泥墙或用PVC板，把猪栏隔开；如果是长条的水槽和料槽，则需要改造为独立的水槽和料槽，尽可能满足每头猪个料槽位。开放式猪舍或者半开放式猪舍，需要安装纱网，且外面墙体下部需要设立防疫沟渠，防疫沟渠底部铺撒防鼠碎石。

3. 清扫清毒

（1）原位消毒

原位消毒是指将病原微生物在原地杀灭，不移动、不扩散，减少病毒的污染，尤其是发生过疫病的猪栏或猪舍，建议使用泡沫消毒方法，即将泡沫消毒剂按比例（1 ∶ 200）稀释，然后均匀喷于猪舍内所有设备设施的表面，并保持3～4小时，然后用生石灰均匀铺撒地面，并喷水，间隔6小时后，再进行泡沫消毒一次。原位消毒后，将可拆卸可移动设备，拆卸移动至指定区域处理。

（2）清洗

使用高压冲洗，对拆卸的水龙头、饮水器等进行浸泡消毒，等所有地方冲洗完成后，再使用低浓度1 :（600～800）的卫可（过硫酸氢钾复合粉）稀释液低压冲洗粪便等污物，冲洗时要注意顺序和力度，最好不要形成空气溶胶。清洗中也可以使用火碱和高压枪提升效率，清洗全程采用1 :（600～800）卫可稀释液。对于不可移动的设备进行喷洒、擦拭等清洗操作，最后可以用1∶50的高浓度执行去生物膜操作。同时粪便也需要清扫至指定区域处理。

建议对清洗效果进行检查，也可以用ATP检测仪辅助检查。发现不合格的区域需要重新进行清洗，合格后空置。

（3）空置

需要整理洗消工具并将物资撤离，之后安装相应的设备，并且密封栏舍，空置期主要是留时间安排人员休整，同时还要安排专业人员的采样工作。

（4）再消毒

化学消毒可以采用卫可1 ∶ 100对所有区域消毒，次数为7～8次，每次间隔不低于1小时。对于重度污染的猪场，可以考虑浓度为1 ∶ 50，某些重度污染区可以用火焰再次消毒。设备等拆卸物品采用相应的方法进行消毒。此外，再根据天气条件确定是否烘干升温。

（5）检测与验收

最后这一环节需要第三方检测或者猪场自检认可。采样以点采样为主，只要采样的点足够，效果和以面采样是一样的。建议同时进行 ATP 和荧光定量 PCR 检测，确保复养前猪舍消毒是彻底的，无非洲猪瘟病毒的存在。ATP 荧光检测仪基于萤火虫发光原理，利用“萤光素酶—萤光素体系”快速检测三磷酸腺苷（ATP）。由于所有生物活细胞中含有恒量的 ATP，所以检测 ATP 可反映终末消毒后残留微生物的多少，快速方便。彻底消毒后环境病毒含量很低或没有、进行荧光定量 PCR 检测时只有相对敏感的试剂盒才能检测出，所以必须要对 PCR 检测试剂的敏感性和特异性进行评估，防止带毒生产的情况出现，导致复产失败。

如果环境检测出阳性，重新进行清洗消毒。然后空栏 42 天后，再次进行环境检测，如果全部为阴性，可以投放哨兵猪进行试养，通过 30 天左右的试养后、再次进行检测，如果猪只为阴性，可以进行复养。复养是一个系统工程，每个环节对疫病的防控都是重要的，复养的成功与否在于执行力。

4. 猪场管理

如果是猪场管理方面的原因导致的，则需要重新制定猪场的管理办法并重新招聘和培训相关工人，强调管理制度的执行力和管理责任。

（1）人员管理。

人员是具有主动意识和流动性最多的，是最可能的传播媒介，其实特别强调牺牲人员健康的生物安全防控方式是存在巨大漏洞的。加强人员的培训与管理，牢固树立生物安全意识，在关键的地方安装摄像头。完善外出请假登记制度及返场的隔离制度，个人物品做好严格的消毒处理。员工请假外出归来，要采样检测 ASFV 核酸。同时要明确规定下雨天不能进行与猪只转运相关的工作，包括场内转猪、卖猪等工作，因为雨天难以进行有效的消毒工作，而且病毒会随着水流到处蔓延。

（2）场内的物资管理。

严禁全体员工购买猪肉或猪肉制品的食品。不能因为某个人职位高而搞特殊化，区别对待。车辆中外部运猪车风险最大，其次是饲料车；建议采用中转和多级（二级以上）洗消模式，并且要注意洗消站交叉污染的问题。

（3）饲料及防疫药品管理。

饲料可因地制宜地采取比例熏蒸干炒等方法进行消毒。

（4）虫媒及小动物管理。

钝缘软蜱、蚊虫在摄入感染 ASFV 的猪的血液后 3 小时和 12 小时采集的样本中均检测到了具有传染性的 ASFV，提示钝缘软蜱及蚊虫具有传播 ASFV 的能力；同时一些中小规模的养猪场内还有猫、老鼠及散养家禽等，这些动物均可对 ASFV 的传播起到重要作用。定期开展灭鼠，杜绝鼠害。对粪沟、水沟定期喷洒灭蚊的药物，减少蚊蝇滋生。尤其要注意对软蜱的杀灭。复养前对猪场内外和猪舍内外环境、缝隙，巢窝和洞穴等处用对蜱有效的药物 40% 辛硫磷浇泼溶液或氰戊菊酯溶液进行喷洒。开始每周 1 次，连续喷洒 2 周，此后每月定期喷洒 1 次。

二、口蹄疫

口蹄疫（FMD）是哺乳动物的一种高度接触性传染病，主要侵害偶蹄动物，具有严重的潜在经济危害。口疫病毒（FMDV）有 7 个血清型，分别为 0、A、C、SATI、SAT2、SAT3 和亚洲 I 型，且各血清型无交叉免疫保护力。FMDV 可以存在于急性感染动物的所有分泌物和排泄物中，包括呼出的气体。病毒一般通过感染动物和易感动物间的直接接触而传播，很少由急性感染动物的分泌物和排泄物或未煮熟的肉制品间接传染给易感动物。家养动物诸如牛、猪、绵羊、山羊和水牛（Bubalus bubalis）均对 FMD 易感，此外，许多野生偶蹄类动物也可感染。在骆驼科中，双峰骆驼和新世界骆驼被证明对 FMD 易感。在非洲，非洲水牛是 SAT 血清型 FMDV 的病毒宿主，排出的病毒时常感染家畜或偶蹄野生动物。牛通常是 FMD 病毒的主要储存宿主，牛带毒期一般不超过 6 个月，个别可达 3 年。非洲水牛个体带毒可达 5 年以上，但一般不会终生带毒。绵羊和山羊带毒通常不超过数月。典型的 FMD 病例特征是在蹄、口腔黏膜、母畜乳头上出现水泡。临床症状从轻到重，程度不一，部分动物可致死，特别是对幼龄动物，临床症状的严重程度及病死率高低主要由 FMDV 流行毒株的致病力所决定。某些种类的动物如非洲水牛（Syncerus caffer）感染后可表现为亚临床症状。诊断建议采集未破裂和刚破裂的水泡皮或水泡液，如果采集不到上述组织，也可用采集反刍动物的血液和 / 或用食道探杯采集食道 – 咽部黏液（OP 液），用拭子采集猪的喉液，这些样品中也存在病毒。死亡动物可采集心肌组织或血液，但如有可见水疱，则以采集水疱皮为好。至关重要的是，可疑病例样品必须在生物安全条件下按照我国颁布现行的有关技术法规运输，而且只能送往指定的授权实验室进行诊断、检测及病毒分离。

（一）病原

FMDV 隶属于微核糖核酸病毒科，口蹄疫病毒属，为无囊膜的单股正链 RNA 病毒，是目前已知最小的动物 RNA 病毒，其最大颗粒直径为 23 nm，最小颗粒直径为 7 ～ 8 nm。我国流行的口蹄疫血清型主要为 0、A、C 型。口蹄疫病毒在病猪的水疱液、水疱皮中的含毒量最高，FMD 病毒也被证明能以非复制方式存在于淋巴结中。该病毒在冰冻情况下对外界环境的抵抗力很强，口蹄疫病毒的耐热性差，阳光直射下 60 分钟即可杀死，所以在夏季高温季节很少暴发；病毒加温 85℃ 15 分钟或煮沸 3 分钟即可死亡。该病毒对酸、碱都非常敏感，在 pH6.5 的缓冲液中，14 小时可灭活 90%；当 pH5.5 时，1 分钟可灭活 90%；当 pH5.0 时，1 秒即可灭活 90%。

（二）临床症状

该病的潜伏期通常为 2 ～ 7 天，其中排毒高峰期有 5 天。病猪的主要临床病症为舌面、口腔和鼻镜部与蹄部出现水泡或者溃疡，伴有40℃以上的高热，精神沉郁，食欲缺乏。一旦在口腔黏膜或者舌面部分出现溃疡，病猪就会出现大量流涎、采食困难的现象。随着病程的发展，相继在蹄冠、蹄踵、蹄叉、口腔的唇、齿龈、舌面、鼻镜、鼻端以及乳房的乳头等部位出现1个或多个类似米粒、黄豆或蚕豆大小不等的水泡，形成的水泡在2～3天破裂。在此期间若没有诱发继发性感染，伤口在一周左右结痂后即可自愈。如果水泡破裂引发继发性细菌感染，蹄部则会出现溃烂，严重时病猪出现跛行、精神萎靡，甚至蹄壳脱落、行动受阻。成年猪的抵抗力较强，患病后的致死率较低，而妊娠期的母猪则容易发生流产，初生仔猪和哺乳仔猪外观症状不明显，通常呈急性胃肠炎、腹泻及心肌炎症状，病程很短，出现痉挛、嚎叫，突然死亡，病死率可达60%～80%，有的甚至达到100%。

（三）病理变化

病猪身体大部分黏膜会出现水泡以及溃烂，主要集中在口腔黏膜、唇黏膜和气管等部位，消化系统中的胃肠黏膜也会出现溃烂甚至出血。最典型的病变有心肌病变和点状出血，心包积液呈浑浊状，心肌纤维变性，心肌的切面会出现淡黄色或者是灰白色斑点、条纹，人们经常将其称为“虎斑心”。

（四）诊断

在临床症状上FMD不易于与其他水泡性疾病，如猪水泡病（SVD）、猪A型塞内卡病毒病（SVA）、水泡性口炎和水泡性疹相区别，因此，确诊FMD可疑病例必须依靠实验室诊断。猪口蹄疫的实验室诊断方法多种多样，临床上可以结合本地区的实验室条件综合选择，常用的诊断方法主要包括RT-PCR、RT-qPCR、酶联免疫吸附试验（ELISA）等，这些试验均具有快速、廉价、高效的特点，特异性、灵敏度较高。

（五）防治

1. 治疗

对于呈现出心肌炎症状的仔猪可采用干扰素或者干扰诱导剂进行处理。患病猪需要在加强饲养管理的同时做好护理工作，病猪的口腔可用0.1%高锰酸钾、食醋或干净清水进行冲洗，糜烂创面可用1%～2%的明矾或碘甘油进行涂抹，或者使用冰硼散。对于病猪的蹄部，由于可能会有严重的糜烂，所以需要谨慎处理，可用0.1%高锰酸钾溶液冲洗干净后涂抹紫药水或抗生素软膏进行抗菌消炎。乳房可用肥皂水清洗，然后涂以青霉素软膏或其他刺激性小的防腐软膏、定期将奶挤出以防乳腺炎。病猪常伴有心脏功能衰减，因此对于特别严重的病例，必须配合强心剂来进行治疗，治疗过程中要避免病猪受到惊吓，减少应激。

2. 预防

加强生物安全防范措施及饲养管理工作，提高猪只自身抵抗力，做好定期环境、圈舍卫生清理和消毒、驱虫工作，常年保持干燥清洁。常用的消毒剂有过硫酸氢钾复合粉、碘伏、戊二醛、高锰酸钾等，也可用火碱溶液喷洒。猪口蹄疫的防控措施中，免疫接种是关键，大小猪均可接种 FMDV 灭活疫苗，疫苗通常有 O、A 单价或二价灭活疫苗，不过所用疫苗的血清型必须与本地区流行的口蹄疫血清型一致。要严格使用国家规定的正规厂家生产的疫苗，避免免疫失败。接种后要监测免疫抗体水平，抗体水平在 70% 以下的必须进行加强免疫接种。防治猪口蹄疫，需要牢牢把握住“早、快、严、小”的原则，即“早发现、快隔离、严消毒、小损失”。养殖生产者在饲养生猪的过程中，需要牢牢掌握这些生产技术要点，猪口蹄疫才会得到良好的治疗与控制。

三、猪繁殖与呼吸综合征

猪繁殖与呼吸综合征（Porcine reproductive and respiratory syndrome,PRRS）是一种由猪繁殖与呼吸综合征病毒（PRRSV）引起的以母猪繁殖障碍及仔猪和育肥猪呼吸道症状为特征的传染病。该病毒归为套式病毒目的动脉炎病毒科（Arteriviridae）动脉炎病毒属（Arterivirus），其感染的主要靶细胞为猪肺泡巨噬细胞，有两种主要抗原类型，即 1 型（欧洲型）和 2 型（美洲型）。两种血清型在我国均有存在，但对我国生猪生产危害最严重的是美洲型毒株。存在于我国的美洲型毒株根据毒株类型的不同可分为经典毒株和高致病性毒株。PRRSV 主要通过感染猪传播，也可通过粪便、尿液、精液和污染物传播。

（一）病原

PRRSV 是一种有囊膜的单股正链 RNA 病毒，病毒粒子星球形。该病在环境中不稳定，对干燥环境尤其敏感，同时对去剂、脂溶剂、高温、酸碱性均较敏感，在环境中不能够长时间存活。但当在 –70℃至 –20℃环境中则可存活数月乃至数年。对热环境敏感，在 –20℃至 21℃条件下、病毒可保持 1 ～ 6 天的感染力，在 37℃条件下，感染力仅能够保持 3 ～ 24 小时：当外界环境达到 56℃时，感染力明显下降，仅可保持 6 ～ 20 分钟。酸碱环境对病毒活力的影响也较大，尤其不耐碱，当 pH 低于 6 或高于 7.5 时，病毒感染力将迅速丧失。

（二）临床症状

各种年龄的猪发病后大多表现有呼吸系统症状，但具体症状不尽相同。

1. 母猪

母猪染病后，初期出现厌食、体温升高、呼吸困难、流鼻涕等类似感冒的症状，少部分感染后出现四肢末端、尾、乳头、阴户和耳尖发绀，并以耳尖发绀最为常见。部分母猪皮肤出现大范围弥漫性出血或发绀。个别母猪腹泻。后期则出现四肢瘫痪等症状，一般持续 1～3 周，最后可能因为衰竭而死亡。PRRSV 感染母猪可引起明显流产、死胎、早产、木乃伊胎、流产后不规则发情或不孕，母猪还可出现无乳、共济失调的症状。

2. 公猪

公猪感染后表现咳嗽、打喷嚏、精神沉郁、食欲缺乏、呼吸急促和运动障碍、性欲减弱、精液质量下降、射精量少，并可通过精液排毒传播。

3. 仔猪

仔猪早产弱仔的死亡率可高达 60%，并且有精神沉郁、机体消瘦、呼吸困难等症状。有时个别猪伴有贫血、血小板减少、划桨运动或震颤，并有脐部等部位的出血以及细菌性多发性关节炎和脑膜炎的症状。断奶仔猪在感染 PRRSV 强毒后生产性能下降显著，感染初期精神沉郁、食欲下降、体温升高，后期食欲基本废绝、咳喘、呼吸困难、四肢无力、出现神经症状，最后死亡。

4. 育肥猪

PRRSV 对育肥猪的影响较其他阶段的猪只较轻微，主要表现为厌食、嗜睡、咳嗽、呼吸困难，有些猪双眼肿胀，出现结膜炎和腹泻。病猪常因继发感染放线杆菌、克雷伯菌、链球菌、大肠埃希菌、奇异变形杆菌、猪肺炎支原体等病原体而致死，如果不发生继发感染，生长育肥猪一般可以康复。

（三）病理变化

病变表现为全身性病理变化，呼吸道和肺部的病理损伤较为严重，主要为间质性肺炎。病猪还可出现非化脓性脑炎，脾脏肿大，全身淋巴结充血、肿胀，颌下淋巴结、腹股沟淋巴结、肠系膜淋巴结等明显肿大，切面可见到坏死灶。有时肾脏呈土黄色，表面可见针尖至小米粒大的出血点，皮下、扁桃体、心脏、膀胱、肝脏和肠道均可见出血点和出血斑。中后期由于继发猪瘟、猪圆环病毒 2 型、伪狂犬病毒及猪肺炎支原体、副猪嗜血杆菌、放线杆菌、链球菌、肺炎克雷伯菌、大肠埃希菌等病原，呈现出相应的病理变化。

（四）诊断

根据该病的临床症状及病理变化可做出初步诊断，但要注意与症状相似的一些病毒性传染病相鉴别，如猪流感、非洲猪瘟、猪瘟等。确诊猪繁殖与呼吸综合征，必须进行实验室诊断。可运用血清学和分子生物学检测技术进行诊断，ELISA 是一般常用的血清学检测方法，RT-PCR、RT-qPCR 是常用的分子生物学检测方法。

（五）防治

1. 治疗

猪繁殖与呼吸综合征尚无特效药，在治疗过程中，一般进行对症治疗，从解热镇痛、抑毒杀菌、防止继发感染、提高机体免疫力等方面入手。科学使用生物制剂、中药、西药等，合理使用抗生素，在协同作用过程中综合治疗病猪。

2. 预防

开展猪繁殖与呼吸综合征的净化是原种猪场及种猪场的最佳选择，只有实现了该病的净化，生猪养殖才能最终摆脱猪繁殖与呼吸综合征的困扰。通过猪群的血清学监测，虽然猪繁殖与呼吸综合征抗体呈阳性，但只要临床不发病，可以考虑不免疫弱毒活疫苗，即使猪群临床发病，也可通过中西药物联合进行治疗，只要能有效控制继发感染，也可暂缓免疫弱毒活疫苗，毕竟免疫疫苗也是引入的一种外源 PRRS 毒株。同一猪群内引入过多不同类型的 PRRS 毒株后，既为新型变异毒株的出现创造了有利条件，又易加速毒株的基因重组及流行毒株的变异。在 PRRS 频繁发生，以及药物治疗控制不理想的前提下，可考虑免疫高致病性 PRRS 弱毒活疫苗。建议猪场定期监测疫苗免疫后的抗体消长规律，制定科学合理的免疫程序。

引种前要严格检疫隔离，做好引种的检疫检验工作，杜绝带毒猪混入，引入新的毒株。保证猪舍环境卫生清洁，既干燥、通风又能防寒、保暖，勤打扫、勤消毒，防止大量病原微生物滋生，为母猪、仔猪等营造良好的生长环境。养殖户还要注重科学饲养，保证猪只营养全面，增强猪只免疫力。

第二节　猪瘟、伪狂犬病和猪流行性腹泻

一、猪瘟

古典猪瘟（Classical swine fever, CSF）又称猪瘟，是猪的一种接触传染性病毒病。其病原属于黄病毒科瘟病毒属，与牛病毒性腹泻和边界病病毒抗原关系密切。猪瘟病毒（Classical swine fever, CSFV）只有一个血清型。猪瘟有急性型、亚急性型、慢性型、迟发型或无临床症状型，这主要取决于病毒和宿主因素，其中猪只年龄、病毒毒力、感染时期（产前或产后）等因素最为重要。与青年猪相比，成年猪症状轻且存活率高。病毒能穿过怀孕母猪的胎盘屏障感染胎儿，胎儿感染中等毒力或低毒力毒株后，可导致“带赤母猪”综合征，出现产前死胎、产后早死、产病弱仔猪或表面健康的带毒仔猪。CSF 临床表现多样，且临床、病理变化与非洲猪瘟等诸多传染病高度相似，因此单纯依据临床和病理学检测难以鉴别、必须依赖实验室检测方法进行确诊。

（一）病原

CSFV 隶属于黄病毒科瘟病毒属，为有囊膜的单股正链 RNA 病毒。目前认为猪瘟病毒只有 1 个血清型，但致病力有强弱之分，温和毒株产生亚急性或慢性感染，慢性呈纤维素性坏死性肠炎，后期常有细菌病继发，而强毒株则引起发病率和致死率较高的急性猪瘟，急性通常呈败血性变化，实质器官出血、坏死和梗死。该病毒对外界环境的抵抗力较强，既能在冷冻条件下存活，也能在烟熏烤晒等加工肉品中存活。该病毒不耐热，仅部分毒株可抵抗 56℃高温；pH<3 或 pH>11 可灭活；对乙醚、氯仿、B-丙烯内酯敏感；能被 2% 氢氧化钠、1% 福尔马林、碳酸钠（4% 无水碳酸钠及 10% 结晶硫酸钠 +0.1% 去污剂）、离子和无离子去污剂、含 1% 碘伏的磷酸灭活。

（二）临床症状

1. 最急性型和急性型

最急性型通常在发病和流行初期容易发生，病猪不具有明显的发病症状，大部分突然死亡。急性型普遍多发，病猪典型症状是精神沉郁，发热（40 ～ 42℃），怕冷、寒颤、嗜睡，往往卧地，饮水增加。有些发生呕吐，结膜发炎，眼睑被脓性分泌物粘住。感染早期通常会发生便秘，排出附着有大量白色肠黏液的粪便。随着症状的加剧，后周发生水样腹泻，排出混杂黏液或者血丝的粪便，且散发腥臭味。另外，病猪耳后根、鼻端、四肢内侧以及肛门等部位的皮肤存在针眼大小的出血点，用手指按压不会发生褪色。腹股沟淋巴处发生肿大。仔猪感染该病后，还会表现出典型的神经症状，如磨牙、侧卧、转圈、后退、四肢游泳状划动，严重时甚至陷入昏迷，且容易继发细菌感染，往往会呈现坏死性肠炎、肺炎等症状。

2. 慢性型

该类型通常是由急性型转化而来。病猪的典型症状是体温不稳定，忽高忽低，大部分呈弛张热型，停止采食，交替发生便秘与腹泻，机体日渐消瘦，被毛杂乱，贫血，行走困难，摇摆不定。少数病猪的耳尖、四肢下部以及尾端等处呈蓝紫色或者发生坏死，最终发生脱落。病程至少能够持续 30 天，大部分由于衰竭而发生死亡，但病死率较低，通常较难康复，最终变成僵猪。

3. 温和型

通常是断奶后仔猪及育肥猪容易发生，病猪不会表现出明显的症状，比较轻微。病程持续时间较长，病情缓和，皮肤不存在出血点，但形成淤血和发生坏死，食欲减退，排出的粪便干稀不定，具有较高的病死率。即使病猪能够耐过，也会影响生长发育，尤其是母猪耐过后可长时间带病作为传播源，且受胎率下降、出现流产、死胎、畸形胎或者木乃伊胎；所产后代仔猪会呈现先天感染、生产出弱仔或者发生死亡。

（三）病理变化

猪瘟病毒主要损伤小血管内皮组织，引起各器官组织出血，在皮肤、浆膜、黏膜、淋巴结、肾、膀胱、胆囊等处常有不同程度的出血变化，一般呈斑点状、有的出血点少而散在，有的星罗棋布，以肾和淋巴结出血最为常见。淋巴结的变化有一定特征，外表肿大，呈暗红色，切面呈弥漫性出血或周边性出血、呈显红白相间的大理石样，多见于腹腔内淋巴结和颌下淋巴结。肾脏颜色变淡，表层有圆形针尖状出血点，切开肾脏可见皮质、髓质、肾盂部有出血。脾部肿大，脾头及边缘有暗紫色突出表面大小不一的、几个至十几个出血性梗死灶，这是猪瘟特征性病变。有时会厌软骨可出现点状出血点。肺脏通常伴发大叶性肺炎。剪开肠管，在结肠黏膜部位（回盲瓣）可见到一个一个的纽扣状溃疡，若有沙门菌继发感染，则在轮层状溃疡的基础上，又有弥漫性坏死性肠炎的变化。

（四）诊断

通过流行病学、临床诊断和对病理变化的观察，可以初步做出判断，但若想快速确诊，仍然需要借助实验室诊断。一般病原学检测常用 AC-ELISA 和 RT-PCR、RT-qPCR 等，血清学检测常用 ELISA 方法。

（五）防治

高免血清对于发病猪的治疗是特效的，在无法获得高免血清的情况下，在猪瘟发病早期阶段可采用猪瘟弱毒活疫苗（脾淋组织苗或细胞苗）5 ～ 10 份 / 头对发病猪群及同群饲养、假定健康猪只进行紧急免疫，除此之外可利用中西医结合对症治疗，合理使用抗生素，防止继发感染，还可使用维生素类制剂辅助治疗，为了避免猪瘟的发生，必须采用猪瘟弱毒活疫苗（C 株）进行免疫预防。在有条件的情况下，建议采集不同阶段猪只血清样品开展猪瘟抗体水平的检测、评估，制定科学合理的免疫程序。同时，定期的抗体监测、评估也能对所用猪瘟疫苗的免疫效果进行评估，进而能从市场上筛选出有效的猪瘟疫苗产品，实现对猪瘟的有效防控。在实施猪瘟净化的猪场或区域，一旦发现疫情，应立即对病死猪及同群饲养猪进行无害化处理，同时对猪舍、粪尿、过道、用具、运输车辆、人员等严格清洗消毒。

二、伪狂犬病

伪狂犬病（*Pseudorabies*）亦称奥耶兹基氏病，是由猪疱疹病毒 I 型引起的一种传染病，该病毒为疱疹病毒科、c 疱疹病毒亚科成员之一。该病毒感染人和无尾猿以外的大多数哺乳动物（如犬、猫、猪、牛、羊、马、兔、鼠、狐、貂等），主要感染中枢神经系统和其他组织如呼吸道。伪狂犬病病毒主要感染其自然宿主猪，且病猪康复后仍有潜伏感染（2周龄以下仔猪例外，多死于脑炎）。猪还是有效感染后唯一可康复的动物，并由此成为该病毒的贮存宿主。该病的控制措施主要是隔离感染猪群、接种疫苗和/或淘汰隐性感染猪只。猪伪狂犬病临床症状的严重程度取决于猪的年龄、感染途径、毒株毒力以及被感染动物的免疫状态。2周龄以内的仔猪对伪狂犬病病毒高度易感，病死率可高达100%。发病仔猪表现出高热和严重的神经功能障碍：躯体震颤、平衡异常、共济失调、眼球震颤、角弓反张、严重的癫痫样痉挛。2月龄以上猪（生长育肥猪）感染伪狂犬病后以呼吸道症状为主，表现为高热、厌食和轻重不等的呼吸道症状，继发细菌性感染的发生率较高，主要与感染猪群的健康状态有关。此类猪群的死亡率也可达100%，但如无并发、继发感染，病死率常为1%～2%（Pejsak and Truszczynski，2006）。种猪主要表现为呼吸道症状，但怀孕母猪感染后，病毒可突破胎盘屏障感染胎儿，导致流产、死胎、恢复发情或产弱仔。伪狂犬病对于其他易感动物是致死性的，主要症状表现为强烈瘙痒，以致动物反复抓、咬、挠或摩擦身体某些部位，产生严重的组织破损。因此，本病过去叫作“疯痒病”。该病可通过限制感染畜群流动、疫苗免疫和淘汰潜伏感染动物而得到控制。该病在伪狂犬病无疫国家或地区发生时，如果感染农场较小或对邻近农场造成严重威胁时，部分国家通常采取扑杀措施。

（一）病原

伪狂犬病毒（*Pseudorabies virus*, PRV）属于疱疹病毒科、猪疱疹病毒属，为有囊膜和纤突的双股DNA病毒。伪狂犬病毒是疱疹病毒科中抵抗力较强的一种，病毒能在具有严重污染情况的猪舍中生存30天以上，在已死亡猪肉中存活35天以上。在37℃下的半衰期为7小时，8℃可存活46天，而在25℃干草、树枝、食物上可存活10～30天，但短期保存病毒时，4℃较－15℃和－20℃冻结保存更好。病毒在pH4～9保持稳定。5%石炭酸经2分钟灭活，但0.5%石炭酸处理32天后仍具有感染性。0.5%～1%氢氧化钠迅速使其灭活。对乙醚、氯仿等脂溶剂以及福尔马林和紫外线敏感。采用氢氧化钠溶液或0.1%升汞硫，也能较好地杀灭猪伪狂犬病毒。这种病毒能在多种动物胚胎上进行生殖和繁衍，并且能通过胚胎进行传播。病毒主要集中在动物的脑髓组织中。患病猪在发病时、病毒会通过唾液、乳汁、阴道分泌物、血液等传播，在病猪的身体器官中也有大量病毒。

我国近年来不断有经伪狂犬基因缺失疫苗免疫猪群暴发仔猪、架子猪伪狂犬病及母猪流产的案例报道，相关研究结果也提示近年来的伪狂犬流行毒株存在较大变异，因此，亟待研发与流行毒株匹配度更高的疫苗产品。

（二）临床症状

伪狂犬病毒的临床表现主要取决于感染病毒的毒力和感染量，以及感染猪的年龄。

其中，感染猪的年龄是最主要的。与其他动物的疱疹病毒一样，幼龄猪感染伪狂犬病毒后病情最重。

1. 新生仔猪

新生仔猪常突然发病，高热，体温可达 41℃以上，精神沉郁，食欲降低，部分仔猪会出现叫声嘶哑伴随流涎的症状，其眼睑和口角可见水肿。有的发生呕吐、腹泻，短时间内出现共济失调、抽搐等明显的神经症状，如全身肌肉震颤、感觉异常、盲目走动、圆圈运动、犬坐姿势等。初期以神经紊乱为主，后期以麻痹为主。日龄小的可出现全窝死亡，如果是妊娠后期经母猪感染的，产出的弱仔可在 1 ～ 2 天内死亡。

2. 断奶仔猪

发病症状与哺乳仔猪相似，但神经症状减轻，死亡率降低，可出现打喷嚏、呼吸困难、咳嗽等呼吸系统症状。不出现神经症状的猪可耐过，有的偏瘫、发育受阻。

3. 生长育肥猪

多表现为隐性感染，若有症状也比较轻微，易于恢复，常表现为发热，精神沉郁、食欲不振、咳嗽等呼吸症状，通常情况下，4 ～ 8 天可以康复。有的病猪可出现震颤、抽搐、共济失调、间歇性发作等神经症状。当成年猪感染猪伪狂犬病后可继发多种细菌性疾病，增加猪只的死亡率。

4. 种公猪和种母猪

感染后多出现呼吸系统和神经系统症状，死亡率较低。伪狂犬病的一大显著症状就是不孕症，母猪出现屡配不孕、返情率可高达 90% 的繁殖障碍，公猪生殖器官萎缩变形，可出现睾丸肿胀、萎缩，丧失生殖能力。

5. 妊娠母猪

感染后可出现流产、产死胎、木乃伊胎、弱仔，以死胎为主。产出的弱仔，一般 1 ～ 2 天出现呕吐、腹泻，共济失调、肌肉痉挛、角弓反张等神经症状、多数在 1 ～ 2 天内死亡。无论是头胎母猪还是经产母猪都发病，而且没有严格的季节性，但以寒冷季节即冬末春初多发。

（三）病理变化

病死猪可见肾脏有针尖大小出血点，扁桃体、肝脏和脾脏可见散在分布的白色坏死点。肺部出现严重的水肿、出血、充血，肺脏表面可见出血点、小叶性间质性肺炎，肺间质增宽，切面流出泡沫样液体，胃黏膜潮红、有出血点，黏液增多，可见不同程度的卡他性胃炎和肠炎。表现神经症状的病死猪剖检还可见脑膜明显充血、出血，脑脊液增多。因感染伪狂犬病毒而导致流产的胎儿可见脑和臀部皮肤有出血点，肾脏、心内外膜、心肌明显出血，肝脏和脾脏可见灰白色坏死灶。子宫内感染后可发展为溶解坏死性胎盘炎。

（四）诊断

根据疾病的临床症状，结合流行病学，可做出初步诊断，确诊必须进行实验室检查。诊断该病的实验室方法有动物试验、直接免疫荧光抗体试验、PCR、qPCR及微量病毒中和试验等，但最常用的还是PCR及qPCR。另外，根据伪狂犬基因缺失疫苗免疫接种动物后不产生针对缺失的gE基因糖蛋白的抗体，而自然流行毒株感染后出现gE抗体。因此，凡是免疫了伪狂犬基因缺失疫苗的猪群，均可通过商品化的伪狂犬gE抗体ELISA检测试剂盒来进行野毒感染和疫苗免疫的鉴别。

（五）防治

1. 治疗

针对该病无有效治疗药物，一般仅做对症治疗，紧急情况下可用高免血清降低死亡率，加强日常饲养管理，制订免疫计划，进行免疫接种可有效预防和控制该病。

2. 预防

（1）加强饲养管理

保持饲养环境的清洁卫生，制定严格的消毒制度。做好灭鼠工作，牛、羊、猪等动物分开饲养。定期对猪群进行血清学监测，检出gE抗体阳性者进行隔离、淘汰，通过根除、净化计划，建立伪狂犬野毒感染阴性猪群。

（2）免疫接种

目前，用于免疫接种的疫苗有弱毒苗、弱毒灭活苗、野毒灭活苗和基因缺失疫苗。其中，基因缺失疫苗较为常用，有单基因缺失疫苗、双基因缺失疫苗和三基因缺失疫苗。猪群存在伪狂犬野毒感染且临床有发病的猪场，免疫程序一般是仔猪出生后24小时内滴鼻免疫0.5～1头份，7日龄免疫1头份，21日龄免疫1头份，80～90日龄再加强免疫一次。猪群存在伪狂犬野毒感染但临床无发病的猪场，免疫程序一般是仔猪出生后24小时内滴鼻免疫0.5～1头份，21日龄免疫1头份，80～90日龄再加强免疫一次。伪狂犬野毒感染阴性场一般仔猪28～35日龄免疫1头份，65～70日龄再加强免疫一次，直到出栏。如果伪狂犬病危害严重，且临床频频出现仔猪、架子猪发病和妊娠母猪流产的情况，建议对疫苗免疫剂量加倍。

三、猪流行性腹泻

（一）病原

猪流行腹泻病毒（*Swine epidemic diarrhea virus*, PEDV）属冠状病毒科冠状病毒属，为有囊膜和纤突的单股正链RNA病毒，只有一个血清型，不能凝集红细胞。此病毒对外界的抵抗力弱，紫外线照射6小时可杀灭病毒，在50℃条件下相对稳定，而在60℃

下 30 分钟可丧失感染力。室温下病毒能在干燥的饲料中生存 7 天，在受潮的饲料中能存活 28 天。低温下的病毒对酸性环境具有一定的耐受力，4℃时病毒能在 pH4 ～ 9 环境中稳定存在。病毒致病性强，1000 个病毒粒子即可使猪发病。病毒对多种消毒剂敏感，如干粉消毒剂、碘制剂、季氨类消毒剂和过氧化物消毒剂等。

（二）临床症状

潜伏期一般为 5 ～ 8 天，症状的轻重随年龄的大小而有差异，年龄越小，症状越重。主要的临床症状为水样腹泻，或伴有呕吐，呕吐多发生于吃食或吃奶后。一周龄内新生仔猪发生腹泻后 3 ～ 4 天，呈现严重脱水而死亡，死亡率可达 50%、最高的死亡率达 100%。病猪体温正常或稍高，精神沉郁，食欲减退或废绝。断乳仔猪、母猪常呈精神委顿、厌食和持续性腹泻大约一周、并逐渐恢复正常，少数猪恢复后生长发育不良，育肥猪在同圈饲养感染后都发生腹泻，一周后康复，死亡率不高。成年猪症状较轻，有的仅表现呕吐、重者水样腹泻 3 ～ 4 天可自愈。

（三）病理变化

眼观变化仅限于小肠，小肠扩张，内充满黄色液体，肠系膜充血，肠系膜淋巴结水肿，小肠绒毛缩短。组织学变化可见空肠段上皮细胞的空泡形成和表皮脱落、肠绒毛显著萎缩。

（四）诊断

本病在流行病学和临床症状方面与猪传染性胃肠炎无显著差别，只是病死率比猪传染性胃肠炎稍低，在猪群中传播的速度也较缓慢些。所以进一步确诊需依靠实验室诊断猪流行性腹泻病的诊断方法，主要有三种，分别是病原学诊断、血清学诊断和分子生物学诊断。实验室最为常用的检测方法是聚合酶链式反应（RT–PCR）诊断技术和酶联免疫吸附试验（ELISA），这两种检测方法具有快速、准确、方便、特异性强的优点，经常被用来检测猪流行性腹泻。

（五）防治

1. 治疗

该病无特效药，主要的治疗方法是对症支持疗法以减轻病猪腹泻、脱水情况为主，控制继发感染为辅。常用口服补液盐、多维及碳酸氢钠来缓解和改善病猪脱水以及酸中毒的情况，也可以采用中药对病猪进行治疗，主要采用清热解毒、化湿止痢以及健脾消食功能的中药，临床上常见的治疗方法为杨树花口服液灌服、苍术香连散加减治疗、白头翁散加减治疗等。

2. 预防

商品化的猪流行性腹泻疫苗类型常见的有猪传染性胃肠炎 – 猪流行性腹泻二联弱

毒活疫苗，猪传染性胃肠炎－猪流行性腹泻－猪轮状病毒A群三联弱毒活疫苗、猪传染性胃肠炎－猪流行性腹泻二联灭活疫苗，猪传染性胃肠炎－猪流行性腹泻－猪轮状病毒A群三联灭活疫苗等，一般免疫保护期为3～6个月。通常妊娠母猪产前40天、20天分别免疫2次。如果弱毒活疫苗和灭活疫苗交叉免疫时，必须先免疫弱毒活疫苗后，间隔15～20天再免疫灭活疫苗，不能先免疫灭活疫苗再免疫弱毒活疫苗，否则先前免疫的灭活疫苗所产生的抗体极易中和二次加强免疫的弱毒活疫苗病毒，从而导致二次免疫反应失败。此外，加强日常的饲养管理，提高猪只免疫力，严格做好生物安全工作，定期对猪场进行彻底的消毒和隔离，控制猪场的通风、保暖以及温湿度，为猪提供良好的生长环境也很重要。特别是妊娠后期母猪上产床前，均应对产房、产床及母猪进行彻底的清洗和消毒。

3. 返饲

虽然当前市场上可提供多种疫苗类型，但生产实际中这些疫苗的保护效率并不十分理想。经过疫苗免疫过的猪群比未免疫猪群的发病率及发病严重程度要低一些。特别是一些经过疫苗免疫后仍然不能控制猪流行性腹泻发生的猪场，可考虑进行返饲。即尽可能采集早期发病的哺乳仔猪的腹泻粪便、肠道及肠道内容物，经匀浆离心或过滤后取上清液，加入适量抗生素后，喷鼻主动感染未分娩妊娠母猪，或者同时投喂腹泻哺乳仔猪粪便及肠道组织、肠道内容物等，让妊娠母猪（100日龄以上）获得主动感染从而产生大量的sIgA抗体，使新生仔猪通过吮乳获得被动免疫。

4. 剔除发病猪群，强化生物安全措施

在临床治疗、疫苗免疫及返饲均告失败的情况下，可采取清除发病、带毒母猪及仔猪的极端措施来进行防控，并加强饲养环境、人员、用具及物资的洗、消毒措施，以及积极杀灭蚊蝇、蟑螂、鼠类等提升养殖场生物安全防范级别来应对。

第三节　猪传染性胃肠炎、猪圆环病毒病和猪丹毒

一、猪传染性胃肠炎

（一）病原

猪传染性胃肠炎病毒（*Transmissible gastroenteritis virus*, TGEV）属于冠状科单股RNA病毒，这种疾病发生十分迅速并具有较强的传染性，传播面积十分广泛，一旦发生很容易造成大规模传播。疾病中所含的病毒，属于滤过性病毒且病毒的位置主要分布于猪的胃以及大肠黏膜和食道等部位，且病毒能够跟随猪的粪便被猪排出体外。同时，猪传染性胃肠炎疾病的传染性只针对同类，对其他类型的动物感染力相对较小。

该病毒不耐热，在65℃环境仅能存活10分钟或在56℃环境仅能存活45分钟。粪

尿中病毒粒子在 5℃下存放 8 周、20℃下 2 周以及 35℃下 24 小时仍具有感染性。病毒在光、紫外线照射下迅速灭活，对乙醚、氯仿和去氧胆酸钠敏感，而在胆汁中相当稳定。用 0.05% 甲醛溶液 37℃处理 20 分钟即能使病毒灭活。病毒在 pH4 ～ 8 时稳定，对胰酶有抵抗力，能耐 0.5% 胰蛋白酶 1 小时，但强、弱毒株对胰酶和蛋白分解酶的酶敏感性不同，毒株的毒力越弱，其对胰酶的敏感性越高。TGEV 的这些特性有利于自身抵抗胃肠的酸碱环境。

（二）临床症状

典型症状是一开始短暂呕吐，继发频繁水样腹泻，呈喷射状。粪便颜色有黄色、绿色或白色，哺乳仔猪还常伴有未消化的凝乳块，气味恶臭。病猪极度口渴，明显脱水，日渐消瘦，日龄越小，病程越短，病死率越高，10 日龄以内的仔猪大都于 2 ～ 7 天内死亡。如果母猪发病或泌乳量减少，小猪得不到足够的乳汁，营养严重失调，则会加剧病情。某些仔猪发病前先有短期体温升高，发生腹泻后体温下降情况，随着日龄的增长，幼猪病死率逐渐降低，架子猪、育肥猪和成年猪症状较轻，主要表现为食欲不振或绝食，个别猪有呕吐，然后发生急性腹泻。排泄物灰色或褐色，夹杂未消化的饲料，体重迅速减轻。成年母猪泌乳稀少或停止，7 天左右腹泻停止而康复，极少死亡。某些泌乳母猪发病表现严重，体温升高，无乳，呕吐厌食或腹泻。大部分成年猪在患上传染性肠炎之后 57 天之内能够自行治愈，死亡率并不是很高。

（三）病理变化

死猪外观表现为严重脱水，主要病变在胃和小肠，胃内填充乳凝块，胃黏膜底部有充血现象，小肠内充满黄绿色或灰白色液状物，含有泡沫和未消化的凝乳块、小肠壁变薄，弹性降低，以致肠管扩张，呈半透明状，肠系膜血管充血扩张、淋巴结肿胀。组织学检查提示小肠绒毛萎缩变短，肠上皮变性，黏膜周围层有细胞浸润。

（四）诊断

该病的流行病学和临床症状方面与猪流行性腹泻无显著差别，只是传播速度比较慢，无法通过临床症状、流行病学和病理变化进行确诊，必须借助于实验室检查方法才能确诊。目前，常用的实验室检测方法有 RT-PCR、病毒分离鉴定、微量病毒中和试验、免疫荧光（FAT）、ELISA 等。

（五）防治

1. 治疗

刚发生猪传染性胃肠炎时，首先第一时间隔离病猪，并对猪圈进行彻底消毒灭菌处理，本病尚无特效治疗药物，主要以对症治疗为主，对症治疗要注意猪的年龄和身体状态以及染病轻重程度，使用生物药剂对病猪进行治疗，及时补液，防止酸中毒，合理使用抗生素，防止继发感染，注射健康猪血清，口服联合外用，3天内就能够起效。还可使用中药治疗，配合营养补剂辅助治疗。

2. 预防

我国大规模生猪养殖最常用的疫苗是猪传染性胃肠炎-猪流行性腹泻二联灭活苗，秋季防疫阶段妊娠母猪接受免疫接种，14天后就可形成免疫能力，有效免疫期6个月，仔猪通过哺乳可获得被动免疫，新奶7天后消失，必要时可以使用弱毒疫苗对母猪、仔猪进行接种免疫。保证仔猪吮吸初乳是预防猪传染性胃肠炎的第一步，猪成长过程中，还要向饲料中适当添加预防药物，增强猪免疫力，提高对病毒的抵御能力。猪传染性胃肠炎发病一般和环境有关，为仔猪创造良好的生活环境和建立并执行经常性的消毒制度，可有效防止猪传染性胃肠炎的发生。母猪舍在冬季和早春季节还要采取保暖措施，防止仔猪因受凉而诱发本病。

二、猪圆环病毒病

（一）病原

猪圆环病毒（*Porcine circovirus*, PCV）属圆环病毒科圆环病毒属，为环状单股DNA病毒，无囊膜。猪圆环病毒是迄今发现的一种最小的动物病毒。现已知PCV有3个血清型，即PCV1、PCV2和PCV3。PCV1为非致病性的病毒，PCV2为致病性的病毒，它是断奶仔猪多系统衰竭综合征（PMWS）和猪皮炎与肾炎综合征（PDNS）的主要病原。PCV3是猪体内新鉴定的亚型，其临床表现和致病机制还不明确，其感染率和流行率增长速度较快，感染者只表现为生长发育不良，无其他明显临床症状。病毒耐酸，在pH为3的环境下仍可存活，对乙醇、氯仿、碘和苯酚等脂溶性消毒剂有较强抵抗力，对此病毒消毒效果较好的消毒剂有0.3%的过氧乙酸溶液、3%的氢氧化钠溶液等。56℃不能将其灭活，70℃下15分钟才可灭活该病毒。

（二）临床症状

1. 断奶仔猪多系统衰竭综合征（Postweaning Multisystemic Wasting Syndrome，PMWS）

该类型的疾病主要发生在早期断奶的仔猪，通常多在断奶后3～7天发病。发病猪主要表现为没有食欲，精神不好，逐渐消瘦，生长缓慢，贫血，咳嗽，严重的出现腹泻、胃溃疡等。临床上约有20%的病猪会出现黄疸和贫血的症状。发病率高达30%～60%，死亡率为5%～35%。对病死猪解剖发现，淋巴结肿大，尤其是胃、肠淋巴结较为突出。胃部有大片的溃疡，盲肠、结肠有充血、出血的现象。另外，还有的病猪继发感染胸膜炎、腹膜炎等。

2. 猪皮炎与肾炎综合征（Porcine dermatilis and nephropathy syndrome，PDNS）

PDNS 最初被认为是一种免疫介质水疱性病，主要的病变发生在皮肤和肾脏，此病的发生和 PCV2、PRRS（猪蓝耳病毒）有紧密的关系，或者两种病毒可以联合诱发 PDNS。该病以 8 ～ 18 周龄的保育猪、育肥猪发病率较高，主要的症状是在后躯、四肢、腹部等部位的皮肤上出现圆形或不规则的隆起，周边为红色或紫色、中央为黑色，有的会融合成条状或者斑块状，还有的会延伸到胸部、耳部。发病率为 14% 左右，病死率为 5% ～ 14%。剖检典型的症状为肾脏肿大、表面有出血点。

3. 猪呼吸道疾病综合征（Porcine Respiratory Disease complex，PRDC）

多发生于保育猪和育肥猪，典型症状为呼吸疾病综合征，如出现气喘、咳嗽、呼吸加快等，与其他的呼吸系统疾病的症状相似，PCV2 常和猪肺炎支原体、猪流感病毒、多杀性巴氏杆菌等协同作用，单独感染发病的几率很小。在诊断时要注意，最好通过实验室检测进行确诊。

4. 母猪繁殖障碍

感染圆环病毒后，有的母猪会出现繁殖障碍，尤以初产母猪发病较多。发病猪会出现流产、产木乃伊胎、弱胎、死胎等。发病的母猪食欲不好，体温升高，经过治愈后的母猪受胎率降低、不孕症的发病率上升。断奶前仔猪的死亡率较高。

5. 传染性先天性震颤

哺乳仔猪感染各种疾病后常常出现先天性肌肉颤抖，肌肉颤抖程度存在较大差异性，整窝猪感染该种疾病的数量也存在较大差异。患病严重的哺乳仔猪，出生 1 周后因为全身肌肉震颤严重，不能正常进食，影响正常休息，由于吃乳量不足，导致身体逐渐消瘦，最终衰竭而死。耐过 1 周的哺乳仔猪通常能够成活，但成活哺乳仔猪生长发育受到严重影响，大部分成为僵猪。这部分猪对外界刺激十分敏感，突然的声响或者寒冷应激等因素，都会引起仔猪出现剧烈应激反应。

（三）病理变化

猪圆环病毒病的主要病理变化为肾脏灰白色、水肿，脾脏轻度肿胀或萎缩、肝脏肿大、可出现中等程度的黄疸，回肠和结肠段肠壁变薄，肺脏肿胀，质地坚硬或似橡皮，其上散有大小不等的紫褐色实变区，全身淋巴结，特别是颌下、腹股沟、纵隔、肺门和肠系膜淋巴结显著肿大，切面为灰黄色，有的可见出血。猪皮炎和肾病综合征（PDNS）猪都表现为肾脏肿大且有斑点。此外，圆环病毒通常与副猪嗜血杆菌混合感染，临床解剖中常见有胸膜炎、胸壁粘连、纤维素性渗出、肺脏出血、胀肿、心包炎、心包液增多、腹膜炎、腹腔纤维素渗出、关节炎等。

（四）诊断

本病的诊断必须将临床症状、病理变化和实验室的病原或抗体检测相结合才能得到可靠的结论。比如免疫过氧化物单层实验、ELISA 方法、聚合酶链式反应（PCR）

方法等，便于实验室及临床诊治的快速确诊。

（五）防治

1. 治疗

猪群中如有发病，可以先用猪圆环病毒灭活疫苗进行紧急接种，整个猪群用黄芪多糖、扶正解毒散等药物拌料。对于有明显症状的进行对症治疗、止泻、缓解呼吸症状、防止继发感染等。

2. 预防

（1）科学免疫

给仔猪注射猪圆环病毒 2 型疫苗可有效预防猪圆环病，但为了降低饲养成本，并且减少对仔猪的免疫应激，具体可根据饲养场实际情况来制定合理的免疫程序。比如，感染压力较大的饲养场，可分两次进行免疫，第一次可在 14 ～ 21 天进行，间隔 2 ～ 3 周进行二次免疫。另外，除了对经产母猪、公猪进行 2 ～ 3 次 / 年的普免外，还可以在产前对母猪进行免疫，帮助仔猪获得母源抗体的保护，减轻仔猪感染压力。

（2）加强日常饲养管理

充足的营养供给、严格的消毒灭菌及干净卫生的环境，都对生猪的生长性能及免疫力有显著影响。给予猪适宜的生存环境，温度、湿度、饲养密度等都要适宜，同时还要做好消毒工作，确保养殖场清洁、干净，同时做好生物安全防护措施、严防外来病毒的侵入。做好保健，提高猪群的免疫力。做好其他疾病的防控，减少刺激猪的应激源。做好猪群净化工作，定期对猪群进行圆环病毒病的抗体监测，可根据不同类型的猪群进行不同的抗体监测次数，连续 2 次监测结果呈阳性，要坚决淘汰，以达到净化猪群的目的。

三、 猪丹毒

（一）病原

猪丹毒的病原为猪红斑丹毒丝菌（*Erysipelothrix rhusiopathiae*），其为一种平直或微弯纤细革兰氏阳性小杆菌，具有明显的形成长丝的倾向。其特点是不移动、非抗酸、不形成芽孢。猪丹毒杆菌共分成 25 种血清型，A 型毒和 B 型毒是我国现在流行的主要血清型。其中 A 型毒具有非常强的毒力，能够引起急性败血型猪丹毒，使病猪发生急性败血症而死；B 型毒具有相对较弱的毒力，且具有较好的抗原性，往往是引起一些关节炎型或者疹块型猪丹毒，具有较小的危害。

猪红斑丹毒丝菌对环境的抵抗力较大，能够在病料组织中长期存在，甚至深埋的猪在 200 多天后仍然可以分离到病原。本菌对盐酸、火熏、干燥、腐败和日光等自然环境的抵抗力较强。使用一般消毒药，如 2% 福尔马林、1% 漂白粉、1% 氢氧化钠或 5%

碳酸即可将其杀灭。猪红斑丹毒丝菌对温度较为敏感，在较高的温度下迅速死亡，在70℃的环境中5分钟就可以将其杀灭。对酸性环境耐受，猪的胃液不能将其杀死。因此，可以通过胃进入肠道内形成感染。

（二）临床症状

1. 败血症型

败血症型常突然发病，病死率高。临床表现主要有高热稽留、厌食、呕吐和行走困难等，皮肤出现潮红、发绀或规则不一的大小红斑，压之褪色，之后随病程进一步发展而转暗变紫。在猪只下颌部、腹部、耳根、大腿尤为明显，病症严重的会造成皮肤坏死或脱皮。

2. 疹块型

疹块型的临床表现为低烧，同时在皮肤上能看见红色或紫色长方形疹块，这些疹块凸出于表面，能够和周围的皮肤有清晰的界限，类似于烙印，指压褪色，后期淤血为紫红色，指压不褪色。经1～2周可康复，也有病猪症状恶化转变为败血症而死，但该类型猪丹毒病症死亡率比较低。

3. 慢性型

猪丹毒慢性型多由急性型和亚急性型转变而来，主要表现为慢性疣状心内膜炎、皮肤坏死和多发性非化脓性关节炎，单纯慢性型病例较少。其中，心内膜炎型主要表现为心脏机能不全或突然死亡。而关节炎型的主要症状有跛行、步态比较僵硬，一旦受到感染将造成关节增大。此外，如果母猪患上该种病症型疾病可能造成流产。

（三）病理变化

对病死猪进行剖检，发现在急性型病猪的心脏内膜和外膜均有不同程度的出血点，肺脏肿胀有明显出血，肺脏呈现暗红色，将其切开后可见切面有大量米粒大小的出血点。病猪的脾脏颜色呈樱桃红色，肿大，甚至可以为正常大小的2～3倍，是典型的败血脾。肾脏出血肿大，表面和切面可见针尖状出血点，呈弥漫性暗红色，故称为典型的“大红肾”。肝脏变得脆弱，肿大，切开有血液流出，流出的血液凝固不良。胃和肠道都有不同程度的充血和出血，胃底腺有中毒和出血情况。周身淋巴结均出现肿大和出血等病变。亚急性死亡的病猪在将其体表疹块的表皮剥离后，可见下层组织有严重的出血现象。慢性病例的病猪剖检后常见溃疡性心内膜炎，心瓣膜有灰白色菜花样赘生物，关节肿大变形，关节囊内有浆液性，纤维素性渗出物蓄积，关节严重肿大以及皮肤出现坏死等。

（四）诊断

结合猪丹毒的流行病学，典型的临床症状和病理变化可做出初步诊断，若临床特征不明显、可以采血涂片镜检、细菌分离培养、PCR、酶联免疫吸附等实验室诊断方法，以便准确确诊。

（五）防治

1. 治疗

对发病猪进行隔离治疗，治疗通常采用抗生素，常用的抗生素为青霉素类和头孢菌素类。青霉素类药物使用较多的是阿莫西林和氨苄西林，用量分别是 40 mg/kg 和 50 mg/kg。每天用药 2 次，连续使用 3 天后可见效。还可以配合清开灵注射液进行治疗，效果更好。对于猪群的治疗或者预防，可用阿莫西林或氨苄青霉素混饲剂拌料投喂。

2. 预防

（1）免疫接种

猪丹毒的接种主要在春秋两季，采用猪丹毒氢氧化铝甲醛苗或猪丹毒－猪肺疫二联疫苗进行免疫接种。每年疫苗至少接种 2 次，特别是生产母猪和养殖场引种公猪要及时接种，仔猪在哺乳后期及保育期都要进行免疫接种，从而加强免疫能力，提升猪丹毒的抗体水平。但疫苗接种完毕后，在 21 天后需要对生猪进行猪丹毒抗体水平的检测，全面评估猪群的免疫能力。

（2）加强日常饲养管理

改善饲养环境，圈舍清洁干燥，背风向阳，增强机体抵抗力。圈舍定期消毒、猪舍和运动场地应经常清扫，用石灰乳和碘伏等消毒药进行消毒，粪便进行无害化处理、猪圈每年做到定期消毒。坚持自繁自养，对必须引进的猪只，畜牧兽医部门应进行严格检疫，确认健康才能入群。

第四节　猪肺疫、仔猪副伤寒和仔猪大肠杆菌病

一、猪肺疫

（一）病原

猪肺疫是由多杀性巴氏杆菌（*Pasteurella multocida*）引起，该菌属于巴氏杆菌科巴氏杆菌属。该菌为两端钝圆、中央微凸的短杆菌，常单个存在，无鞭毛，无芽孢，无运动性，产毒株有明显的荚膜。本菌为需氧及兼性厌氧菌，在高营养培养基和血琼脂培养基上生长良好，为光滑、整齐的圆形灰白色菌落，不出现溶血。本菌对直射日光、干燥、热和常用消毒药的抵抗力均不强，在阳光的暴晒下，只能存活 10 分钟左右；在生理盐水及无菌蒸馏水中将迅速死亡；在 56℃环境下，只能存活 15 分钟左右；在 60℃的环境下，只可存活 10 分钟；在干燥的空气环境中，可存活两三天；在 3% 石炭

酸溶液、3% 福尔马林溶液、10% 石灰乳溶液、2% 来苏儿溶液、0.5% ～ 1.0% 氢氧化钠溶液中仅可存活 5 分钟左右，但在腐败的尸体中可生存 1 ～ 3 个月。

（二）临床表现

1. 最急性型

临床上俗称“锁喉风”。发病突然，潜伏期短，往往突然死亡，无任何明显的临床症状，病程稍长的猪群可持续发病 1 ～ 2 天。患猪一般都呈败血症，体温快速升高达 41 ～ 42℃，咽喉部明显肿胀，食欲废绝，腹部侧面以及下腹部、颈部、耳根皮肤出现指压不完全褪色的红斑；多表现出犬坐姿势，竭力伸长脖颈、呼吸困难，口鼻流出白色泡沫，有时带有血色；心跳加快、可视黏膜发钳，直至窒息死亡。最急性型的临床病例很少有能自然康复的，死亡率高达 100%。

2. 急性型

除了败血症的症状外、主要症状还有纤维素性胸膜肺炎。病猪瘦弱，体温升高至 40 ～ 41℃、短暂的痉挛性咳嗽，眼结膜发生化脓性结膜炎，鼻孔中有脓性黏液流出；呼吸极度困难而犬坐姿，伴有喘鸣音；先便秘后腹泻；胸部疼痛、听诊时有摩擦和啰音；皮肤出现红斑或者小的出血点，最后多因心脏衰竭、窒息而死。

3. 慢性型

主要呈现慢性肺炎或慢性胃肠炎。病猪持续咳嗽，呼吸困难，鼻流出黏性或脓性分泌物，胸部听诊有摩擦音。关节肿胀。时发腹泻，呈进行性营养不良、极度消瘦，最后多因衰竭致死，病程 2 ～ 4 周。

（三）病理变化

最急性型和急性型全身黏膜、浆膜和皮下组织均有大量出血点，全身淋巴结肿胀、出血，切面肿大，皮肤有出血斑，肺出血、水肿，脾出血，胃肠黏膜出血性炎症，胸腔积液，心包膜有出血点。最急性型以喉部及周围结缔组织的出血性水肿为病变特征，切开颈部皮肤，有大量胶胨样淡黄或灰青色纤维素性浆液。急性型以纤维素性胸膜肺炎为特征性病变，肺有不同程度肝变区，胸膜与肺粘连，气管、支气管内有多量泡沫黏液。慢性型主要表现为慢性肺炎和慢性胃炎症状，尸体高度消瘦、贫血，肺肝变区扩大，有灰黄色或灰色坏死灶，内有干酪样物质，有的形成空洞。

（四）诊断

根据该病临床表现出的高热、咽喉部肿胀、呼吸困难、咳嗽，以及剖检呈败血症变化、纤维素性胸膜肺炎或胃肠炎病变可初步诊断。若想进一步确诊，可进行相关的实验室诊断。无菌采取病变部组织或胸腔液、血液图片，染色后镜检，如见到两极浓染的卵圆形小球杆菌，结合临床症状可以确诊，必要时可用小鼠进行试验感染验证。此外，还可以采用镜检、细菌培养、动物试验、分子生物学的方法进一步对多杀性巴氏杆菌进行诊断。

（五）防治

1. 治疗

发现病猪及可疑猪立即隔离治疗，通常选用头孢类抗生素进行治疗。有条件的情况下最好根据药物试验结果选择敏感药物进行治疗，因巴氏杆菌易产生抗药性。如果应用某种抗生素治疗后无明显效果应立即更换。

2. 预防

（1）免疫接种

目前国内较常使用的疫苗有猪肺疫氢氧化铝甲醛苗、猪肺疫弱毒冻干苗两种、猪氢氧化铝甲醛苗，无论生猪大小，一律皮下注射，2 周后产生免疫效力，有效免疫期达半年之久。猪肺疫弱毒冻干苗，根据接种需要按比例兑水稀释，混饮水或猪饲料中饲用，有效免疫期达半年之久。

（2）加强日常饲养管理

坚持“自繁自养”“全进全出”的饲养模式；提高饲养管理水平，均衡饲料营养；防寒降暑，减少应激；无害化处理病死猪及污染垫草。做好饲养环境的消毒工作，消灭蚊虫。严禁外来人员进出场区，工作人员进场必须更换工作服，经消毒通道进场工作。防止病毒传入，引种应来自非疫区，并严格对引进的种猪隔离饲养，待实验室检测确定无病原体感染时方可混群饲养，禁止家禽与其混养。当猪群发生猪肺疫时，应及时采取紧急免疫接种、药物治疗以及隔离、消毒等工作，严格无害化处理病死猪。

二、仔猪副伤寒

（一）病原

仔猪副伤寒的病原主要是猪霍乱沙门氏菌和猪伤寒沙门菌。沙门菌属革兰氏阴性菌，兼性厌氧，周身具有鞭毛，能自由运动，无荚膜，不形成芽孢，寄生于肠道内。接种于普通培养基上能够良好生长，接种于麦康凯培养基上会长出无色菌落。本菌对干燥、光照等环境因素有较强的抵抗力，该属细菌可在一定程度上抵抗日光、干燥、腐败等，在外界环境中能够生存几周、几个月甚至几年。然而该菌对热、化学消毒剂较为敏感，60℃ 16 分钟即可灭活，常规消毒药如碘制剂、氯制剂以及酚类消毒剂，均能达到消毒的目的。

（二）临床症状

1. 急性型

主要是断奶后的仔猪容易发生，常突然发生死亡，多出现败血症，病猪精神沉郁、食欲减退，发热，体温升高超过 41℃。病程持续稍长时，会表现出呼吸困难，腹泻，粪便带血呈灰绿色，有恶臭味，以及腹痛的症状，且耳根、腹下和胸前出现紫斑、大部分发生死亡。病程一般可持续 1 ～ 4 天不等，发病率低，但病死率很高。

2. 亚急性或慢性型

病程可持续数周，终致死亡或成僵猪。病猪症状似猪瘟，表现体温升高（40.5 ～ 41.5℃），精神不振，食欲减退，寒颤喜卧，堆叠在一起，眼有黏性或脓性分泌物，上下眼睑黏着，角膜可见浑浊、溃疡。病初便秘后下痢，粪便淡黄色、暗绿色或淡绿色，粪便恶臭且常混有血液、坏死组织或纤维素絮片状，症状时好时坏，反复发作，持续数周，最终消瘦、脱水而死。有的病猪还发生肺炎、咳嗽和呼吸加快，体温稍高或正常，后期食欲废绝，喜喝污水。由于长时间持续下痢，病猪日渐消瘦、衰弱，被毛粗乱无光，行走摇晃，最后衰竭而死，病程多在半个月以上，有的甚至长达 2 个月，部分病猪在病中后期出现皮肤弥漫性痂状湿疹。

（三）病理变化

1. 急性（败血）型

主要表现为败血症的病理变化。体表皮肤呈淡紫色或出现紫斑，脾肿大呈暗紫色，切而呈暗蓝色；淋巴结肿大呈紫红色，切而呈大理石状；肝脏、肾脏肿大出血、有针尖大小灰白色坏死；全身黏膜和浆膜有出血点。卡他性出血性胃肠炎，肺部有卡他性炎症病变。

2. 亚急性型和慢性型

主要病变在盲肠、结肠和回肠，典型病变是盲肠和结肠前段黏膜的坏死或溃疡，呈现纤维素性、坏死性肠炎。表现为肠壁肿大潮红，见弥漫性坏死或大小不等的溃疡。有的病例见整个肠黏膜发生坏死或糜烂，有灰黄色麸皮样坏死物突出于表面。脾与肠系膜淋巴结肿大，有干酪样坏死，呈灰黄色。有时肺部有灰黄色干酪样结节，出现慢性卡他性炎症。肝脏、脾脏也可见针尖大小灰白色或灰黄色结节坏死灶。

（四）诊断

根据流行病学、临床症状和病理变化可以做出初步诊断，确诊应进行实验室病原菌的分离、培养及鉴定。可用接种环无菌采集肠系膜淋巴结组织样品划线于血清琼脂及麦康凯琼脂平板后，倒置于 37℃、5%CO_2 培养箱中培养 24 小时，沙门菌在血清琼脂及麦康凯琼脂平板上均有露珠状、半透明、呈圆形、湿润的菌落生长，该菌株不分解乳糖，革兰氏染色镜检呈革兰氏染色阴性短杆菌。分离菌株经纯化后须进行细菌生化鉴定才能最终确诊。

（五）防治

1. 治疗

对仔猪副伤寒的治疗，可采取加强护理、防寒保暖、抗菌消炎、消除病因的治疗原则。可选用头孢哌酮、卡那霉素、奥索利酸、庆大霉素、诺氟沙星、安普霉素、呋喃妥因等沙门氏菌敏感的抗生素进行治疗，并配合对乙酰氨基酚、双氯芬酸钠，氟尼辛葡甲胺等注射液使用。中药可选用具有清热解毒、扶正健脾、益气养阴和涩肠止泻功能的药物组方。对于处于脱水状态的猪，治疗时最好腹腔注射温的补液盐溶液，以便迅速补充体内丢失的水分和电解质，有助于缩短治疗周期。

2. 预防

（1）免疫接种

目前免疫接种常用的疫苗是仔猪副伤寒弱毒冻干菌苗和多价副伤寒灭活菌苗。1 月龄以上哺乳或断奶仔猪，用仔猪副伤寒冻干弱毒菌苗预防，先用 20% 氢氧化铝稀释，每头猪耳后肌内注射 I mL，免疫期 9 个月。口服时，按瓶签说明用冷开水稀释成每头份 5 ～ 10 mL，掺入料中喂服。需要注意的是，该菌苗采取注射免疫时，部分猪可能会具有较大的反应；口服免疫时，要求猪空腹服用，且确保每头服用的菌苗足够，并必须按规定对菌苗进行稀释和拌料，防止失效。如果使用从本群或者当地分离得到的菌株制成自家灭活菌苗，具有更好的免疫效果。使用疫苗接种时要注意稀释后的疫苗要在 4 小时内用完，且要摇匀使用。

（2）加强日常饲养管理

猪场最好采取自繁自养，仔猪需要提前进行补料，断奶后要结合体型大小、体质强弱采取分槽饲喂，供给品质优良且易于消化的多样化饲料，并合理补充矿物质，提高机体抵抗力，禁止突然更换饲料，确保舍内通风良好，调控饲养密度适宜，避免发生应激。经常洗刷食槽和饲养管理用具，圈舍保持干燥、清洁，粪便要及时清除，做好环境消毒，以避免感染。如果发现猪群中有发病猪时，要立即对病猪进行隔离消毒，病死猪尸体必须采取深埋处理，避免病菌扩散。

三、仔猪大肠杆菌病

（一）病原

仔猪大肠杆菌病又称为仔猪黄白痢，是由致病性大肠埃希氏菌所引起的一种肠道传染病，是仔猪黄痢、仔猪白痢的简称。大肠杆菌属于肠杆菌科埃希氏菌属成员，为革兰氏阴性、无芽孢、中等大小、两端钝圆的杆菌。散在或成对存在，约 50% 的细菌具有周身鞭毛，能运动，部分菌株有荚膜。菌体裸露条件下对常温环境抵抗力不强，在干燥、光照（阳光、紫外线）、室温持续作用下，可在短时间内将其灭活，各种常规消毒剂作用也能有效杀灭大量病原菌，该病原菌属于条件性致病，若仔猪营养状况及健康度良好，其消化道内正常菌群占据竞争优势，并不会引起发病，只有在“养殖环境恶化、饲喂管理不善、营养供应失衡、不良应激源刺激”等不良应激综合作用下，仔猪免疫屏障受到攻击变得脆弱时才会诱发本病。

（二）临床症状

1. 仔猪黄痢

高发于 1 ～ 7 日龄仔猪、仔猪出生时体况正常，多在 6 ～ 12 小时突然一窝仔猪中有 1 ～ 2 头发病死亡，随后其他仔猪亦相继发病，排黄色糊状稀便，常含有小气泡或凝乳块，有腥臭味，肛门冒出稀粪，次数频繁，肛门松弛，不由自主流出稀粪。仔猪精神沉郁，渴欲增强，较难正常站立，共济失调，部分甚至只能够卧地不起，双眼紧闭，不能够吮乳，随后迅速消瘦、衰竭昏迷而死亡。

2. 仔猪白痢

多见于 10 ～ 30 日龄仔猪，同窝发病仔猪表现精神不振、扎堆、畏寒、肌群震颤、脱水，吃奶减少或不吃，有时见有吐奶。仔猪突然拉稀，同窝相继发生，排乳白色、灰白色或淡黄白色，腥臭、糊状或浆状粪便。病程通常可持续 2 ～ 3 天，长时可超过 1 周，死亡率低，往往能够自行康复，但生长发育不良，多因反复发作而形成僵猪，严重时，患猪粪便失禁，1 周左右死亡。

（三）病理变化

1. 仔猪黄痢

病死仔猪脱水严重。胃肠道黏膜上皮变性、坏死。胃膨胀，胃黏膜潮红、肿胀，有的出血；肠壁变薄、松弛；肠系膜淋巴结肿大、充血；心、肝、肾有不同程度的变性和小的凝血性坏死灶；脖淤血等。

2. 仔猪白痢

病死猪消瘦、脱水。胃内有少量凝乳块；肠黏膜潮红，肠内容物为黄白色、肠壁变薄，有的充血、出血；肠系膜淋巴结肿大、出血；肝脏肿大，胆囊充盈；心冠状沟脂肪胶样浸润，心肌柔软；肾苍白色。

（四）诊断

根据流行情况、特有的临床症状，即以 5 日龄以内的乳猪大批发病，排出黄色稀便，发病率和死亡率高以及特有的病理变化，可做出初步诊断。若从病死猪肝脏、肾脏及肠系膜淋巴结、腹股沟淋巴结，以及肠内容物及粪便中分离出致病性大肠杆菌，而且证实大多数菌株具有黏着素 K 抗原和能产生肠毒素，则可确诊。

（五）防治

1. 治疗

治疗过程中有条件的养殖场，应该结合药敏试验结果选择具有针对性的抗生素进行对症治疗。发病之后应该将患病猪单独隔离养殖，采用抗菌、补液、止泻、助消化等原则进行治疗。在进行药物治疗过程中，一定要保证合理的治疗周期，使得猪体内的药物维持在较高的水平上。

2. 预防

（1）免疫接种

针对性接种大肠杆菌腹泻疫苗 K88、K99、987P 三价灭活菌苗或大肠杆菌 K88、K99 双价基因工程灭活苗，一般于母猪产前 30 天免疫 1 次，即可促使母子获得有效被动免疫抗体保护。

（2）加强日常饲养管理

强化临产母猪精细化管理，保持母猪良好的健康度有利于减少胎生仔猪发病率；接助产全程须由专业技术人员规范化操作，避免产前、产中造成任何感染；保证出生 1 ～ 3 天内仔猪吃足初乳，使其充分获得有效母源抗体保护，增强体质和免疫力，减少发病。抓好仔猪舍清扫保洁及消毒灭源工作，在母猪临产期要注意清洁体表，接产及哺乳全程坚持无菌操作，有效降低本病感染率，同时要视四季气候条件特点，秋冬季做好保温、防寒、防风，夏季抓好降温、控湿、通风、以减少发病，建议定期对猪场饮用水水源、储水池及水嘴取样进行水质检测，一旦发现水样细菌总数或大肠埃希菌指数超标，应立即采取清洗、消毒措施，如净化或替换水源供给、彻底清洗消毒储水池及饮水管道，或向储水池定时定量投放次氨酸盐类消毒杀菌剂。

使用中药预防，仔猪出生后，给母猪喂服，可有效预防仔猪腹泻；哺乳仔猪腹泻，同样给母猪喂服，通过乳汁给药，可有效治疗仔猪腹泻。利用微生物制剂预防，如益生菌可调节仔猪肠道微生态平衡，从而抑制大肠杆菌。采用“高纯黄芪多糖 + 复方电解多维 + 高敏抗生素”内服，于每月初连喂 3 ～ 5 天，能有效预防本病。

第二部分

生态型肉鸡养殖与疾病绿色防控

第四章　生态养殖与肉鸡品种

第一节　生态养殖概述

本部分介绍了生态型肉鸡养殖的概念，技术要点及特点、不足和局限，简要的效益趋势分析和所需的要素。

一、生态型肉鸡养殖的概念

1. 生态农业

美国土壤学家 W.Albreche 首先提出了“生态农业”的概念，M.Worthngton 将生态农业明确地定义为“生态上能自我维持，低输入，经济上有生命力，在环境、伦理和审美方面可接受的小型农业”。中国特色的生态农业概念为运用生态学原理，按照生态规律，用系统工程的方法，因地制宜地规划、组织和进行农业生产，通过提高太阳能的利用率、生物能的转化率和废弃物的再循环率，以提高农业生产力，从而取得更多的农产品，做到合理开发利用自然资源，使农、林、牧、副、渔各业得到综合发展，保护生态环境，维护良好生态平衡，促进农业生产稳定持续发展。

2. 生态养殖

生态养殖作为生态农业的一部分，目前有多个定义，本书中生态养殖是指按照生态学和生态经济学原理，应用系统工程方法，因地制宜地规划、设计、组织、调整和管理畜禽生产，以保持和改善生态环境质量，维持生态平衡，保持畜禽养殖业协调、可持续发展的生产形式。其可在合理安排粮食生产的情况下，通过种草养畜，以畜禽的粪水养地灌溉，种养结合，以实现养殖业可持续发展。

3. 生态型肉鸡养殖

目前，生态型肉鸡养殖一般是指从农业可持续发展的角度，根据生态学、生态经济学的原理，将传统养殖方法和现代科学技术相结合，根据不同地区特点，利用天然草原、森林、林地、草场、果园、农田、荒山等资源，实行放养和舍养相结合的生态型健康养殖模式。肉鸡可以自由采食野生自然食物，如觅食昆虫、杂草（籽）、腐殖质等，另外人工科学地补饲配合饲料，环境空气新鲜，饮用水无污染，并严格限制化学药品和饲料添加剂等的使用，禁用任何激素，不使用或仅使用治疗性抗生素。通过较好的饲养环境、科学饲养管理和卫生保健措施等，鸡肉达到无公害食品、绿色天然优质食品等标准。与此同时，生态型肉鸡养殖还可以控制植物虫害、减少或不用农药，鸡粪还可以提高土壤肥力，从而获得较好的经济效益、生态效益和社会效益。

生态型肉鸡养殖模式主要是采用专业户和散养模式。目前肉鸡各模式采取的养殖方式主要是平养、网养（或棚养）、笼养、放养等，饲养户要根据自身的经济和物质条件，选择一种最适合的养殖模式和饲养方式。

二、生态型肉鸡养殖的技术要点

概括来说，生态型肉鸡养殖主要技术要点有：选择适合的生态型肉鸡品种。选好饲养场址。选择合适的育雏（雏指雏鸡）季节，抓好幼雏、育成阶段放养训练。选好人工补饲饲料，在人工饲料生产过程中严禁添加各种化学药品，以保证生态肉鸡的品质，做好疫病防治，做好天敌防范。

三、生态型肉鸡养殖的特点、不足和局限

（一）生态型肉鸡养殖的特点

1. 可充分利用自然资源，降低饲料和其他生产成本

我国有大量的林地、山坡、草场、果园等自然资源，它们都可以作为生态型肉鸡养殖的资源被利用。例如：鸡可以自然觅食林地、草原等中的天然植物性饲料（树叶、草籽、嫩草等）和天然的动物性饲料（蝗虫、蚯蚓等昆虫）。在我国大部分地区的夏季和秋季，仅需适当补些饲料，即可满足其营养需要，可节省约 1/3 的饲料，大幅降低了养殖成本。又如：果园生态型肉鸡养殖，除昆虫、草籽等之外，还可以采食落果，变废为宝，节省饲料。生态型肉鸡养殖的鸡舍一般较为简易（当然也可建成高级鸡舍），无须笼具，可减少一部分的固定资产投入和资金占用量。

林地、草场、果园等生态型肉鸡养殖场地的环境一般较好，阳光充足，空气新鲜，饲养密度较小，鸡的活动量较大，可自由采食大量天然饲料，所以一般鸡体较为健康，抵抗力强，疾病少。特别是人流、交通较少的地点，可大幅阻断传染病的发生，可以减少药物开支。

2. 可生产安全优质鸡肉产品

生态型肉鸡养殖，可提高鸡的健康程度和抵抗力，加之环境较为优良，阳光、空气、饲料天然健康，在控制良好的情况下，可以不添加任何化学药物和抗生素，而且距离也会天然阻断传染病发生，因此，可减少药物施用，从而减少抗生素等药物残留，满

足人民群众对食品安全的更高要求。与此相对应的是，集约化饲养的肉鸡所处环境较差，饲养密度大，福利较难保证，易感疾病和染菌，因此，容易出现鸡的病死、药物施用量较大及药物残留超标等情况。

另外有不少研究表明，与舍内饲养的鸡相比，生态放养鸡的肉品质较好，肌肉特别是腿肌中干物质和蛋白质含量较高；胸部肌肉中的脂肪含量、水分含量较低；胸肌和腿肌中氨基酸总量显著高于舍内饲养鸡，与风味有关的谷氨酸和肌苷酸等鲜味氨基酸含量也相对较高；肌肉纤维直径较小、密度较大、粗灰分含量高、嫩度较好、肉更美味，肉品优质。

3. 有利于农作物的保护

生态型肉鸡养殖中的一些模式，如果园、茶园、林地生态放养模式下，鸡可以大量捕食昆虫（多指害虫），再配合灯光、性信息素等诱虫技术，既可大幅降度低农作物虫害的发生率，减少农药使用量，又保护了农作物，降低了综合生产成本，对环境和人类的健康十分有利。有调查显示：苹果园养鸡，农药施用次数可以减少 1/3，费用降低 200 ～ 400 元 / 亩；棉田养鸡，每亩农药费用可节约 70%。

4. 增加经济效益、社会效益和生态效益

生态型肉鸡养殖，可部分缓解养殖业与种植业用地矛盾。比如，果园、林地、草地放养鸡几乎不需另外占用额外土地，使土地资源得到复合利用；不会造成环境污染，并能保护和提升这些土地的肥力，鸡粪自动还田。有研究表明，果园每养 50 只鸡，一年可产 750 kg 的鸡粪，相当于 50 kg 的过磷酸钙、50 kg 的碳铵、10 kg 的氯化钾所含的养分，并有效增加土壤有机质含量，使果品更优，综合效益明显。

（二）生态型肉鸡养殖的不足和局限

生态型肉鸡养殖尽管有很多特点，但目前仍存在一些不足和局限。

1. 较大的生态农业层面存在的不足

生态农业的理论基础尚不完备；技术体系不够完善；政策方面需要继续完善；服务水平和能力建设不足，农业的产业化水平不高；组织建设存在不足，推广力度不够等。关于这方面的研究论述很多，也是各级政府和部门需要关心和逐步解决的问题，这里不做进一步阐述。

2. 优秀的品种和雏鸡品质有待提高

可以说，在外来品种没有进入我国和规模化养殖兴起之前，我国各地形成了多个独特且优良的地方品种，但随着时代发展，目前专门的、适合各地生态型养殖的专业化品种或品系并不多，此方面的科学研究力量也较薄弱。因此，欲选择适合当地生态养殖的优秀品种，需要养殖者结合当地情况，多方咨询和筛选以及实践验证。另外，雏鸡苗的质量较难保证，品种混杂，有些已严重退化，产品规格不一，抗体水平不等，这些都给饲养造成了不利影响。因此，养殖者应尽量选择具有较大规模、历史较久、较好口碑的种苗企业，也许价格会略高，但会减少很多后续问题，实际效益可能会更好。

3. 饲养管理水平有待提高

相对于规模化养殖，无论从科研层面，还是规模效益层面，生态养殖目前的比例仍较小，重视程度有限，此方面的系统研究较少，而且，生态养殖环境和情况更为复杂多变，可参考的标准化模式较少。另外，从业人员的专业化程度可能相对不高，缺乏生态型肉鸡养殖的专业知识和技术，只是根据传统经验甚至凭感觉来饲养管理，缺乏建立规范化管理制度的意识，常常导致管理不到位，影响养殖效果和效益。因此，生态型肉鸡的养殖者，应积极主动学习，借鉴传统养殖模式和现代规模化养殖模式的优点，结合自身特点，不断摸索适合自己的模式，总结经验教训，提高自身的饲养管理水平。

4. 生产性能有待提高

生态型肉鸡养殖，若雏鸡的质量较差，则鸡的成活率低，生长慢，疾病多发，生产性能降低，养殖效益差。因此，需要选择质量好的雏鸡进行养殖，提供良好的饲养条件（如保温性能好的育雏舍，防寒、保温和隔离卫生条件良好等），供给充足且营养丰富的饲料，有良好的饲养管理水平等。

5. 经营管理水平有待提高

目前从事生态型养殖的人士，大多仍是小规模分散经营，缺乏统一的生产标准和规程，产品规格化程度低；缺乏品牌与产品认证意识，很多没有进行产品质量认证和商标注册，这不仅会影响到产品的信誉，也会影响到产品的销售及养殖效益。然而，目前已有越来越多的从业者关注此项问题，并且有很大改观，很多人通过注册自己的品牌，改进包装，使生产和产品标准化，同时拓宽超市及网络（如京东、淘宝、微信等）等销售渠道，使经营水平和效益有了大幅度提高。

6. 疫病防控难度较大

生态型养鸡有很多养殖模式以放养为主，鸡较容易感染寄生虫等疾病；场地较为宽阔，动物流动性大，给日常的环境消毒、疫病预防控制造成一定的难度。因此，种苗的选择，病死鸡的处理与隔离，疫苗免疫等环节不能放松，尽量从源头控制好疾病。

四、生态型肉鸡养殖效益分析

一方面，生态型肉鸡养殖可以节省一部分饲料，饲料成本一般会占到整个养殖成本的 70% 左右，而生态养殖如林地养殖模式下，一般可节约饲料 10% ～ 30%；另外，设备和建筑设施相对投资较小，用地面积少，疾病少，用药少，这些都可以节约养殖成本。

另一方面，由于生态型肉鸡的品质较好，肌肉较为结实，味道较为鲜美，有传统土鸡特有的风味，在注重鸡肉风味的地区和人群中销路较好，售价往往比普通笼养或普通养殖模式下的肉鸡价格高出几成甚至 2 倍以上。

从综合效益角度来讲，假如算上由于生态型肉鸡养殖对所处林地、果园、茶园等施肥、减少病虫害等的额外效益，则收益更为可观。根据国家肉鸡产业体系总结的 2017 年白羽肉鸡和黄羽肉鸡收益，白羽肉鸡和黄羽肉鸡的年平均利润分别为 0.10 元 / 只和 2.42 元 / 只，由于生态型肉鸡大多为黄羽肉鸡品种，据此也可以推测出生态型肉鸡养殖的效益较高。

此外，由生态养殖还可衍生出生态旅游、农家乐、土特产品等商业模式，进而带动生态养殖及其产品附加值的进一步提升。从长远来看，随着市场的进一步成熟，龙头企业、农民专业合作社等进一步发展，必将逐渐建立起完善的生态养殖产业链，产品质量进一步提升，将能更好地满足面向国内外市场的需求，不仅有利于农业的综合效益提升，也有助于增加农民收入，促进整个社会的和谐发展。

五、生态型肉鸡养殖应具备的条件

生态型肉鸡养殖是否适合，取决于两大方面：一方面是是否具备人力、财力、物力、场地等客观条件，另一方面是是否了解相关的技术和经营管理，是否有抗风险的能力和心态等主观条件。而从必须要具备的条件来讲，至少要有五个条件：

1. 要有相关完善的养殖证件

进行肉鸡养殖一般需要办理相关证件，如营业执照、养殖许可证、动物防疫合格证、卫生许可证等。

2. 要拟定具体的创业计划

特别是一定规模的养殖，投入较大，成本回收周期长，不能盲目进行。首先应拟定养殖创业计划，然后进行可行性分析，最后确定具体规划内容。

3. 要具备一定的专业技术知识

有必要在项目运行之前，学习相应的专业知识，如《中华人民共和国动物防疫法》、肉鸡饲养管理技术、疫病防控技术、营养与饲料配制技术及经营管理等方面的知识内容。

4. 要具有适宜的饲养场地

既要有建鸡舍的条件，又要有适宜放牧的场地。养殖场要选择在地势高、背风向阳、环境安静、水源充足卫生、排水方便、供电方便和交通方便的地方，最好选择适宜放养的林区、果园、茶园、草场、荒山荒坡以及其他经济林地等。

5. 要保证有适合当地环境和消费习惯的品种和种苗供应商

放养生态型肉鸡大多选择体型为中小型、活泼好动、耐粗饲、抗病力强、生长发育快、肉质较好的地方品种。

第二节　肉鸡品种

本部分主要介绍适合生态养殖的肉鸡品种的选择和我国现有的肉鸡品种以及快大型、中速型、慢速型肉鸡品种。

我国幅员辽阔，蕴藏着极其丰富的地方鸡品种资源，并且引进了部分国外品种。由国家畜离遗传资源委员会编写的《中国畜禽遗传资源志·家禽志》（2011）收录了我国地方品种鸡 107 个、培育品种 4 个、引进品种 5 个，还有许多经过选育的黄羽肉鸡品种，截至 2014 年底，通过国家品种审定委员会审定的有 44 个配套系（品种），1 个培育品种，36 个地方品种。因此，整个肉鸡市场可供选择饲养的品种特别多，但是在生态型养殖中养什么品种的鸡以及如何区分品种差异对于养好生态型肉鸡极其重要。

一、适合生态型养殖的肉鸡品种的选择

由于可供选择的鸡品种较多，可什么品种适合生态型养殖呢？一般的肉用鸡种、蛋肉兼用型鸡种、蛋用鸡种的公雏及当地农村的土鸡（柴鸡）都可作为生态型肉鸡品种，具体选择时应因地制宜，通常认为兼用型鸡种最好，它的优点有：

（一）生理特点和生活习性与生态型养殖相适应

生态型养殖的固有特点要求选择的肉鸡品种必须在生理特点和生活习性上表现出较强的适应性，必须具有抗应激能力强、抗病力高、觅食性强、耐粗饲、适应当地气候等生理特性。

1. 抗应激能力强

由于生态型养殖在果园、林地、山坡、荒地等野外，环境条件不稳定，应激因素复杂多变，比如冬天没有保暖措施，又比如温度、气流、光照等变化大，还会遭受雷鸣闪电、强风暴雨，野兽或其他动物侵袭等一些意外的刺激，因此，应选择抗应激能力强的品种。

2. 抗病力高

自由野外活动导致鸡接触病原物质的可能性增加。患其他疾病如球虫、白痢的概率均不同程度地高于笼养鸡，因此，应选择抗病能力强的鸡品种。

3. 觅食性强

饲养环境中肉鸡要大量地觅食野生饲料资源，因此必须具有较强的觅食能力。

4. 耐粗饲

野生的饲料资源中含有较多的植物饲料，粗纤维含量高，所以生态型养鸡的鸡品

种还应具有较强的消化能力，以提高粗纤维的消化利用率。

5. 适应当地气候和环境

我国幅员辽阔，各地气候条件相差甚大，进行品种选择时应考虑所拟选择品种对当地气候条件的适应性，最好选择那些距饲养地区较近，气候条件差异不大，宜于适应当地环境、气候的品种。只有这样才能减轻鸡群对环境适应的压力，充分发挥其生产性能，取得较好的养殖效果，获得较高的经济效益，比如：生态放养鸡的选择应当以中小体型鸡为主，应当选择那些体重偏轻，体躯结构紧凑、体质结实、个体小而活泼好动，对环境适应能力强的品种。对于大型鸡种来说，体躯硕大、肥胖、行动笨拙不适于野外生活。

（二）与饲养条件和管理水平相适应

1. 饲养条件

生态型养殖饲养条件千差万别、多种多样，如林地生态型养殖、园地生态型养殖、草地生态型养殖、大田生态型养殖、山地生态型养殖等。饲养条件不同，鸡的品种选择也不同。果园、林地或山地生态型养殖要求选择腿细长，奔跑能力、觅食力和抗病力强，肉质好的小体型鸡（体重最大 1.5 kg）。如果圈养，可以选择利用杂交方式选育的生长速度相对比较快、体重比较大，但觅食能力和活动能力差，仅适合集中饲喂条件下圈养具备一些优质鸡特点的品种鸡。

2. 饲养管理水平

生态型养殖的饲养管理水平直接影响其后代的质量和生产性能表现。因此，选种必须与饲养管理水平相适应。比如：白羽肉鸡和快大型黄羽肉鸡养殖需要较高的饲养管理水平才能达到理想的生产水平，慢速型黄羽肉鸡饲养管理水平要求相对较低，较易饲养。

（三）有较高经济效益，能满足市场需求

1. 有较高经济效益

土鸡品种类型众多，不同品种间生产性能差异较大，群体内不同个体间的生产性能也很不一致，真正能够开展土鸡选育的种鸡场很少。市场上的品种来源混杂，群体整齐度较差，羽色、体貌、生产性能和体重大小不够整齐。在选择品种时应注意选择体型外貌一致、生产性能较好的品种，否则会对生产造成不利影响。因此，在生态型养鸡中也应当遵循这一特点，着重选择那些能够提供优质产品的品种，这些品种的生产性能较高，从而能产生较高的经济效益。

2. 能满足市场需求

随着经济条件的改善和生活水平的提高，沿海发达地区和大中城市的消费者越来越喜爱土鸡（地方品种鸡或利用地方品种杂交），因为土鸡口味好，加上其健康的养

殖方式，产品更加绿色。不同地区由于消费习惯不同，对土鸡外貌特征有不同的要求，对鸡蛋的颜色要求也有不同，对土鸡的经济特点（包括蛋肉兼用型、蛋用型、肉用型）要求也有不同，所以选择品种时要考虑销售地区和消费对象的需求，选择他们喜爱的羽色、皮肤颜色、蛋壳颜色以及经济类型的品种。如北方消费者喜欢的多是羽毛颜色多种混杂的地方标准品种或地方标准品种之间杂交的品种，南方消费者不仅喜欢地方标准品种，也喜欢经选育杂交的优质黄羽肉鸡品种。优质黄羽肉鸡品种在北方没有太大市场，大部分都在南方消费。

（四）符合场地规模和资金情况

有的品种如白羽肉鸡适合集约化笼养和平养，对栏舍和场地要求很高。有的饲养场地简陋，配套资金建设栏舍不足，这就需要选择对场地栏舍要求较低的品种。

二、全国常见的肉鸡品种

我国目前饲养的肉鸡品种有几十种，按其来源分为国外引进品种和地方优良品种（包括培育品种），按照肉品质分为快大型肉鸡和优质黄羽肉鸡。快大型肉鸡生长速度快，饲料转化率高，但肉质风味相对较差，并且饲养管理水平以及饲料配方水平要求较高，一般适合集约化笼养或者平养，不适合生态型养殖；优质黄羽肉鸡生长速度慢，饲料转化率低，但肉质风味较为优良，饲养管理水平和配方水平要求一般。因此，生态型养殖中大多选用优质黄羽肉鸡作为饲养品种。

目前，通过国家品种审定委员会审定的有44个配套系（品种），1个培育品种。36个主要地方品种（北京油鸡、坝上长尾鸡、狼山鸡、溧阳鸡、鹿苑鸡、固始鸡、大骨鸡、寿光鸡、浦东鸡、仙居鸡、江山乌骨鸡、萧山鸡、河田鸡、金湖乌凤鸡、闽清毛脚鸡、文昌鸡、惠阳胡须鸡、清远麻鸡、杏花鸡、广西三黄鸡、龙胜凤鸡、霞烟鸡、瑶鸡、白耳黄鸡、丝羽乌骨鸡、崇仁麻鸡、东乡绿壳蛋鸡、边鸡，景阳鸡、茶花鸡、西双版纳斗鸡、藏鸡、独龙鸡、大围山微型鸡、武定鸡、盐津乌骨鸡）。

三、快大、中速和慢速型肉鸡

快大、中速和慢速一般指肉鸡的生长速度，即快、中、慢。其中引进品种如爱拔益加、罗斯308、科宝、艾维因等白羽肉鸡，由于其生长速度快，被称为快大型肉鸡。但是白羽肉鸡一般在规模化条件下饲养，饲养管理水平、营养水平和环境条件要求较高，不适合生态型养殖。

黄羽肉鸡也可分为快大型黄羽肉鸡、中速型黄羽肉鸡、慢速型黄羽肉鸡。由于黄羽肉鸡有许多地方特色品种，它们的体型外貌、生产性能具有巨大差异，而当地居民将某些品种特征与肉质相联系形成了不同的消费习惯，也使黄羽肉鸡形成了相对复杂的区域市场需求。为了便于区分，通常可以按照毛色（麻羽、黄羽，黑羽、花羽）、肤色（黄色、白色、黑色）、胫色（黄色、青色、白色、黑色）、胫长（长脚、矮脚）、生长速度（快大、中速、慢速）、上市日龄（大约为60天前，60 ～ 90天和90天后）及市场区域（华南、华中、华东、华北、西南）等方面的异同将其分类，其中以上市日龄和生长速度相结合的方式即60天左右出栏的快大型，60 ～ 90天出栏的中速型和90天以后出栏的慢速型黄羽肉鸡进行划分的方法因简单实用而得到了普遍认可。

1. 快大型黄羽肉鸡的特点与主要代表品种

特点：快大型主要以长江中下游的上海、江苏、浙江和安徽等地为主要市场。通过选育和配套杂交，因其含有的白羽肉鸡（主要为隐性白羽鸡）血缘成分较高，所以脚粗壮，生长速度较传统的品种有了巨大提高，有的母鸡60天即上市，上市体重达1.3 ～ 2 kg；饲料转化率也有较大提高。该市场对其生长速度要求较高，对“三黄”特征要求较为次要，黄羽、麻羽、黑羽均可，胫（小腿）色有黄色、青色和黑色，其肉质一般。

主要代表品种：主要代表品种为快长型商业品种（配套系），如岭南黄鸡1号配套系、岭南黄鸡2号配套系、新兴黄鸡2号配套系鸡、江村黄鸡JH-2号配套系、京星黄鸡102配套系、新广黄鸡K996等都是国内著名的快长型品种。

2. 中速型黄羽肉鸡的特点和主要代表品种

特点：速型以香港、澳门和广东珠江三角洲地区为主要市场，内地市场有逐年扩大的趋势。香港、澳门、广东的市民偏爱接近性成熟的小母鸡，要求60 ～ 90日龄上市，体重1.5 ～ 2 kg，鸡冠红而大，毛色光亮，具有典型的“三黄”外形特征。其肉质好，肉质细嫩、味道鲜美，羽毛黄色，在市场上具有较强的竞争力和较高的价值。

主要代表品种：主要代表品种有少部分地方品种或培育品种，如固始鸡、崇仁麻鸡、鹿苑鸡、丝羽乌骨鸡等。市场上的中速型商业品种（配套系）比较多，如新兴麻鸡4号配套系、新兴矮脚黄鸡配套系、新兴竹丝鸡3号配套系、苏禽黄鸡配套系、粤禽皇2号鸡配套系、金陵麻鸡配套系等。

3. 慢速型黄羽肉鸡的特点和主要代表品种

特点：慢速型以广西、广东湛江地区和部分广州市场为代表，其他地区中高档宾馆饭店、高收入人员也有需求。要求90 ～ 120日龄或120日龄以上出栏，体重1.1 ～ 1.5 kg，鸡冠红而大，羽色光亮，胫较细，羽色和胫色随鸡种和消费习惯而有所不同。这种类型的鸡一般未经杂交改良，肉质鲜美，风味独特，最受消费者欢迎，但饲料转化率低，饲养周期较长。

主要代表品种：大多数地方品种都属于慢速型品种，如清远麻鸡、惠阳胡须鸡、杏花鸡、文昌鸡等。市场上的慢速型商业品种正在逐渐增多，如岭南黄鸡3号配套系、潭牛鸡、三高青脚黄鸡3号配套系、天露黄鸡、天露黑鸡等。

第三节　生态型肉鸡养殖模式

一、主要养殖模式

生态养殖，目前多采取前期舍饲、后期放归自然加补饲的方式，遵循动物与自然和谐发展的原则，利用鸡的生活习性，在草地、草山、草坡、果园、竹园、茶园、河堤、荒滩上放养。生态养殖由于鸡活动空间大、空气清新，鸡抗病力强、健康、成活率高，既利用了部分自然资源，降低了饲养成本，又增加了鸡的自然风味。养出的鸡羽毛光亮、冠头红润，皮薄骨细、皮下脂肪适中、风味独特，肉质鲜嫩、鸡味更浓，颇受消费者欢迎。当前，许多农业园区积极发展生态型肉鸡养殖，取得了良好的成效。现在生态型肉鸡养殖常结合各自情况因地制宜，主要构成了围网生态型肉鸡养殖模式、简易大棚舍养生态型肉鸡养殖模式、林下灌丛和草地生态养鸡模式、山地放牧生态养鸡模式等，本书仅介绍几种较具代表性的模式。

1. 围网生态型肉鸡养殖模式

围网生态型肉鸡养殖模式要求养殖场地面积较大，林地、果园、竹园、茶园种植密度稀疏适中，养鸡场地须用幅宽 1.5 ～ 2 m 的钢纱网，将准备放养场地的四周围起来，在上、中、下部用 3 根铁丝与树木或木桩固定围网，网下部埋入土中 10 cm 深。若使用的是网（特别是防晒网），则须在网的下部围 40 cm 高的一圈钢丝网，以防止黄鼠狼和犬等动物钻破塑料网，造成损失。

2. 简易大棚舍养生态型肉鸡养殖模式

如果林地、果园、竹园、茶园种植密度大，不方便放养和肉鸡管理，可以在林地、果园、竹园、茶园空旷地带因地制宜地修建一些简易的野外大棚进行大棚生态养殖。其特点是四面有墙，南北有窗，舍内环境控制一部分靠自然通风、自然光照，一部分靠人工通风、人工光照。简易大棚结构简单，造价低，适用于一般肉鸡场和专业户使用。不足是利用自然通风、自然光照，舍内环境条件随气候变化，很不稳定。鸡舍的跨度一般为 10 ～ 12 m，净宽 8 ～ 10 m，过宽不利于通风；鸡舍的高度是檐高 2 ～ 2.5 m；鸡舍的门高为 2 m，并设在两侧，宽度以便于生产操作为准，一般单扇门宽 1 m，双扇门宽 1.6 m 左右；窗户面积与地面面积之比一般以 1 ：（4 ～ 6）为宜。塑料大棚简易鸡舍，山墙及后墙用土坯打垒（有条件可用砖墙），山墙一侧开门，房顶搭成单斜式，前面用竹片、立柱等做成拱架，上面覆盖塑料膜，根据气候变化随时可揭开塑料膜，或者直接在闲置田间搭设塑料大棚。这种鸡舍优点是省钱，适用于资金缺乏、规模小的养鸡户；缺点是舍内昼夜温差较大，特别是冬季湿度大，舍内粉尘重，管理比较困难。

3. 林下灌丛和草地生态型肉鸡养殖模式

如果有丰富的林地和灌木草丛可以选择利用，则可采用林下灌丛草地生态养鸡养殖模式，同时搭设简易鸡棚和栖架。养殖场地主要选择退耕还林的林地，选用幅宽 2 m 的钢纱网，将林带四周围起来，在上、中、下部用 3 根铁丝与树木固定围网，网下部一般埋入土中深 10 cm，用作专业养殖区域（可参考围网生态型肉鸡养殖模式）。旁边可划一块固定的林地作为种草专用地，浇水种植黑麦草等牧草，集中育雏 30 天，在牧草长至高 50 cm 时，外界温度稳定在 20℃以上时，收割牧草并将其添加到放养鸡的饲料中。散养土鸡自由采食，一般以吃草、吃虫为主，投放小杂粮为辅。林间喂养 3 个月后，鸡体重达 1.5 kg 左右即可上市销售。

4. 山地放牧生态型肉鸡养殖模式

山地放牧养鸡模式是利用房前屋后的山地进行放养，晨出暮归的方式，一般饲养 150 ～ 200 只鸡，适宜于农户小规模散养。山地选择远离住宅区、工矿区和主干道路，环境僻静、安宁的山地。最好是果园及灌木林、荆棘林、阔叶林等，其坡度不宜过大，最好是丘陵山地。土质以沙壤为佳，若是黏质土壤，在放养区应设立 2 ～ 3 个沙地。附近有小溪、池塘等清洁水源。要考虑到鸡群对农作物生长、收获的影响。在山地放养区找背风向阳的平地搭建简易棚舍，简易棚舍用无纺布、油毡、遮阳网、茅草等借势搭成坐北朝南的简易鸡舍，可直接搭成金字塔形，南边敞门，另三边着地，也可四周砌墙，其方法不拘一格，要求随鸡龄增长，可以灵活扩展所需面积，达到能挡风、不漏雨、不积水即可。

二、养殖规模

养鸡业，家禽产品不同于工业品，不管行情好与坏都不能积压，特别是行情差的时候，饲养出的生态型肉鸡出栏时卖不出去就意味着亏损，造成的财产与经济损失不言而喻。中小型鸡场在经营中对市场终端的把握与行情认识，一方面依靠媒体提供信息，另一方面靠客户反映，或者凭经营者自身的经验判断，要防止出现行情好时扩大规模，行情差时缩减规模的被动局面，因此，在市场经济面前要做主动的经营者。

生态型肉鸡养殖究竟多大规模，养多少只鸡合适，这要从投资能力、饲料来源、房舍条件、技术力量、管理水平、产量、市场价格等诸方面综合考虑确定。如果养殖户条件差一些，鸡场的规模可以适当小一些，可数百至数千只，待积累一定的资金，取得一定饲养和经营经验之后，再逐渐增加饲养数量。如果资金充裕，产品需求量大，饲料供应充足，而且养殖者具备了一定的饲养和经营经验，鸡场规模可以建得大一些，以便获得更多的盈利。但是，鸡场的规模一旦确定，不能盲目增加饲养数量，提高饲养密度，否则会造成鸡群生产性能下降、死亡率高现象。造成经济损失。

三、养殖方式选择

养殖方式主要有地面平养、网养（栅养）、笼养，放养等，各种饲养方式均有不同的优缺点。地面平养就是把鸡饲养在厚垫料地面的一种平面饲养方式。其优点是平时不清除粪便，不更换垫料，省时省工；缺点是如果不加强舍内通风，降低湿度，容易聚集氨气和潮湿，诱发呼吸道疾病和眼病。

网养（栅养）鸡主要是将鸡饲养在离地面 60 ~ 70 cm 高的金属网上或竹、木栅上的一种平面饲养方式。其优点是鸡不与鸡粪接触，防止和减少了粪便传染疾病的机会，饲养密度比地面平养可增加 50% ~ 60%，适用于鸡的各个阶段；缺点是网上活动不自由。

笼养鸡就是用鸡笼来养鸡的一种方法。鸡被固定在鸡笼里，没有选择环境条件的可能，完全靠人工为其提供各种生存生产条件，需要非常高的饲养管理水平。

究竟采用哪种饲养方式，要根据经营方向、资金状况、技术水平和房舍条件等因素来确定，在目前生产中，可通过各种养殖技术特点选择饲养方式，如果资金充裕，技术过硬，应修建育雏舍或者将现有的房舍改建成育雏舍，一般生态养殖采取平养或网养（栅养）（育雏阶段）+ 放养（中大鸡阶段）结合方式，如果资金不足，技术不足，可以先跨过难度较大的育雏阶段，而直接购买中大鸡进行育肥和放养。

四、鸡苗培育

生态养殖户在养殖过程中是自己开办孵化场自繁自养还是外购鸡苗，主要取决于哪种形式的经济效益高，自身的专业技术水平如何，以及市场需求、价格和生产成本等因素。

由于种鸡和种蛋是养鸡业的主要生产资料，其品质优劣、饲养好坏，关系到千家万户的养鸡效益。如果饲养技术水平较高，饲养条件较好，有专业技术条件和充裕资金的养殖户可以建立专一化鸡场养种鸡，达到自繁自养；其中对祖代鸡场的要求更高，父母代鸡场次之。如果是一般农户，没有较强的专业技术，则可选择大公司提供的商品代鸡苗饲养。

（一）自繁自养鸡苗

生态型肉鸡养殖主要提供生态型肉鸡产品。因此，自繁自养主要通过引进商品代种蛋孵化肉鸡饲养或者养殖父母代种鸡生产种蛋，然后把种蛋孵化成肉鸡饲养，无论哪种方式都需要较高的技术管理水平和大量的基础设施投入。一般农户和中小规模饲养场，没有较强的专业技术和充裕的资金，不建议自繁自养。

（二）外购鸡苗

一般农户和较小规模的生态养殖场均采取外购鸡苗的形式进行养殖，购买鸡苗应遵循以下原则。

（1）从信誉良好、管理严格、种群健康、无种蛋传染性疾病的种鸡场购买引进商品雏鸡苗，避免在疾病多发、管理水平较差的小商品代种鸡场引进商品肉鸡鸡苗。如果不了解情况，可以向当地畜牧部门咨询。

（2）禁止盲目引种，引进鸡苗的特性要符合生态养殖的要求，并且需要在具有“种畜禽经营许可证”的种鸡场引进鸡苗。

（3）合格的雏鸡的挑选方法简单概括为“一看、二摸、三听”。一看：用肉眼观察雏鸡精神状态和外观。选择活泼好动，反应灵敏，眼睛明亮有神，绒毛长短适中，羽毛干净有光泽，体型大小适中，符合品种标准，腹部大小适中，脐部愈合良好，泄殖腔处不粘粪便，两脚站立较稳，腿、喙（鸡嘴）色浓，没有任何缺陷的雏鸡。二摸：用手触摸雏鸡来判断体质强弱。健雏握在手中腹部柔软有弹性，用力向外挣脱，脚及全身有温暖感。三听：听雏鸡的鸣叫声，健雏叫声清脆洪亮。

（4）做好运输保温防挤压措施。在运输之前，要与种鸡场联系好接雏事宜（接雏指将鸡苗接送至育雏舍）。冬季应在中午前后运输，注意做好保暖措施。夏季应在早晚运输，以免气温过高或过低，做好降温措施。装箱不要过多，防止挤压死亡。

（5）与鸡苗供应商签订鸡苗购销合同。合同内容涉及：鸡苗保证提供符合品种的健雏，且注射过进口马立克氏病疫苗，保证无遗传性疾病。购买单价。鸡苗购进时间、鸡苗发出时间以及双方验收后有签名或按印章。约定付款时间和方式。一周内如鸡苗产生大批死亡，由供鸡苗方到场验明事实情况，如果是鸡苗情况，由供苗方负责，协同买苗方向提供鸡苗的厂家索赔。⑥销售鸡苗方能提供饲养管理、免疫、消毒防疫等技术支持。

第五章　肉鸡饲料管理

本部分主要介绍饲料方面的基本知识以及饲料营养与鸡肉品质的关系。

第一节　肉鸡饲料基本知识

要真正了解和掌握饲料配制技术，至少需要学习一些动物营养学和饲料学的知识，由于篇幅所限，这里仅作最简要的介绍。

一、动物所需的六大常规营养物质

动物所需的六大常规营养物质为水、糖类、蛋白质（氨基酸）、脂类（脂肪）、矿物质元素、维生素。其中，糖类、蛋白质、脂肪可以产生能量，并且糖类是主要的产能物质。各类营养物质，尤其糖类，蛋白质、脂肪这三大营养物质之间可进行一定程度的转化，但转化过程非常复杂。有些营养物质可以通过其他营养物质转化，这些营养物质常被认为是非必需的，而不能通过其他营养物质转化、必须从外界饲料中摄入的属于必需的营养物质。

二、饲料原料

国际饲料原料分为 8 类，分别为粗饲料、青绿饲料、青贮饲料、能量饲料、蛋白质饲料、矿物质饲料、维生素饲料和添加剂。我国的饲料分类与之相似，但又根据传统习惯分为 16 亚类。不同类别的饲料原料以其成分特点（比如：水分、粗蛋白质和纤维含量等）与其他类别原料相区分。

需要注意的是，目前我国已出台了对饲料原料详细的使用目录，在饲养过程中及生产饲料的过程中，饲料生产企业所使用的饲料原料均应属于农业部第 1773 号公告《饲料原料目录》及其后相关增补原料。根据《饲料原料目录》，我国现有饲料原料可分为 13 大类。具体如下：①谷物及其加工产品。②油料作物及其加工产品。③豆科作物籽实及其加工产品。④块茎、块根及其加工产品。⑤其他籽实、果实类产品及其加工产品。⑥饲草、粗饲料及其加工产品。⑦其他植物、藻类及其加工产品。⑧乳制品及其副产品。⑨陆生动物产品及其副产品。⑩鱼、其他水生生物及其副产品。⑪矿物质。⑫微生物发酵产品及其副产品。⑬其他饲料原料。

1. 能量饲料

能量饲料是指饲料干物质中，粗纤维含量小于18%，粗蛋白质含量小于20%的饲料。能量饲料主要包括谷实类、糠麸类、草籽、果实类、根茎瓜果类和生产中常用的油脂、糖蜜、乳清粉等。谷实类饲料主要有玉米、小麦。糠麸类饲料主要有小麦麸、次粉、米糠。

2. 蛋白质饲料

蛋白质饲料是指饲料干物质中粗纤维含量小于 18%，粗蛋白质含量大于 20% 的饲料。主要包括植物性蛋白质饲料、动物性蛋白质饲料和单细胞蛋白质饲料。

植物性蛋白质饲料包括豆类籽实，主要有大豆，豌豆、蚕豆和黑豆，这些豆类都是动物良好的蛋白质饲料；饼粕类如大豆饼（粕）、菜籽饼（粕）、棉籽饼（粕）、葵花籽饼（粕）、花生仁饼（粕）等。其他加工副产品也可归在蛋白质饲料范畴内，如一些谷类的加工副产品的糟、渣，例如玉米面筋、各种酒糟与豆腐渣等。动物性蛋白质饲料主要有鱼粉、肉骨粉，此外还有蚯蚓粉、蚕蛹、血粉、乳清粉、羽毛粉和昆虫粉等。单细胞蛋白质饲料主要有酵母、微型藻和非病原真菌。

3. 矿物质饲料

动植物性饲料中虽含有一定量的动物必需矿物质，但常规动植物性饲料常不能完全满足肉鸡生长、发育对矿物质的需要，因此，应补充矿物质饲料。如提供钠、氯的矿物质饲料主要有氯化钠和碳酸氢钠；含钙的矿物质饲料主要有石粉和贝壳粉；含钙与磷的矿物质饲料主要有骨粉、磷酸盐（磷酸氢钙，含钙 24%、磷 18%，磷酸二氢钙，含钙 17%、磷 26%；磷酸三钙，含钙 29%、磷 15%）。其他矿物质饲料还有沸石、麦饭石、膨润土等。

三、饲料的种类

1. 根据饲料形态的分类

饲料根据形态可分为粉料、颗粒料、液态料，肉鸡上常用粉料和颗粒料。颗粒饲料是全价配合饲料加上结合剂，经颗粒机压制而成。制粒时的粒度可设不同大小，能适应小雏、中雏及后期肉鸡的需要。颗粒饲料的最大优点是饲料浪费少，混合比例稳定，易采食，采食量大。粉状配合饲料由于各种饲料原料的粗细、比重不同，经过包装、运输、饲喂等环节后，可能会使原本拌匀的饲料变得不太均匀，影响营养的均衡，再就是鸡采食时易带出料槽，造成浪费。

2. 普通饲料和野外天然饲料

生态型肉鸡养殖的饲料从来源角度，大致分为两种，一种为与一般养殖方式相同的粮食或非粮饲料，可以选择自配或直接采购商业成品饲料，另一种来源为特有的，从放养环境中获得的昆虫、草籽、草叶、瓜果、菜叶、腐殖土等。

3. 自配和外购饲料

若从配制来源的角度，可分为两种：一种为自己配制饲料，饲料原料使用当地的天然粮食或非粮饲料，另一种为外购，主要是专业饲料公司或合作公司销售的预混料、浓缩饲料或全价饲料。

四、配合饲料

由于天然的、单一的饲料原料不能满足鸡需要的营养物质，因此，需要将不同的原料进行组合搭配后饲喂。这种由不同原料配合而成的饲料就称为配合饲料。若按配合饲料的分类，可根据所含营养成分的不同，分为以下三种：

1. 全价配合饲料

除水分外能完全满足动物营养需要的配合饲料称为全价配合饲料。这种饲料所含的各种营养成分均衡全面，能够较好地满足动物的营养需要，不需添加其他成分就可以直接饲喂，并能获得较好的经济效益。它是由能量饲料、蛋白质饲料、矿物质饲料、维生素、微量元素以及其他饲料添加剂组成的。

2. 浓缩饲料

浓缩饲料是指由蛋白质饲料、矿物质饲料和添加剂预混料按一定比例配制的均匀混合物。浓缩饲料也不能直接饲喂，需要再按一定比例添加能量饲料原料，即配制成营养全面的全价配合饲料。一般情况下，浓缩饲料占全价配合饲料的比例为20% ～ 40%，其中蛋白质含量在30% 以上。若是5% ～ 10% 的浓缩饲料，使用时还需添加一定量的能量饲料，外加豆粕或其他蛋白质含量较高的饲料原料才能配制出全价饲料。

3. 添加剂预混料

添加剂预混料指由一种或多种饲料添加剂与载体或稀释剂按一定比例配制的均匀混合物。添加剂预混料在配合饲料中所占比例很小，3%～4% 的预混料包括各种维生素、微量元素、常量元素和非营养性添加剂等，而0.4% ～ 1.0% 的预混料不包括常量元素，即不提供钙、磷、食盐。添加剂预混料和浓缩饲料一样，都是饲料半成品，需要与其他饲料原料组合后才能饲喂。

第二节 饲料营养与鸡肉品质的关系

鸡肉品质较好是生态型肉鸡养殖的一大卖点，因此，除了肉鸡品种固有的特性和饲养环境与方式对其的影响外，饲料营养还会对鸡肉品质产生较大影响。

一、能量饲料对鸡肉品质的影响

能量饲料主要包括糖类能量饲料和油脂类能量饲料。糖类能量饲料在鸡饲料中占有非常大的比例，并以谷实类中黄玉米最为常用，黄玉米有效能值高，还含有胡萝卜素、玉米黄素等，有利于鸡的生长和加深肤色，有研究称用玉米饲喂肉鸡比小麦饲喂肉鸡可以沉积更多的脂肪，胸腿肉嫩度更好。小麦配以燕麦比配以大麦鸡肉味道更鲜美。高粱中因含有单宁会导致鸡肉带有鱼腥味。以甘薯替代肉鸡日粮中 50% 的玉米，同时以 23% 的大豆粕替代花生粕，具有降低腹脂的作用。

油脂类能量饲料是肉鸡饲料中常用的能量补充饲料。饲料中的油脂不但能提供能量，而且能给鸡提供必需的脂肪酸等营养物质，以满足其生长发育的需要，同时调节鸡的脂肪代谢，从而达到改善鸡肉品质的目的。饲料中脂肪来源、氧化程度、添加水平和添加时间都可能影响鸡肉品质。不同种类的油脂对鸡肉品质的影响不同，一般而言，动物性油脂优于植物性油脂。由于鸡体脂成分可用饲料脂肪调控，比如鱼油、玉米胚芽油、棉籽油、燕麦油、芝麻油、大豆油、葵花籽油、亚麻籽油、菜籽油、紫苏油等中含较多多不饱和脂肪酸（PUFA），在日粮中添加可改善鸡肉组织的脂肪酸组成，但多不饱和脂肪酸含量过高会对鸡肉品质产生不良影响，容易引起鸡肉的氧化变质，降低食品的颜色、风味，组织结构和营养价值及货架期，若要抑制多不饱和脂肪酸的氧化，则又需要补充适量的微营养性抗氧化剂，如维生素 E、硒、镁、B- 胡萝卜素等，或具有抗氧化性的天然植物提取物如茶多酚、黄酮等。

二、蛋白质饲料和氨基酸对鸡肉品质的影响

蛋白质饲料主要有植物性蛋白质饲料和动物性蛋白质饲料两大类，不同蛋白质饲料对鸡肉风味和鸡体脂肪的蓄积影响不同。由于鱼特有的鱼腥味，饲料中添加鱼粉会导致鸡肉风味下降，但饲喂经过发酵的鱼粉，则鸡肉中不再有鱼腥味。在肉鸡饲料中添加 2% ～ 10% 的羽毛粉，不影响其生产性能，但会降低腹脂和胴体脂肪含量。植物性蛋白饲料中豆粕和花生饼（粕）用得最多，商品肉鸡的后期料中花生饼（粕）可适当提高比例，因为可以改善肉质风味。菜籽饼是一种廉价的蛋白质饲料，但大量使用（添

加 10% 低葡萄糖苷菜籽饼）时，因其含有硫葡萄糖苷而可能造成鸡肉异味。

日粮中的氨基酸水平与肉质有一定的关系，肉鸡日粮中一种或几种氨基酸含量低时，鸡的采食量会加大，以满足自身限制性氨基酸的需要量，这样可能会导致摄入能量过多，多余的能量转化为脂肪，造成体脂含量增加。在日粮低蛋白质条件下，补充限制性氨基酸有利于减少脂肪的沉积。有研究称适当提高日粮蛋氨酸水平可降低肉鸡腹脂的沉积，可能是蛋氨酸有降低采食量的效应或直接参与控制腹脂的沉积过程。在赖氨酸缺乏的日粮中，随赖氨酸的添加水平增加，胴体脂肪含量下降，高能量和高赖氨酸水平下可获得最大程度的蛋白质沉积，低能量和适中赖氨酸水平下可获得最低的脂肪沉积量。在能量相等的条件下，将肉仔鸡饲料中粗蛋白质水平从 20% 降低到 16%，并添加 0.2% 缬氨酸可降低因低蛋白质而带来的腹脂增加，而单独添加 0.2% 异亮氨酸则会提高腹脂含量。肉鸡采食蛋白质含量为 22%、20% 或 18% 的饲料，肉鸡的胴体脂肪或腹脂重随蛋白质含量的降低而增加，并且随赖氨酸或精氨酸的添加而降低。

三、矿物质和微量元素对鸡肉品质的影响

一些研究显示，在宰前肉鸡饲料中补充适量的钙对改善鸡肉的嫩度有益。饲料中补充有机铬能降低肉鸡胴体脂肪含量，增加蛋白质含量，降低血清三酰甘油和游离脂肪酸水平。适当提高日粮中硒水平能增强机体抗氧化能力，从而提高肉品质量。每千克饲料中添加 0.1 mg 有机硒能显著降低鸡肉的滴水损失（滴水损失指在不添加任何外力而只受重力作用的条件下，肌肉蛋白质系统在测定时的液体损失量。滴水损失与酸碱度、颜色和大理石纹评分间显著相关，滴水损失越低，肉质越好）。日粮中添加硒还可显著提高羽毛评分，改善肉品质量，尤其是在肉色、滴水损失方面，有机硒较无机硒效果明显。提高镁的添加量可提高肌肉的初始酸碱度，降低糖酵解速度，减缓酸碱度下降，从而延缓应激，改善肉质，而且有机镁比氧化镁更有效。

铜和锌是机体超氧化物歧化酶（SOD）的重要组成部分，提高饲料中铜和锌的添加量，一方面可增强肌肉中超氧化物歧化酶的活性，减少自由基对肉品的损害；另一方面，铜也是肌肉中脂质氧化的催化剂，可大大加速脂质氧化速度。但是需要注意的是：这些矿物质和微量元素的添加量都要适度，过少和过多都会产生不利影响，要在饲料标准的指导下进行增减；另外，一些元素诸如铜、锌等和其他重金属元素等，由于在生产中常被过量添加导致环境污染，因此，国家出台了它们的推荐使用量及最高限量，详情请查阅农业部第 2625 号公告《饲料添加剂安全使用规范》。

四、维生素对鸡肉品质的影响

维生素 E 是一种非常有效的抗氧化剂，鸡肉中缺乏将影响肉品在储藏过程中脂肪

的稳定性。在肉鸡饲料中添加维生素 E 可提高鸡肉的抗氧化性能，增加肉色的稳定性，延长肉品的货架期。维生素 C、*B*- 胡萝卜素和维生素 E 具有协同作用，可延缓鸡肉的氧化与脂质酸败，有效延长鸡肉的保鲜期。

在饲料中添加硫胺素会对鸡肉肌苷酸、肌内脂肪等的沉积有一定影响。饲料中添加核黄素可显著降低肉鸡肌肉颜色的亮度值、滴水损失和剪切力，从而改善鸡肉品质，也可降低皮下脂肪厚度和鸡肉总脂肪含量，降低脂肪肝和防止肌肉中脂质过氧化。在宰前肉鸡饲料中补充适量的维生素 D；能改善鸡肉的嫩度。

五、饲料添加剂对鸡肉品质的影响

一些研究显示以下这些营养措施，可改善鸡肉品质：每千克肉鸡饲料中，添加 10 ～ 20 mg 的大豆异黄酮可改善鸡肉的肉色、系水力和酸碱度，防止储藏过程中鸡肉发生氧化反应，延缓宰后肌肉酸碱度迅速下降；添加 600 ～ 2700 mg 甜菜碱可提高鸡肉中肌酸、肌酸酐、肌苷酸等风味前体物质以及肌红蛋白含量；添加 50 ～ 100 mg L- 肉碱可提高胸肌的红度值（红度值为色差仪检测结果的一个指标，正值说明比标准偏红，正值越大越红，负值说明偏绿）、肌苷酸和粗脂肪含量；添加 200 ～ 300 mg 的茶多酚可提高鸡肉抗氧化能力，降低鸡肉的滴水损失，减少储藏损失；添加 500 mg 糖萜素可降低肉鸡胸肌的滴水损失、亮度值和黄度值，提高了红度值和肌苷酸含量和鸡肉系水力；在肉鸡宰前饲料中添加丙酮酸盐可延缓宰后肌肉酸碱度下降，降低了肌肉滴水损失。

另一些研究显示在肉鸡饲料中添加一些调味香料如丁香、八角、生姜、辣椒，0.2% 的大蒜粉，中草药饲料添加剂等可改善鸡肉品质。

夏季高温季节肉鸡容易产生热应激，导致鸡肉酸碱度下降、嫩度降低、氧化程度增加。一些试验显示，在热应激条件下，增加饲料的能量蛋白质水平，提高饲粮苏氨酸、精氨酸水平，并选用优质、可消化利用率高的饲料原料能够提高肉鸡胴体品质。

第三节　自配饲料与外购饲料

一、自配饲料和外购饲料的使用情况

建议没有饲料配制技术和经验的初始养殖者使用外购的全价饲料；至少也是使用较易配制的浓缩饲料，加上能量类饲料原料（如玉米等）自己配制全价饲料；而对于有一定技术和丰富经验的养殖者，以上两种均可采用，而且可以采购商品预混料（甚至条件允许时，预混料也可自配）和其他饲料原料，自己配制成全价饲料。需要注意的是，单一的一种全价配合饲料是针对某一特定品种，特定阶段和特定生长性能的，假如市售的针对对象与实际不符，则需要摸索使用。

另外，由于生态养殖过程中大多有放养阶段，而放养阶段的营养物质种类和摄入量难以统计，会导致日粮的全价性产生偏差，这其实也是一项科研难题，实际操作中，在放养阶段不能仅依靠天然食物，还应进行补饲，保证一定量全价配合饲料、浓缩饲料等的供应。饲料的分阶段特性（根据肉鸡的生理特点和生长发育要求）可分为若干阶段，而每个阶段对各种营养物质的需要量是不同的，因此，使用不同营养水平的日粮和管理方法，进行分阶段饲养，可以使饲养规程更为科学合理，并能节省饲料费用，降低生产成本。

国外肉仔鸡饲养标准一般用三段制，如美国家禽营养需要（NRC）饲养标准按0～3周龄、4～6周龄、7～9周龄分为三段。我国黄鸡饲养根据出栏日龄的不同，一般分成两个或三个阶段，一般称为育雏期、生长期和育肥期三个阶段，分段的具体时间要根据品种、环境、营养供给、生长速度等确定。

二、生态养殖饲料需注意的事项

要生产优质安全的鸡肉，在饲料营养方面首先要做到选用正规、口碑良好的厂家出品的优质安全的饲料，或者采购优质新鲜的饲料原料和绿色安全的饲料添加剂，并科学配制饲料，要严格禁用国家明令禁止的激素，抗生素和其他药物、添加剂等，严格控制受霉菌毒素、农药和病原微生物等污染的饲料原料在肉鸡饲料中的应用，严格控制饲料中重金属含量。

霉菌毒素是对动物和人体都有很大危害的物质，常见于霉变的饲料中，因此，如果发现饲料有霉变或变质变味，不要吝惜和心存侥幸，不能将其喂鸡。同样的，生态养殖模式下，鸡可能会采食到一些粗饲料、瓜果菜叶，或者当地的食物或工业加工副产品，在饲喂之前，一定要注意保证这些饲料的新鲜度和安全性，不能只图便宜和方便，否则得不偿失。

饲料有一定的储存期限，注意放在避光阴凉的地方，注意防潮、防虫、防鼠。

饲养肉鸡，除了正常的饲料外，还要注意及时提供适量沙石，一方面是由于鸡没有牙齿，让沙石和食物在鸡胃中来回摩擦，将食物磨碎，有助于鸡在消化过程中磨碎坚硬食物，提高消化率；另一方面是鸡的消化道比较短，饲料通过消化道时容易消化不完全，掺和沙砾可一定程度减缓食物通过消化道的速度，增加了食物在肠道内停留的时间，使营养吸收更完全，提高营养物质的利用率。喂量一般在2～3周时，喂以粒径1.5～3.0 mm沙粒，每周每只鸡5～10 g即可，但在放养期间，鸡可能会采食外界环境中的沙石，可减少用量或不用沙石。

第六章　肉鸡疾病绿色防控

第一节　肉鸡疾病绿色防控关键技术

一、确定鸡病的步骤和方法

鸡只有在健康的状态下，才能充分发挥其生产性能，才能使其优良肉质得到充分表达。因此鸡病发生后，隔离病鸡、有必要扑杀的及时扑杀，然后再遵循正确的步骤和方法确定鸡病。

需要提醒的是，鸡发病的原因很多，鸡病的种类也非常多，诊断和治疗对专业性的要求都非常高，类似症状可能有一两种或多种，而诊治策略又可能完全不同，切勿盲人摸象，低估鸡病诊治的难度。应提前有一些了解，发病后及时找兽医进行诊治，可能是最稳妥也最高效的方式。因此，本书仅简单介绍一些鸡病的基本知识和一些简单的诊断与应对措施，不求读者能直接拿来就用，但求读者能大致了解。

（一）回顾病史

主要从以下几方面回顾：①以前是否发生过类似症状。比如腹泻、咳嗽、神经症状、运动障碍、羽毛覆盖情况、皮肤和关节发热受损等。②这种症状什么时候开始发生。③病鸡日龄。因为鸡不同日龄都有容易暴发的疾病，比如饲养前 2 周容易暴发大肠杆菌病和支气管炎，10 ～ 30 日龄和 35 ～ 60 日龄肉鸡容易暴发球虫病。④如果以前确定过某种疾病，用以前的治疗方法使鸡群恢复健康。

（二）进一步观察

如果通过回顾病史不能确定病因，应进一步观察病鸡。

1. 病鸡的明显症状

如腹泻、咳嗽、神经症状、运动障碍、羽毛覆盖情况、皮肤和关节发热受损等。当将鸡放出栏舍到野外时，健康鸡争先恐后向外飞跑，弱鸡常常落在后边，病鸡不愿离开鸡舍。如果腹泻，肛门附近很脏，说明肠道有问题，如果羽毛有问题，说明缺营养或者发生啄癖；若鸡呼吸带有啰音，则说明呼吸道有疾病。

2. 有多少只鸡出现这种症状，是个体现象还是普遍症状

3. 采食量和饮水量是否有显著下降

因为新城疫、禽流感、支气管炎、鼻炎、球虫病等鸡病和热应激会引起采食量严重下降，食盐中毒、肾型传染性支气管炎等会引起饮水量下降。健康鸡敏感，采食时往往迫不及待；病弱鸡不采食或采食迟缓；病重鸡表现精神沉郁、两眼闭合、低头缩颈、行动缓慢等。

4. 粪便是否异常

正常的粪便有小肠粪和盲肠粪：通常盲肠粪光滑黏稠，颜色为褐色，软硬适中呈堆状；小肠粪为逗号状，粪便表面有裂纹，软硬适中呈条状。通常盲肠粪和小肠粪还有一层白色的尿酸盐沉积。异常粪便是提示鸡不健康状态可能的原因。

5. 养殖环境是否异常

比如空气、垫料是否发臭（氨气和硫化氢等气体集聚过多），垫料是否过湿（粪便太多，太湿），饲料是否发霉被粪便污染，饮水是否干净等。

（三）确诊

通过回顾病史和观察病鸡还不能确定病因，可结合解剖病鸡查看口腔、鼻腔是否有积液，气管是干燥还是多出血点，解剖鸡胃、小肠、盲肠等是否有出血点或其他异常，解剖心脏、肝、肾和法氏囊是否有肿大和异常，然后根据一些鸡疾病的特殊信号，初步得到鸡病诊断结果。通过这些病例还不能断定病因，就需要采集病理器官或者血液送检，确定疾病后治疗病鸡。

二、预防鸡病的措施

生态型肉鸡养殖场，一般肉鸡直接与外界与土壤接触，接触的病原菌较多，给疾病防治带来了难度。因此，必须做好卫生消毒和防疫工作。为了使生态养殖未受感染的鸡群不发病，必须采取各种有效措施预防疾病。为此，一方面要采取加强饲养管理、搞好环境卫生、合理免疫接种，必要时投喂一定药物等措施，以提高家禽的抗病能力；另一方面要采取检疫、隔离、消毒等措施，以保证鸡群不受疾病的传染。

（一）牢记“养胜于防、防胜于治”

“养胜于防、防胜于治”指在肉鸡养殖过程中，做好日常的饲养管理比做好预防措施有效，而做好肉鸡防疫免疫措施比发病后对疾病采取治疗措施更有效。因此，重视其日常饲养管理，树立尽量少用药和不用药的理念，这是一种有效降低成本的方法，而且对鸡肉质量安全有很大保障。

（二）加强饲养管理，搞好卫生、消毒工作，增强鸡体抗病力

1. 满足营养需求

营养物质影响鸡的生长发育、生产和抗病能力。提供的饲料营养物质不足、过量或不平衡，不但会引起鸡的营养缺乏病和中毒病，而且影响鸡体的免疫力，增强对疾病的易感性。

2. 搞好环境卫生

每天清除舍内外粪便；对鸡粪、污物、病死鸡等进行无害化处理，定期用2%～3%氢氧化钠或20%熟石灰对鸡舍及场地周围进行彻底消毒，也可撒石灰粉；除用药消毒外，还应用药灭蚊、灭蝇、灭鼠等。

3. 严格消毒制度

①外来人员不能进入生产区。②鸡场门口或生产区入口处要设消毒池和喷雾消毒间，饲料、垫料、饮水、车辆、用具、设备等必须消毒处理后方能进入生产区。③养鸡场工作人员，进入鸡场要洗澡消毒，不能随意进出其他养殖区域。④保持鸡舍清洁卫生，料桶、饮水器要定期清洗，饲养过程中各种用具、设备使用前后必须清洗消毒。⑤鸡舍内要定期进行全群喷雾消毒，以及搞好其他消毒工作。

（三）定期预防接种免疫、制订药物预防和驱虫的程序与计划等

1. 定期预防接种

放养饲养管理条件下，放养鸡与各种传染病接触的机会较多，免疫程序不一定得到彻底落实，此时免疫程序设计应考虑周全，以使免疫程序更好地发挥作用。免疫程序及疫苗使用注意事项在不同的鸡场会有所不同。

在制订免疫程序的时候可以依据以下几个方面：①放养场地有发病史。制订免疫程序时必须考虑该场已发疾病、发病日龄、发病频率和发病批次。依此确定疫苗免疫的种类和免疫时机。②放养鸡场原有的免疫程序和免疫使用的疫苗。如果某一传染病始终得不到控制，这时应考虑原来的免疫程序是否合理或疫苗毒株是否对号。③雏鸡的母源抗体。了解雏鸡的母源抗体的水平、抗体的整齐度和抗体的半衰期及母源抗体对疫苗不同接种途径的干扰，有助于确定首次免疫（首免）时间。比如传染性法氏囊病（IBD）母源抗体的半衰期是6天，新城疫（ND）为4～5天。对呼吸道类传染病首免最好是滴鼻、点眼、喷雾免疫，这样既能产生较好的免疫应答，又能避免母源抗体的干扰。④季节与疫病发生的关系。有许多疾病受外界影响很大，尤其在季节交替、气候变化较大时常发，如肾型传染性支气管炎、慢性呼吸道病，免疫程序必须随着季节有所变化。通过不同的免疫方法，给没有发病的鸡群注射疫苗，让鸡群获得特异性抗体，防止鸡群暴发某些传染病，如禽流感、新城疫等。免疫程序不可一成不变，需要经常完善和更新，根据当地鸡病流行规律，随时调整免疫程序，才能有效防止疾病

传播。⑤了解疫情。如果附近鸡场暴发传染病，除采取常规措施外，必要时应进行紧急接种。对于重大疫情，本场如果还没发生，也应考虑免疫接种，以防出现重大疫情，如传染性支气管炎。对于烈性传染病，应考虑死苗和活苗兼用，同时了解活苗和死苗的优缺点及相互关系，合理搭配使用。如新城疫、肾型传染性支气管炎、传染性支气管炎等。⑥目前，由于放养鸡饲养的主要是本地鸡，有些孵化场的种蛋来自散养户，无论是鸡的日龄还是免疫程序差别都很大，致使其母源抗体水平参差不齐，首免时间不易确定。套用现代肉鸡、蛋鸡的免疫程序，免疫方法不得当、免疫程序不合理等，易感染法氏囊病。鸡新城疫的免疫接种，常常采用饮水法。但是，饮水法常因群体过大，易造成饮水不均；鸡采食青绿饲料而减少饮水以及鸡饮用坑洼地的积水，直接影响饮水量和免疫效果，鸡群经常发生散发性新城疫。对放养鸡危害最严重的是传染性疾病，而传染性疾病中又以马立克氏病发生最多、危害最大。造成放养鸡马立克氏病多的主要原因，一是由于养鸡周期长达 3 ～ 4 个月，常需进行二次免疫，但养殖户认为本地鸡的抗病力强，不用接种马立克氏病疫苗；二是放养鸡场购买商品蛋鸡鉴别公雏时，抱有侥幸心理或仅顾眼前利益而不接种马立克氏病疫苗，其结果造成马立克氏病的大面积暴发。放养鸡常选择快大型、中速型和慢速型黄羽肉鸡饲养，由于其生长周期不同，其免疫程序也有细微不同。

2. 制订药物预防和驱虫的程序与计划

由于生态养殖，肉鸡在野外接触寄生虫和其他病原菌的机会增大，病鸡粪便易污染饲料、饮水、土地；夏季天热多雨，运动场潮湿，场内的粪便及其他污物得不到及时清除以及堆沤发酵等，使得虫卵“接力传染”，加快了球虫病的传播。因此，要特别注意防治球虫病及消化道寄生虫病，经常检查，一旦发现，及时驱虫，在饲料或饮水中添加抗球虫药物，如添加阿苯达唑或伊维菌素，通常采用 2 ～ 3 种抗球虫或蛔虫药拌料交替使用，以达到预防和控制的目的。沙门氏菌也是严重危害放养鸡育雏期间成活率的疾病之一。这是因为有些放养鸡场从非正规种鸡场购买雏鸡，而这些种鸡场并未做过鸡白痢净化，一是带菌鸡通过种蛋传给下一代，二是其孵化场的孵化条件、卫生状况、管理等较差，易造成疾病传播。放养鸡因其所处环境的特殊性，常常接触污染的饲料、饮水、用具等，再加上发霉变质的饲料以及外界应激因素（雨淋、温度变化等）的影响，还易感染或并发大肠杆菌病。

3. 定期杀虫、灭鼠，进行运动场及放牧地的翻土或垫土，妥善处理粪便及病死鸡的尸体

鼠类是需要警惕的疾病传播媒介，包括沙门氏菌。应密封地板和墙上的洞，密封建筑物、窗户和门上的裂缝，清除饲料、粪便和鸡蛋残余物，并随时清理垃圾，不要用前厅或阁楼作为储存室，把东西储存在封闭的房间。一个鸡场不可能完全清除鼠类，因此，要高度警惕，并定期检查鸡舍，以寻找鼠的踪迹，安装带有鼠药的捕鼠器和诱鼠盒。最好是请专业公司定期来灭鼠。确保鸡粪干燥（>45% 的干燥物），因为苍蝇幼虫在湿粪中成长。定期清除粪便，尤其在夏季。在鸡舍内安装紫外线杀蝇器，在设定的时间内数一数有多少只成蝇。如果数量明显增多，说明某处是幼虫和蛆虫的繁殖地。找到源头并立即用幼虫杀虫剂处理。除了化学试剂，也可以利用生物防治法控制苍蝇。如果有病死鸡要及时处理，防止苍蝇叮咬导致继发性传染。

4. 整批最好采用全进全出的饲养方式

全进全出的饲养方式，即一个鸡场应该只养同日龄的鸡群。一批鸡出售或淘汰后停养 10 ～ 30 天（以便消毒鸡舍及场地），再养下一批鸡。如必须从外面进鸡时，应在隔离舍单独饲养，观察 1 个月以上。在饲养一批鸡清栏后，放养场地的地面上用生石灰或熟石灰泼洒消毒，以备下批饲养。最好在放养场地里建 2 栋鸡舍，轮流消毒、划片放养。野外养鸡 3 年后应换个场地，以便给放养场地一个自然净化的时间。

第二节　绿色防控关键要素

一、养殖环境

生态型肉鸡养殖首先对养殖环境有较高的要求，对空气、水、土、植被等均要求天然、无污染，具体要求已在前面鸡场选址对生态养殖的环境要求部分进行了较为详细的描述，在此不再赘述。

二、饲料和饮水

饲料原料是否受霉菌毒素或重金属污染，饲料生产加工过程中是否有药物或禁用添加剂交叉污染，饮用水是否符合卫生标准，是否有病原微生物或重金属超标，以上问题的答案必须为“否”，否则会影响鸡肉安全，更称不上生态养殖。关于饲料和饮水的相关要求，在本书的其他部分均有介绍，不再重复。

三、用药

生态养殖，饲料或者饮水中不得添加用于促生长性能的抗生素，而药品一般只能在治疗病鸡时使用。而且在饲养过程中，要严格防止过度用药和药物残留，还要注意上市前是否严格遵守了停药期，关于停药期的具体规定可根据《兽药管理条例》中制定的兽药国家标准和专业标准中部分品种的停药期规定。一定要加强用药管理，充分认识到药物残留的危害性，以及擅自滥用药物的严重后果，加强宣传与教育。

四、慎用饲料添加剂

饲料添加剂是在配合饲料中特别加入的各种少量或微量成分。主要作用是完善其他饲料原料的营养，从而更全面地满足动物的营养需要，提高饲料的整体利用效率，促进肉鸡生长，预防疾病，减少饲料在储存过程中的损失，改进产品的品质，是配合饲料中不可缺少的组成部分。

饲料添加剂的种类很多，一般分为两大类，一类是营养性添加剂，包括氨基酸、微量矿物元素和维生素添加剂，可为肉鸡提供营养物质；另一类是非营养性添加剂，主要有酶制剂、抗氧化剂等，作用是提高饲料利用效率，促进肉鸡生长、保健及保护饲料中其他营养成分。

饲料中的药物性添加剂是否按种类和剂量的规定进行添加，这是生态型肉鸡养殖必须注重的问题，事关鸡肉产品的质量安全。由于禁用的饲料添加剂种类太多，不便于列出，因此，这里仅指出允许使用的和近期禁用的饲料添加剂。我国允许使用的饲料添加剂，请查询和参考农业部发布的《饲料添加剂品种目录》以及之后推出的《农业部关于征求增补<饲料添加剂品种目录〉〈饲料原料目录〉意见的通知》等更新的品种。

对于国家明令禁止的饲料添加剂，一定不要使用，需要注意的是，随着研究的不断深入和对产品安全要求的不断提高，这些规定经常会有更新，要不断进行关注。例如 2017 年 10 月 30 日，农业部发布《关于发布〈药物饲料添加剂品种目录及使用规范〉的公告（征求意见稿）》，意味着实施了 16 年的农业部第 168 和 220 号公告废止。对比新旧药物饲料添加剂品种目录及使用规范，可以发现原 168 号附录一收录了 33 种药物添加剂，而该公告（征求意见稿）附录一收录了 26 种，有删有增。新增的品种如喹烯酮预混剂、博落回散、山花黄芩提取物散等。删除（近期禁用的）的品种如洛克沙胂预混剂、喹乙醇预混剂、硫酸黏杆菌素预混剂、牛至油预混剂等。再例如农业部公告第 2625 号《饲料添加剂安全使用规范》于 2018 年 7 月 1 日起施行，而其对应的 2009 年 6 月 18 日发布的《饲料添加剂安全使用规范》（农业部公告第 1224 号）同时废止。

五、污染物无害化处理

在生态养殖中，每天都会产生大量的污水、鸡粪和病死鸡，如果这些污水、鸡粪和病死鸡不经过处理，不但污染环境，而且臭气会令人难以忍受，严重影响人和家禽的健康。生态型肉鸡养殖场废弃物无害化处理主要包括鸡粪和鸡场污水无害化处理、鸡的尸体（主要是因疾病死亡的鸡）的无害化处理、废弃的垫料无害化处理、鸡舍及鸡场散发出的有害气体和灰尘及微生物的无害化处理、饲料加工厂排出的粉尘无害化处理等。鸡场废弃物经无害化处理后，可以作为农业用肥，但不得作为其他动物的饲料。较常用的处理方法有堆积生物热处理法、鸡粪干燥处理法。

（一）鸡粪的无公害化处理

1. 干燥法

①直接干燥法。常采用高温快速干燥，又称火力快速干燥，即用高温烘干迅速除去湿鸡粪中水分的处理方法。在干燥的同时，达到杀虫、灭菌、除臭的作用。②发酵干燥法。利用微生物在有氧条件下生长和繁殖，对鸡粪中的有机和无机物质进行降解和转化，产生热能，进行发酵，使鸡粪容易被动植物吸收和利用。由于发酵过程中产生大量热能，使鸡粪升温到 60 ～ 70℃，再加上太阳能的作用，可使鸡粪中的水分迅速蒸发，并杀死虫卵、病菌，除去臭味，达到既发酵又干燥的目的。③组合干燥法。即把发酵干燥法与直接干燥法相结合。既能利用前者能耗低的优点，又能利用后者不受气候条件影响的特点。

2. 发酵法

发酵法即利用厌氧菌和好氧菌使鸡粪发酵的处理方法。①厌氧发酵（沼气发酵）。这种方法适用于处理含水量很高的鸡粪。一般经过两个阶段：第一阶段是由各种产酸菌参与发酵液化过程，即复杂的高分子有机质被分解成相对分子质量小的物质，主要是分解成一些低级脂肪酸；第二阶段是在第一阶段的基础上，经沼气细菌的作用变换成沼气。沼气细菌是厌氧细菌，所以沼气发酵必须在完全密闭的发酵罐中进行，不能有空气进入，沼气发酵所需的热量要由外界提供。厌氧发酵产生的沼气可作为居民生活燃料，沼渣还可做肥料。②快速好氧发酵法。利用鸡粪本身含有的大量微生物，如酵母菌、乳酸菌等，或采用专门筛选出来的发酵菌种，进行好氧发酵。通过好氧发酵可改变鸡粪品质，使鸡粪熟化，并达到杀虫、灭菌、除臭的目的。

（二）污水的无公害化处理

除鸡粪以外，鸡场污水对环境的污染也相当严重。因此，污水处理工程应与鸡场主建筑同时设计，同时施工，同时运行。鸡场的污水来源主要有四条途径：①生活用水。②自然雨水。③饮水器终端排出的水和饮水器中剩余的污水。④洗刷设备及冲洗鸡舍的水。

鸡场污水处理的基本方法和污水处理系统多种多样，有沼气处理法、人工湿地分解法、生态处理系统法等，各鸡场可根据本鸡场具体情况应用。一般全场污水经各渠道汇集到场外的集水沉淀池，经过沉淀使鸡粪等固形物留在池内，污水排到场外的生物氧化沟（或氧化塘），污水在氧化沟内缓慢流动，其中的有机物逐渐分解。据测算，氧化沟尾部污水的化学耗氧量（COD）可降至 200 mg/L 左右，这样的水再排入鱼塘，剩余的有机物经进一步矿化作用，为鱼塘中水生植物提供肥源，化学耗氧量可降至

100 mg/L 以下，符合污水排放标准。

（三）死鸡的无害化处理

在肉鸡生产过程中，由于各种原因鸡死亡的情况时有发生。如果鸡群暴发某种传染病，则死鸡数会成倍增加。这些死鸡若不加处理或处理不当，其病原微生物会污染大气、水源和土壤，造成疾病的传播与蔓延。死鸡的处理可采用以下几种方法。

1. 高温处理法

即将死鸡放入特设的高温锅（5 个标准大气压，150℃）内熬煮，也可用普通大锅，经 100℃以上的高温熬煮处理，均可达到彻底消毒的目的。对于一些危害人畜健康，患烈性传染病尤其是人畜共患病死亡的鸡，应采用焚化法处理。

2. 土埋法

这是利用土壤的自净作用使死鸡无害化。采用土埋法，必须遵守卫生防疫要求，即尸坑应远离鸡场、鸡舍、居民点和水源地，掩埋深度不小于 2 m。必要时，尸坑内四周应用水泥板等不透水的材料密封，死鸡尸体及四周应洒上消毒药剂，尸坑四周最好设栅栏并做上标记。较大的尸坑盖板上还可预留几个孔道，套上硬塑料管，这样便于未来继续向坑内扔死鸡。

3. 腐尸坑处理法

腐尸坑也称生物热坑，用于处理在流行病学及兽医卫生学方面具有危险性的病死鸡尸体。一般坑深（内径）3 ～ 5 m，坑底及内壁用防渗、防腐材料建造。坑口要高出地面，以免雨水进入。腐尸坑内鸡尸体不要堆积太满，每层之间撒些生石灰，放入后要将坑口密封一段时间，微生物分解畜禽所产生的热量可使坑内温度达到 65℃以上。经过 4 ～ 5 个月的高温分解，就可以杀灭病原微生物，尸体腐烂达到无害化，分解物可作为肥料。

4. 焚化处理病死鸡

焚化处理一般在焚化炉内进行。通过燃料燃烧，将病死的鸡等化为灰烬。这种处理方法能彻底消灭病原微生物，处理快而卫生。

5. 堆肥法

鸡的尸体因体积较小，可以与粪便的堆肥处理同时进行。混合堆肥处理时的比例，一般按 1 份（重量）死鸡配 2 份鸡粪和 0.1 份秸秆较为合适。

（四）垫料的无害化处理

在肉鸡生产中，在育雏垫料上平养，清除的垫料实际上是鸡粪与垫料的混合物，对这种混合物的处理可采用如下几种方法：①窖贮或堆贮。为了使发酵作用良好，鸡粪和垫料混合物的含水量应调至 40%，否则鸡粪的黏性过大会使操作非常困难。混合物在堆贮的第四天至第八天，堆温达到最高峰（可杀死多种微生物），保持若干天后，逐渐与气温平衡。②直接燃烧。如果鸡粪垫料混合物的含水率在30%以下就可以直接燃烧，作为燃料来供热，同时满足本场的热能需要。鸡粪垫料混合物的直接燃烧需要专门的燃烧装置。如果鸡场暴发某种传染病，此时的垫料必须用燃烧法进行处理。③生产沼气。沼气生产的原理与方法请参见鸡粪的处理。用鸡粪作为沼气原料，一般需要加入一定量的植物秸秆，以增加碳源，而用鸡粪垫料混合物作为沼气原料，由于其中已含有较多的垫草，碳氢比较合适，作为沼气原料使用起来十分方便。

六、种养结合的循环模式

以肉鸡养殖为起点，然后运用排泄物资源，实现种养结合，大力推广生态养殖、有机肥、沼液施用，结合病虫害绿色防控，提升种植业农产品品质；以种植业生产废弃物为源头，大力推进秸秆、枝条资源化利用，促进食用菌产业发展，构建肉鸡养殖业、种植业、食用菌产业的循环模式。该模式主要优势如下：实现养殖粪便和污水厌氧发酵后就近消纳。肉鸡养殖粪便和污水进入沼气池发酵产生沼气，供养殖场生产生活使用，产生的沼液经过滤泵房过滤稀释后，通过喷滴灌管网输送到附近茶山、果园、竹林和苗木基地中就地消纳，每个养殖场分别形成“鸡—沼茶”“鸡—沼—果”“鸡—沼—竹”“鸡—沼—苗木”等种养结合的生态循环农业模式。

七、关注动物福利

尽管动物福利在我国仍然没有获得足够重视和社会的普遍共识，但生态型肉鸡养殖要比其他肉鸡养殖模式更具备保障动物福利的条件，也更应该关注动物福利，应该更积极地倡导和实行肉鸡的福利养殖。

（一）动物福利的定义

根据世界动物卫生组织（OIE）《陆生动物卫生法典》，动物福利是指动物如何适应其所处的环境，满足其基本的自然需求。科学证明，如果动物健康、感觉舒适、营养充足、安全、能够自由表达天性并且不受痛苦、恐惧和压力威胁，则满足动物福利的要求；而高水平动物福利则更需要疾病免疫和兽医治疗，适宜的居所、管理、营养，人道对待和人道屠宰。动物福利尤指动物的生存状况；而动物所受的对待则有其他术语加以描述，例如动物照料、饲养管理和人道处置。

（二）动物福利提出动物应享有的“五大自由”

1. 享受不受饥渴的自由

保证提供动物保持良好健康和精力所需要的食物和饮水。

2. 享有生活舒适的自由

提供适当的房舍或栖息场所，让动物能够得到舒适的睡眠和休息。

3. 享有不受痛苦、伤害和疾病的自由

保证动物不受额外的疼痛，预防疾病并对患病动物进行及时的治疗。

4. 享有生活无恐惧和无悲伤的自由

保证避免动物遭受精神痛苦的各种条件和处置。

5. 享有表达天性的自由

被提供足够的空间、适当的设施以及与同类伙伴在一起。

八、知识拓展

（一）生态养殖相关法律、法规、标准、指导意见

我国有关畜牧生产发布过很多相关的法律法规，这些法律法规，既是对畜牧生产的行为进行一定程度的约束，但也保证了其向规范、有序的方向发展，有时，也是养殖者捍卫自己权益的武器，要有“知法,学法、懂法、守法、用法”的意识。例如《中华人民共和国畜牧法》《中华人民共和国动物防疫法》《兽药管理条例》《中华人民共和国食品安全法》和《中华人民共和国农产品质量安全法》等，这些法律法规，基本都可以直接在农业部和各大养殖专业网站上查询。

同时，各级部门也相应出台了很多与饲料、饲养管理、食品安全等相关的标准和指导意见，为实际生产和操作提供了大量规范与指导。例如《标准化养殖场肉鸡》（NY/T 2666—2014）、《饲料卫生标准》（GB 13078—2017）、《饲料添加剂安全使用规范》（农业部公告第 2625 号）、《商品肉鸡生产技术规程》（GB/T 19664—2005）、《黄羽肉鸡饲养管理技术规程》（NY/T 1871—2010）、《黄羽肉鸡产品质量分级》（GB/T 19676—2005）、《肉鸡生产技术规范》（DB11/T 328—2005）、《肉鸡屠宰操作规程》（GB/T 194782004）、《无公害农产品黄羽肉鸡散养生产技术规程》（DB3205/T 009—2002）等。但也要了解到，这些标准是在不断变化的，时有删增，甚至作废。有些尽管已经作废，但在尚无对应新版推出之前，也有一定程度的参考价值。例如《无公害食品肉鸡饲养兽药使用准则》（NY 5035—2001，已作废）、《无公害食品肉鸡饲养管理准则》（NY/T 5038—2001，已作废）、《无公害食品肉鸡饲养饲料使用准则》（NY 5037—2001，已作废）、《无公害食品肉鸡饲养兽医防疫准则》（NY 5036—2001，已废止）。以上标准，基本都可以在“食品伙伴网”等网站进行查询和下载。

（二）饲料原料成分与营养价值、饲养标准和营养需要、饲料配方

1. 饲料原料成分与营养价值

构成饲料与养殖最重要的两块基石就是饲料原料成分与营养价值和动物的营养需

要量。道理简而言之，就是要知道饲料里面包含多少营养，而且知道鸡需要多少营养，两者都知道后，就可以根据鸡的需要，寻找质优价廉的原料进行组合、加工，配制成科学的饲料，从而满足鸡生长需要，将饲料高效地转化成鸡肉。饲料原料成分与营养价值和动物营养需要量的研究，一直是动物营养与饲料科学的研究重点和热点，因为饲料原料种类众多，而且在不断变化和涌现新的原料，另外，研究也在不断深入；而动物的营养需要量也随着动物育种的不断发展，新畜禽品种的出现，以及研究的不断拓展而深入。以上研究最重要的几点结论为：饲料的化学成分不能代表有效成分；即使是同一种类饲料，其变异性也很大，不同品种、产地、收获季节等都可能造成影响；不同品种动物和不同阶段，甚至是相同品种和阶段而不同的个体，对同一饲料原料的消化吸收效率及营养需要量都存在差异。

2. 饲养标准和营养需要

了解这些最基本的概念后，就可以理解饲养标准了，饲养标准是针对某些特定动物和特定阶段，给出营养需要的推荐量，根据这些推荐量和饲料的成分与价值参数，可以进行简单而基本的饲料配方设计。

（1）饲养标准。饲养标准是根据大量饲养实验结果和动物生产实践的经验总结，对各种特定动物所需要的各种营养物质的定额作出的规定，这种系统的营养定额及有关资料统称为饲养标准。

饲养标准是在不断变化和进步的，其含义和准确程度受科学研究条件和技术进步程度制约。早期的“饲养标准”基本上是直接反映动物在实际生产条件下摄入营养物质的数量，适用范围比较窄。现行饲养标准则更为确切和系统地表述，是经实验研究确定的特定动物，在不同品种、性别、年龄、体重、生理状态、生产性能、不同环境等条件下，能量和各种营养物质的定额数值。

（2）营养需要（也称营养需要量）。营养需要是指动物在最适宜环境条件下，正常、健康生长或达到理想生产成绩时，对各种营养物质种类和数量的最低要求。请注意营养需要量是一个群体平均值，没有包括一切可能增加需要量而设定的保险系数。

制定这种营养需要的目的，是为了使营养物质定额具有更广泛的参考意义。因为假设在最适宜的环境条件下，同品种或同种动物在不同地区或不同国家，对特定营养物质需要量没有明显差异,若是这样,就可以使营养需要量在世界范围内相互借用参考。而为了保证相互借用参考的可靠性和经济有效地饲养动物，营养物质的定额是按照最低需要量给出的。对一些有毒有害的微量营养素，也常给出耐受量和中毒量。营养需要中规定的营养物质定额一般不适宜直接在动物生产中应用，常要根据不同的具体条件，适当考虑一定程度的保险系数，并结合实际情况进行调整。其主要原因是实际动物生产的环境条件一般难以达到制定营养需要所规定的条件要求。因此，应用营养需要中的定额，认真考虑保险系数十分重要。

（3）可参考的饲料成分表和饲养标准。世界其他国家和我国，都相继发布过饲料原料成分与价值表和饲养标准。例如《美国家禽营养需要》（1994），《中国饲料成分及营养价值表》（可在此网站下载：www.chinafeeddata.org.cn），农业行业标准《鸡饲养标准》（NY/T 33—2004）和即将要发布的中国《黄羽肉鸡饲养标准》等。

需要注意的是，生态型肉鸡养殖所用鸡的品种繁多，饲养期和生产性能差异较大，且各地的气候条件、环境状况、饲养方式、当地的饲料资源也不同，而且由于可能涉及放养阶段野外采食饲料难以计算，导致很难制定统一的放养鸡营养需要标准。我国黄羽肉鸡的体型、增重速度、采食量等与白羽肉鸡差异很大，然而现状却是国内外研究白羽肉鸡的营养需要相对较多，所以，有时不得不参考白羽肉鸡的营养需要参数。因此，不能盲目照搬，若要参考，也要尽量找与实际情况较为接近的前期研究，并需要不断地摸索与修正。

在参考营养需要时，要注意对比自己所用肉鸡品种、生长速度、出栏时间等进行调整。一般而言，生长期越短，长速越快，对营养的需要越高，不同季节也需要相应调整，如夏季炎热，鸡的采食量减少，需增加饲料中的蛋白质和能量等的营养浓度，而冬季寒冷，鸡用以维持体温的能耗增大，饲料中的能量要适当提高。

3. 饲料配方

饲料配方是根据饲料营养价值和动物需要量进行饲料组合、配制的方案。看似简单，其实想要做好也不容易，需要将饲料营养价值、动物营养需要量、饲料成本和养殖经营目标等综合考虑，除了书本静态的知识外，还需要实践经验的摸索。因此，想要自己设计饲料配方的养殖者，需要多方学习，请教有经验的人，不要盲目自信和蛮干，避免饲料配制不合理、浪费和鸡群生长性能下降。

第三部分

肉牛健康养殖与疾病防治

第七章　肉牛品种与繁殖

第一节　品种选择

一、国内肉牛品种

过去很长时间，我国一直没有自己的专用肉牛品种，生产牛肉多以黄牛为主。我国黄牛资源丰富、分布广泛，其中的秦川牛、晋南牛、南阳牛、鲁西牛和延边牛，属于五大地方良种黄牛。与国外品种相比，我国良种黄牛的肉品质上乘、风味浓郁、多汁细嫩，但其生长速度和饲料转化效率却不理想，需要引进国外良种进行适度杂交改良。即使如此，在肉牛生产中，这些优良品种仍然不可忽视。

（一）秦川牛

1. 产地与分布

秦川牛是我国著名的大型役肉兼用牛品种，因产于陕西省关中地区的“八百里秦川”而得名，主要产地在秦川 15 个县市，其中，以咸阳、兴平、乾县、武功、礼泉、扶风、渭南、宝鸡等地的秦川牛最为著名，量多质优。

2. 品种的形成

关中地区有种植苜蓿喂牛的习惯，主要农作物包括小麦、玉米、豌豆、棉花等。当地群众喜欢选择大牛作种用，饲养管理精细。在长期选择体格高大、役用力强、性情温驯的牛只作种用的条件下，加上历代广种苜蓿等饲料作物，逐步形成了秦川牛良好的基础种群。

3. 体型外貌

秦川牛被毛有紫红、红、黄 3 种，以紫红和红色居多；鼻镜多呈肉红色，亦有果、灰和果斑点等颜色。啼壳分红、黑和红黑相间，以红色居多。头部方正，角短而钝，多向外下方或向后稍弯，角型非常一致。秦川牛体型大，各部位发育均衡，骨骼粗壮，肌肉发达，体质强健，肩长而斜，前躯发育良好，胸部深宽，肋长而开张，背腰平直宽广，长短适中，荐骨部稍隆起，一般多是斜尻，四肢粗壮结实，前肢间距较宽，后肢关节靠近，蹄呈圆形，蹄叉紧、蹄质硬。成年公牛平均体重 620.9 kg，体高 141.7 cm；成年母牛平均体重 416 kg，体高 127.2 cm。

4. 生产性能

在平原丘陵地区的自然环境和气候条件下，秦川牛能正常发育，但却不能很好地适应热带和亚热带地区以及山区的自然条件。秦川牛曾被输送到浙江、安徽等地，用以改良当地黄牛，改良的后代体格和使役力均超过当地牛。目前，该品种牛主要向肉用方向改良，但也向肉乳兼用型改良，同时可作为奶牛胚胎移植的优良受体。

在中等饲养水平下，18 ～ 24 月龄成年母牛平均胴体重为 227 kg，屠宰率为 53.2%，净肉率为 39.2%；25 月龄公牛平均胴体重 372 kg，屠宰率 63.1%, 净肉率 52.9%。母牛产奶量 715.8 kg，乳脂率 4.7%。在良好的饲养条件下，6 月龄公犊达 250 kg，母犊达 210 kg，日增重可达 1 400 g。

（二）晋南牛

1. 产地与分布

晋南牛产于山西省晋南盆地，包括运城市的万荣、河津、临猗、永济、运城、夏县、闻喜、芮城、新绛，以及临汾市的侯马、曲沃、襄汾等县市，以万荣、河津和临猗 3 县的晋南牛数量最多、质量最好。其中，河津、万荣为晋南牛种源保护区。

2. 品种的形成

晋南盆地农业开发早，养牛是当地的传统。农作物以棉花、小麦为主，其次为豌豆、黑豆等豆科作物，当地传统习惯种植苜蓿、豌豆等豆科作物，与棉、麦倒茬轮作，使土壤肥力得以维持。分布在盆地周围的山区丘陵地和汾河、黄河河滩地带的天然草场，给草食家畜提供了大量优质饲料、饲草及放牧地。当地群众习惯将青苜蓿和小麦秸秆分层铺在场上碾压，晾干后作为枯草期黄牛的粗饲料。当地群众重视牛的体型、外貌、毛色一致。

3. 体型外貌

晋南牛属大型役肉兼用牛品种，体躯高大结实，胸部及背腰宽阔，成年牛前躯较后躯发达，具有役用牛的体型外貌特征。公牛头中等长，额宽，鼻镜粉红色，顺风角为主，角型较窄，颈较粗短，垂皮发达，肩峰不明显。蹄大而圆，质地致密。母牛头部清秀，乳头细小。毛色以枣红为主，也有红色和黄色。成年公牛平均体重 660 kg，体高 142 cm；成年母牛平均体重 442.7 kg，体高 133.5 cm。晋南牛的公牛和母牛臀部都较发达，具有一定的肉用牛外形特征。

4. 生产性能

在一般育肥条件下，成年牛日增重可达 851 g，最高日增重可达 1.13 kg。在营养丰富的条件下，12 ～ 24 月龄公牛日增重达 1 kg，母牛日增重约 0.8 kg。育肥后屠宰率可达 55% ～ 60%，净肉率为 45% ～ 50%。母牛产乳量 745 kg，乳脂率为 5.5% ～ 6.1%。母牛 9 ～ 10 月龄开始发情，2 岁配种；产犊间隔为 14 ～ 18 个月，终生产犊 7 ～ 9 头。

公牛 9 月龄性成熟，成年公牛平均每次射精量为 4.7 mL。

（三）南阳牛

1. 产地与分布

南阳黄牛产于河南南阳地区白河和唐河流域的广大平原地区，以南阳市郊区、南阳市、唐河、邓县、新野、镇平等县市为主要产区。除南阳盆地几个平原县市外，周口、许昌、驻马店、漯河等地区的南阳牛分布也较多。

2. 品种的形成

南阳地区农作物主要有小麦、玉米、甘薯、高粱、豌豆、蚕豆、黑豆、黄豆、水稻、谷子、大麦等，饲草料丰富，尤以豆类供应充足，群众有用豆类磨浆喂牛的习惯。长期选择体型高大、耕作力强的个体培育而成。可以说，南阳牛的育成，既得益于南阳盆地唐白河流域特有的生态区位和自然资源的先天优势，也与南阳人民千百年来的辛勤培育密不可分。

3. 体型外貌

南阳黄牛属大型役肉兼用品种，体格高大，肌肉发达，结构紧凑，皮薄毛细，行动迅速，鼻镜宽，口大方正，肩部宽厚，胸骨突出，肋间紧密，背腰平直，荐尾略高，尾巴较细，四肢端正，筋腱明显，蹄质坚实。但部分牛也存在着胸部深度不够、尻部较斜和乳房发育较差的缺点。公牛角基较粗，以萝卜头角为主，母牛角较细。髻甲较高，公牛肩峰 8 ～ 9 cm。南阳牛有黄、红、草白 3 种毛色，以深浅不等的黄色为最多，一般牛的面部、腹下和四肢下部毛色较浅。鼻镜多为肉红色，其中部分带有黑点。蹄壳以黄蜡、琥珀色带血筋较多。成年公牛平均体重 647 kg，体高 145 cm；成年母牛平均体重 412 kg，体高 126 cm。

4. 生产性能

南阳牛善走，挽车与耕作迅速，有快牛之称，役用能力强，公牛最大挽力为 398.6 kg，占体重的 74%，母牛最大挽力为 275.1 kg，占体重的 65.3%。公牛育肥后，1.5 岁牛的平均体重可达 441.7 kg，日增重 813 g，平均胴体重 240 kg，屠宰率 55.3%，净肉率 45.4%。3 ～ 5 岁阉牛经强度育肥，屠宰率可达 64.5%，净肉率达 56.8%。母牛产乳量 600 ～ 800 kg，乳脂率为 4.5% ～ 7.5%。在纯种选育和本身的改良上，南阳牛有向早熟肉用方向和兼用方向发展的趋势。

（四）鲁西黄牛

1. 产地与分布

鲁西黄牛也称为“山东牛”，是我国黄牛的优良地方品种。鲁西黄牛主要产于山东省西南部，以菏泽市的郓城、菏泽、巨野、梁山和济宁地区的嘉祥、金乡、济宁、汶上等县为中心产区。鲁西黄牛以优质育肥性能著称。

2. 品种的形成

鲁西地处平原，地势平坦，面积大而土质黏重，耕作费力，加之当地交通闭塞，其他役畜饲养甚少，耕作和运输基本都依靠役牛承担，且本地农具和车辆都极笨重，这些特点促进了群众饲养大型牛的积极性。汉代时的牛已具有现代鲁西牛的雏形，明、清两朝以该牛为宫廷用牛；之后，德国、日本先后选用该牛。由于肉牛以质论价，促进了群众养大型膘牛和选育大型牛的积极性。

3. 体型外貌

鲁西黄牛体躯高大，身稍短，骨骼细，肌肉发达，背腰宽平，侧望为长方形，体躯结构匀称，细致紧凑，具有较好的役肉兼用体型。鼻镜与皮肤多为淡肉红色，部分牛鼻镜有黑色或黑斑。角色蜡黄或琥珀色。骨骼细，肌肉发达。蹄质致密，但硬度较差，不适于山地使役。鲁西黄牛被毛从浅黄到棕红色都有，以黄色为最多。多数牛有完全或不完全的“三粉”特征（指眼圈、口轮、腹下与四肢内侧色淡）。公牛头大小适中，多平角或龙门角，垂皮较发达，肩峰高而宽厚，胸深而宽，但缺点是后躯发育较差，尻部肌肉不够丰满。母牛头狭长，角形多样，以龙门角较多，后躯发育较好，背腰较短而平直，尻部稍倾斜。成年公牛平均体重 644 kg，体高 146 cm；成年母牛平均体重 366 kg，体高 123 cm。

4. 生产性能

鲁西黄牛对高温适应能力较强，而对低温适应能力则较差，在冬季 -10℃以下，要求有严密保暖的厩舍，否则易发生死牛现象。鲁西黄牛的抗病力较强，尤其是具有较强的抗焦虫病能力。鲁西黄牛主要生活在地势平坦的中原地区，不适于生活在山区。以青草和少量麦秸为粗料，每天补喂混合精料 2 kg，1 ～ 1.5 岁牛平均胴体重 284 kg，平均日增重 610 g，屠宰率 55.4%，净肉率 47.6%。鲁西黄牛产肉性能良好，肌纤维细，脂肪分布均匀，呈明显的大理石状花纹。

（五）延边牛

1. 产地与分布

延边牛是东北地区优良地方牛种之一。主要产于吉林省延边朝鲜族自治州的延吉、和龙、汪清、珲春及毗邻地区，分布于东北三省东部的狭长地带。

2. 品种的形成

延边朝鲜族自治州土地肥沃，农业生产较发达，农副产品丰富，天然草场广阔，草种繁多，并有大量的林间牧地，该地水草丰美，气候相宜，有利于养牛业的发展。朝鲜族素有养牛的习惯，人们特别喜爱牛，饲养管理细致周到，冬季采用“三暖”（住暖圈、饮暖水、喂暖料）饲养，夏季到野外放牧饲养。平时注意淘汰劣质种牛，严格进行选种选配。由于产区农业生产上的使役需要，对形成延边牛结实的体质、良好的役用性能等，都曾起过重要作用。清朝以来，随着朝鲜民族的迁入，将朝鲜牛带入我国东北地区，带入的朝鲜牛和本地牛长期进行杂交，经精心培育后，育成了延边牛。在延边牛育成过程中，还导入了一些蒙古牛和乳用牛品种的血液，可以说，延边牛是朝鲜牛与本地牛长期杂交的结果。

3. 体型外貌

延边牛胸部深宽，骨骼坚实，被毛长而密，皮厚而有弹力。公牛头方额宽，角基粗大，多向外后方伸展成一字形或倒“八”字角。母牛头大小适中，角细而长，多为龙门角。毛色多呈浓淡不同的黄色，鼻镜一般呈淡褐色或带有黑斑点。成年公牛平均体重465 kg，体高 131 cm；成年母牛平均体重 365 kg，体高 122 cm。

4. 生产性能

延边牛体质结实，抗寒性能良好，耐寒、耐劳、耐粗饲，抗病力强，适应水田作业。公牛经 180 天育肥，屠宰率可达 57.7%，净肉率 47.23%，日增重 813 g。母牛产乳量500～700 kg，乳脂率 5.8%～8.6%。母牛初情期为 8～9 月龄，性成熟期平均为 13 月龄。公牛性成熟平均为 14 月龄。

（六）郏县红牛

1. 产地与分布

郏县红牛原产于河南省郏县，毛色多呈红色，故而得名。郏县红牛是我国著名的役肉兼用型地方优良黄牛品种，现主要分布于郏县、宝丰、鲁山 3 个县和毗邻各县以及洛阳、开封等地区部分县境内。

2. 品种的形成

郏县红牛是在当地优越的生态环境条件下，经过劳动人民长期精心选育而形成的优良地方黄牛品种。1952 年参加全国第一届农产品展览会，1997 年发布了地方品种标准，2006 年被列入农业部《国家级畜禽遗传资源保护名录》。

3. 体型外貌

郏县红牛体格中等大小，结构匀称，体质强健，骨骼坚实，肌肉发达，后躯发育较好，侧观呈长方形，具有役肉兼用牛的体型。头方正，额宽，嘴齐，眼大有神，耳大且灵敏，鼻孔大，鼻镜肉红色，角短质细，角型不一。被毛细短，富有光泽，分紫红、红、浅红 3 种毛色。公牛颈稍短，背腰平直，结合良好，四肢粗壮，尻长稍斜，睾丸对称，发育良好。母牛头部清秀，体型偏低，腹大而不下垂，鬐甲较低且略薄，乳腺发育良好，肩长而斜。郏县红牛成年公牛体重 608 kg，体高 146 cm；成年母牛体重 460 kg，体高131 cm。

4. 生产性能

郏县红牛体格高大，肌肉发达，骨骼粗壮，健壮有力，役用能力较强，是山区农业生产上的主要役力。郏县红牛早熟，肉质细嫩，肉的大理石纹明显，色泽鲜红。据对 10 头 20～23 月龄阉牛肥育后屠宰测定，平均胴体重为 176.75 kg，平均屠宰率为

57.57%，平均净肉重 136.6 kg，净肉率 44.82%。12 月龄公牛平均胴体重 292.4 kg，屠宰率 59.9%，净肉率 51%。

（七）渤海黑牛

1. 产地与分布

渤海黑牛原称“抓地虎牛”“无棣黑牛”，是中国罕见的黑毛牛品种，原产于山东省滨州市，主要分布于无棣县、沾化县、阳信县和滨城区。在山东省的东营、德州、潍坊和河北省沧州市也有分布。

2. 品种的形成

历史上，蒙古草原游牧民族曾多次南迁至滨州地区，渤海黑牛极有可能是与蒙古牛杂交、经长期选育而成的品种。渤海黑牛属于黄牛科，是世界上三大黑毛黄牛品种之一，因为全身被毛黑色，传统上一直称其为渤海黑牛，是山东省环渤海地区经长期驯化和选育而成的优良品种，2011 年开始并受农产品地理标志保护。

3. 体型外貌

被毛呈黑色或黑褐色，有些腹下有少量白毛，蹄、角、鼻镜多为黑色。身低躯广，后躯发达，体质健壮，形似雄狮，当地称为“抓地虎”。头矩形，头颈长度基本相等，角多为龙门角。胸宽深，背腰长宽、平直，尻部较宽、略显方尻。四肢开阔，肢势端正。蹄质细致坚实。公牛额平直，眼大有神，颈短厚，肩峰明显；母牛清秀，面长额平，四肢坚实，乳房呈黑色。渤海黑牛成年公牛体重 487 kg，体高 130 cm；母牛体重 376 kg，体高 120 cm。

4. 生产性能

渤海黑牛肉质细嫩，呈大理石状，营养丰富，肉品蛋白质中，氨基酸总量达 95.11%。自 20 世纪 90 年代开始，渤海黑牛出口日本、中国香港等国家和地区，被誉为“黑金刚”。未经肥育时，渤海黑牛公牛和阉牛屠宰率为 53%，净肉率为 44.7%，胴体产肉率为 82.8%，肉骨比为 5.1 ∶ 1。在营养水平较好的情况下，公牛 24 月龄体重可达 350 kg。在中等营养水平下进行育肥，14 ～ 18 月龄公牛和阉牛平均日增重达 1 kg，平均胴体重 203 kg，屠宰率为 53.7%，净肉率为 44.4%。

（八）蒙古牛

1. 产地与分布

蒙古牛是我国古老的牛种，原产于内蒙古高原地区，以大兴安岭东西两麓为主。现广泛分布于内蒙古、东北、华北北部和西北各地，蒙古国和俄罗斯以及亚洲中部的一些国家也有饲养。蒙古牛是牧区乳、肉的主要来源，以产于锡林郭勒盟乌珠穆沁的类群最为著名。我国的三河牛和草原红牛都以蒙古母牛为基础群而育成。

2. 体型外貌

蒙古牛体格中等，头短、宽而粗重。眼大有神；角向前上方弯曲，平均角长，母牛 25 cm，公牛 40 cm，角间线短，角间中点向下的枕骨部凹陷有沟。颈短而薄，髻甲低平，肉垂不发达。胸部狭窄，肋骨开张良好，腹大、圆而紧实，后躯短窄，尻部尖斜。四肢粗短，肢势多呈“X”状，后肢肌肉发达，蹄质坚实。乳房发育良好，乳房基部宽大，结缔组织少，但乳头小。毛色以黄褐色及黑色居多，其次为红（黄）白花或黑白花。成年公牛体高 120.9 cm，体重 450 kg，母牛体高 110.8 cm，体重 370 kg。

3. 生产性能

蒙古牛具有肉、乳、役多种经济用途，但生产水平均不高。全身肌肉发育欠丰满，后腿发育更差。产肉量与屠宰率随季节不同而有较大差异。8 月下旬屠宰的上等膘情母牛，屠宰率为 51.5%。泌乳期 6 个月左右，平均产乳量 665 kg，乳脂率 5.2%。中等营养水平的阉牛平均宰前重 376.9 kg，屠宰率为 53%，净肉率 44.6%，骨肉比 1 ∶ 5.2，眼肌面积 56 cm。肌肉中粗脂肪含量高达 43%。蒙古牛役用性能良好，持久力强，吃苦耐劳。蒙古牛耐热、抗寒、耐粗饲，抗病，适应性强，容易育肥，肉的品质好，生产潜力大。

二、引进肉牛品种

（一）西门塔尔牛

1. 产地与分布

西门塔尔牛原产于瑞士阿尔卑斯山西部西门河谷。19 世纪初育成，是乳肉兼用牛，役用性能也很好。自 20 世纪 50 年代开始，我国从苏联引进西门塔尔牛；20 世纪七八十年代，先后从瑞士、德国、奥地利等国引进西门塔尔牛。该品种是目前群体最大的引进兼用品种。1981 年成立中国西门塔尔牛育种委员会。中国西门塔尔牛品种于 2006 年在内蒙古和山东省梁山县同时育成，由于培育地点的生态环境不同，分为平原、草原、山区 3 个类群。

2. 外貌特征

西门塔尔牛毛色多为黄白花或淡红白花，头、胸、腹下、四肢、尾帚多为白色。体格高大，成年母牛体重 550 ～ 800 kg，公牛 1000 ～ 1200 kg，犊牛初生重 30 ～ 45 kg；成年母牛体高 134 ～ 142 cm，公牛 142 ～ 150 cm。西门塔尔牛后躯较前躯发达，中躯呈圆筒形，额与颈上有卷曲毛，四肢强壮，大腿肌肉发达，蹄圆厚。乳房发育中等，乳头粗大，乳静脉发育良好。

3. 生产性能

西门塔尔牛肉用、乳用性能均佳，平均产乳量 4700 kg，乳脂率 4%。初生至 1 周岁，平均日增重可达 1.32 kg，12 ～ 14 月龄活重可达 540 kg 以上。较好条件下屠宰率为 55% ～ 60%，育肥后屠宰率可达 65%。西门塔尔牛的牛肉等级明显高于普通牛肉，肉色鲜红，纹理细致，富有弹性，大理石花纹适中，脂肪色泽为白色或带淡黄色，脂肪质地有较高的硬度。西门塔尔牛胴体体表脂肪覆盖率为 100%，普通牛肉很难达到这个标准。西门塔尔牛耐粗饲，适应性强，有良好的放牧性能，四肢坚实，寿命长，繁殖力强。

4. 改良黄牛效果

在杂交利用或改良地方品种时，西门塔尔牛是优秀的父本。与我国北方黄牛杂交，所生后代体格增大，生长加快，杂种 2 代公架子牛育肥效果好，精料 50% 时，日增重达到 1 kg，受到群众欢迎。西杂 2 代牛，产奶量达到 2800 kg，乳脂率 4.08%。

（二）夏洛来牛

1. 产地与分布

夏洛来牛是著名的大型肉牛品种，原产于法国中西部到东南部的夏洛来和涅夫勒地区。18 世纪开始进行系统选育，主要通过本品种严格选育，1920 年育成专门肉用品种。我国在 1964 年和 1974 年先后两次直接由法国引进夏洛莱牛，分布在东北、西北和南方部分地区。用该品种与我国本地牛杂交进行改良，取得了明显效果。

2. 外貌特征

夏洛来牛体躯高大强壮，全身毛色乳白或浅乳黄色。头小而短宽，嘴端宽方，角中等粗细，向两侧或前方伸展，角色蜡黄。颈短粗，胸宽深，肋骨弓圆，腰宽背厚，臀部丰满，肌肉极发达，使体躯呈圆筒形，后腿部肌肉尤其丰厚，常形成“双肌”特征，四肢粗壮结实。公牛常有双鬐甲和凹背。蹄色蜡黄，鼻镜、眼睑等为白色。成年夏洛来公牛体高 142 cm，体长 180 cm，胸围 244 cm，管围 26.5 cm，体重 1140 kg：相应成年母牛体高 132 cm、体长 165 cm、胸围 203 cm、管围 21 cm、体重 735 kg，初生公犊重 45 kg，初生母犊重 42 kg。

3. 生产性能

夏洛来牛以生长速度快、瘦肉产量高、体型大、饲料转化率高而著称。据法国的测定，在良好的饲养管理条件下，6 月龄公犊体重达 234 kg，母犊 210.5 kg，平均日增重公犊 1000 ～ 1200 g，母犊 1 000 g。12 月龄公犊重达 525 kg，母犊 360 kg。屠宰率为 65% ～ 70%，胴体产肉率为 80% ～ 85%。母牛平均产奶量为 1700 ～ 1800 kg，个别牛达到 2700 kg，乳脂率为 4.0% ～ 4.7%。青年母牛初次发情为 396 日龄，初配年龄为 17 ～ 20 月龄。但是，由于该品种存在难产率高（13.7%）的缺点，在一定程度上影响了品种推广。夏洛来牛生产性能上的主要缺点是肌肉纤维比较粗糙、肉质嫩度不够好。

（三）利木赞牛

1. 产地与分布

利木赞牛原产于法国中部利木赞高原，并因此而得名。利木赞牛在法国的分布仅次于夏洛来牛。利木赞牛源于当地大型役用牛，主要经本品种选育，于1924年育成，属于专门化的大型肉牛品种。1974年和1993年，我国数次从法国引入利木赞牛，在河南、山东、内蒙古等地改良当地黄牛。

2. 外貌特征

利木赞牛毛色多以红黄为主，腹下、四肢内侧、眼睑、鼻周、会阴等部位毛色较浅，为白色或草白色。头短，额宽，口方，角细。蹄壳琥珀色。体躯冗长，肋骨弓圆，背腰壮实，荐部宽大，但略斜。肌肉丰满，前肢及后躯肌肉块尤其突出。在法国，较好的饲养条件下，成年公牛体重可达1200～1500 kg，公牛体高140 cm，成年母牛600～800 kg，母牛体高131 cm，公犊初生重36 kg，母犊35 kg。

3. 生产性能

利木赞牛肉用性能好，生长快，尤其是幼年期，8月龄小牛就可以生产出具有大理石纹的牛肉。在良好的饲养条件下，公牛10月龄能长到408 kg，12月龄达480 kg。牛肉品质好，肉嫩，瘦肉含量高，肉色鲜红，纹理细致，富有弹性，大理石花纹适中，脂肪色泽为白色或带淡黄色。利木赞牛具有较好的泌乳能力，成年母牛平均泌乳量1200 kg，个别可达4000 kg，乳脂率为5%。

（四）安格斯牛

1. 产地与分布

安格斯牛产于英国苏格兰北部的阿伯丁、安格斯和金卡丁等郡，全称阿伯丁－安格斯牛。安格斯牛是英国最古老的肉牛品种之一，但在1800年以后才开始被单独识别出来，作为优种肉牛进行饲养。安格斯牛的有计划育种工作始于18世纪末，着重在早熟性、屠宰率、肉质、饲料转化率和犊牛成活率等方面进行选育。1862年育成。现在世界上主要的养牛国家，大多数都饲养安格斯牛。中国安格斯牛最近30年开始生产，生产基地在东北和内蒙古地区。

2. 外貌特征

安格斯牛无角，毛色以黑色居多，也有红色或褐色。体格低矮，体质紧凑结实。头小而方，额宽，颈中等长且较厚，背线平直，腰荐丰满，体躯宽而深，呈圆筒形。四肢短而端正，全身肌肉丰满。皮肤松软，富弹性，被毛光泽而均匀，少数牛腹下、脐部和乳房部有白斑。成年公牛平均体重700～750 kg，母牛500 kg，犊牛初生重25～32 kg。成年公牛体高130.8 cm，母牛118.9 cm，

3. 生产性能

安格斯牛具有良好的增重性能，日增重约为 1000 g。早熟易肥，胴体品质和产肉性能均高。育肥牛屠宰率一般为 60% ～ 65%。安格斯牛母牛年平均泌乳量 1400 ～ 1700 kg，乳脂率 3.8% ～ 4%。安格斯牛 12 月龄性成熟，18 ～ 20 月龄可以初配。产犊间隔短，一般为 12 个月左右。连产性好，初生重小，极少难产。安格斯牛对环境的适应性好，耐粗饲、耐寒，性情温和，抗某些红眼病，但有时神经质，不易管理，其耐粗性不如海福特。在国际肉牛杂交体系中，安格斯牛被认为是较好的母系。安格斯牛肉要在 10℃以下冷藏 10 ～ 14 天时，食用的口感最好，这是牛肉中蛋白质纤维被自然分解的效果。没有经过冷藏的安格斯牛肉较韧，冷藏过度的则较老。

（五）海福特牛

1. 产地及育成经过

海福特牛也是英国最古老的肉用品种之一，原产于英国英格兰西部威尔士地区的海福特县、牛津县及邻近诸县，属中小型早熟肉牛品种。海福特牛是在威尔士地方土种牛的基础上选育而成的。在培育过程中，曾采用近亲繁殖和严格淘汰的方法，使牛群早熟性和肉用性能显著提高，于 1790 年育成海福特品种。海福特牛现在分布在世界许多国家，我国在 1913 年、1965 年曾陆续从美国引进海福特牛，现已分布于我国东北、西北广大地区。

2. 外貌特征

海福特牛体躯的毛色为橙黄色、黄红色或暗红色，头、颈、腹下、四肢下部和尾帚为白色，即“六白”特征。头短宽，角呈蜡黄色或白色。公牛角向两侧伸展，向下方弯曲，母牛角尖向上挑起，外镜粉红。体型宽深，前躯饱满，颈短而厚，垂皮发达，中躯肥满，四肢短，背腰宽平，臀部宽厚，肌肉发达，皮薄毛细，整个体躯呈圆筒状。分有角和无角两种，成年海福特公牛体高 134.4 cm，体重 850 ～ 1100 kg；成年母牛体高 126 cm、体重 600 ～ 700 kg。初生公犊重 34 kg，初生母犊重 32 kg。

3. 生产性能

海福特牛增重快，出生到 12 月龄，平均日增重达 1400 g，18 月龄体重 725 kg（英国）。据黑龙江省的资料，海福特牛哺乳期平均日增重，公犊 1140 g，母犊 890 g。7 ～ 12 月龄的平均日增重，公牛 980 g，母牛 850 g。屠宰率为 60% ～ 64%；经育肥后，屠宰率可达 67% ～ 70%，净肉率达 60%。海福特牛肉质细嫩，味道鲜美，肌纤维间沉积丰富的脂肪，肌肉呈大理石状。年产乳量 1200 ～ 1800 kg，但常有泌乳量不能满足哺乳牛的情况出现。海福特牛性成熟早，小母牛 6 月龄开始发情，15 ～ 18 月龄、体重达 445 kg 可以初次配种。海福特牛适应性好，在年气温变化为 -48 ～ 38℃的环境中，仍然表现出良好的生产性能。该品种耐粗饲，放牧时觅食性能好，不挑食，性情温顺，但反应迟钝。

（六）皮埃蒙特牛

1. 产地与分布

皮埃蒙特牛原产于意大利北部皮埃蒙特地区，包括都灵、米兰等地，属于欧洲原牛与短角瘤牛的混合型，是在役用牛基础上选育而成的专门化肉用品种。皮埃蒙特牛是目前国际上公认的终端父本，已被 20 多个国家引进，用于杂交改良。我国于 1987 年和 1992 年先后从意大利引进皮埃蒙特牛，并开展了皮埃蒙特牛对中国黄牛的杂交改良工作，现已在 10 余省市推广应用。

2. 外貌特征

皮埃蒙特牛体型较大，体躯呈圆筒状，肌肉发达。毛色为乳白色或浅灰色，鼻镜、眼圈、肛门、阴门、耳尖、尾帚为黑色，犊牛幼龄时毛色为乳黄色，后变为白色。成年公牛体重 800 ～ 1000 kg，母牛 500 ～ 600 kg。公牛体高 140 cm，体长 170 cm；母牛体高 136 cm，体长 146 cm。公犊初生重 42 kg，母犊初生重 40 kg。

3. 生产性能

皮埃蒙特牛生长快，育肥期平均日增重 1500 g。肉用性能好，屠宰率为 65% ～ 70%；肉质细嫩，瘦肉含量高，胴体瘦肉率达 84.13%。皮埃蒙特牛的牛排肉中，脂肪以极细的碎点散布在肌肉纤维中，难以形成大理石状肉。皮埃蒙特牛有较好的泌乳性能，年泌乳量达 3500 kg。

（七）德国黄牛

1. 产地与分布

德国黄牛原产于德国和奥地利，其中德国数量最多，是瑞士褐牛与当地黄牛杂交育成的品种，可能含有西门塔尔牛的基因。1970 年出版的良种登记册上记为肉乳兼用品种。德国黄牛主要分布在德符茨堡和纽伦堡地区以及相邻的奥地利毗邻地区。1996—1997 年，我国先后从加拿大引进纯种德国黄牛，表现适应性强、生长发育良好，主要用于各地黄牛的改良。

2. 外貌特征

德国黄牛毛色为浅黄色、黄色或淡红色。体型外貌近似西门塔尔牛。体格大，体躯长，胸深，背直，四肢短而有力，肌肉强健。成年公牛体重 1000 ～ 1100 kg，母牛体重 700 ～ 800 kg；公牛体高 135 ～ 140 cm，母牛体高 130 ～ 134 cm。

3. 生产性能

德国黄牛母牛乳房大，附着结实，泌乳性能好，年产奶量达 4164 kg，乳脂率为 4.15%。初产年龄为 28 个月，难产率低。公犊平均初生重 42 kg，断奶重 231 kg。育肥性能好，去势小牛育肥到 18 月龄，体重达 600 ～ 700 kg，平均日增重 985 g。平均屠宰率为 62.2%，净肉率为 56%。

（八）契安尼娜牛

1. 产地与分布

契安尼娜牛原产于意大利多斯加尼地区的契安尼娜山谷，由当地古老役用品种培育而成。1931 年建立良种登记簿，是目前世界上体型最大的肉牛品种。契安尼娜牛现主要分布于意大利中西部的广阔地域。

2. 外貌特征

契安尼娜牛被毛白色，尾帚黑色，除腹部外，皮肤均有黑色素；犊牛初生时，被毛为深褐色，在 60 日龄内逐渐变为白色。契安尼娜牛体躯长，四肢高，体格大，结构良好，但胸部深度不够。成年公牛体重 1500 kg，最大可达 1780 kg，母牛体重 800 ～ 900 kg；公牛体高 184 cm，母牛体高 157 ～ 170 cm。公犊初生重 47 ～ 55 kg，母犊初生重 42 ～ 48 kg。

3. 生产性能

契安尼娜牛生长强度大，日增重达 1000 g 以上，2 岁内最大日增重可达 2000 g。牛肉量多而品质好，大理石纹明显。契安尼娜牛适应性好，繁殖力强，很少难产，抗晒耐热，宜于放牧。母牛泌乳量不高，但足够哺育犊牛。

（九）日本和牛

1. 产地与分布

日本和牛原产于风景如画、环境优美的日本关西兵库县的但马地区。这里的山野中盛产各种草药，许多平时放牧的草场，绿草中都夹杂生长着一些不知名的草药，日本和牛就是在这种环境中吃着草药、喝着矿泉水慢慢长大的。日本和牛是在日本土种役用牛基础上经杂交培育成的肉用品种。1870 年起，日本和牛由役用逐渐向役肉兼用方向发展。1900 年以后，先后引入德温牛、瑞士褐牛、短角牛、西门塔尔牛、朝鲜牛、爱尔夏牛和荷斯坦牛等，与日本和牛进行杂交，目的是增大体格，提高肉、乳生产性能。但有计划的杂交却始于 1912 年。1948 年成立日本和牛登记协会，1957 年宣布育成肉用日本和牛。很长时间以来，日本禁止和牛品种出口到国外，但现在澳大利亚已有农场饲养和牛，我国一些养殖场也引进了日本和牛。日本和牛是我国十分珍贵的优质肉牛品种资源。

2. 外貌特征

日本和牛毛色多为黑色和褐色，少见条纹及花斑等杂色。体躯紧凑，腿细，前躯发育良好，后躯稍差。体型小，成熟晚。成年公牛体重 700 kg，母牛体重 400 kg。公牛体高 137 cm，母牛 124 cm。

3. 生产性能

日本和牛是全世界公认的最优秀的优良肉用牛品种，特点是生长快、成熟早、肉质好，第七、八肋间眼肌面积达 52 cm。经过 1 年或 1 年多的育肥，日本和牛屠宰率可达 60% 以上，有 10% 可用作高级涮牛肉。日本和牛的产奶量低，约 1100 kg。一般说来，日本和牛一生能产 15 ～ 16 胎，但为了保证母牛、仔牛的健康，一般产到 10 胎左右就停止配种，若母牛健康状况好，也可产 13 ～ 14 胎。

日本和牛是当今世界公认的品质最优秀的良种肉牛，其肉大理石花纹明显，又称“雪花肉”。由于日本和牛的肉多汁细嫩、肌肉脂肪中饱和脂肪酸含量很低，风味独特，肉用价值极高，在日本被视为“国宝”，在西欧市场也极其昂贵。高级的和牛肉每 100 g 售价可高达数百港元。

日本饲养的和牛，对饲料和品质控制非常严谨，每只和牛在出生时便有证明书以证明其血统。自出生后，和牛便以牛奶、草及含蛋白质的饲料饲养，一些牧场更会聘请专人为牛只按摩及灌饮啤酒，令其肉质更鲜嫩。高质素的和牛，其油花较其他品种的牛肉多、密而平均。油花是肌肉的松软脂肪，其分布平均细致，肉质便会嫩而多汁，油花在 25℃便会融化，带来入口即溶的口感。肉质色泽以桃红色为最佳，脂肪色泽则以雪白色为佳，如油脂经氧化，颜色会变为带黄色或灰色，质素则较逊。澳大利亚饲养的和牛成本更高，因为农场主为了提高肉的质量和产量，会在和牛的饲料中加入优质红葡萄酒，这种酒也十分昂贵，在国际市场上一杯就要 16 美元。

三、品种选择技术

我国肉牛生产发展较晚，没有大群引进肉用品种牛。肉牛安全生产，应根据资源、市场和经济效益等自身具体条件决定，其中，合理选择养殖品种至关重要。同时，我国地域辽阔，地域差别很大，原生牛种数量多，各品种在生产性能和适应性方面呈高度差异，因此，肉牛安全生产还应根据自然资源状况、气候条件和地理特征，分区域统筹考虑。这里，为全国各地区推荐一些适宜当前肉牛业发展的国内外肉牛优良品种。

（一）育肥肉牛的品种选择

为发挥区域比较优势和资源优势，加快优势区域肉牛产业的发展和壮大，构筑现代肉牛生产体系，提高牛肉产品市场供应保障能力和国际市场竞争能力，农业部于 2003 年发布了《肉牛肉羊优势区域发展规划（2003—2007 年）》，2009 年又发布了《全国肉牛优势区域布局规划（2008—2015 年）》，对各区域肉牛养殖产业的目标定位与主攻方向做了明确的规划。养殖户选择肉牛，应首先参照区域布局规划给出的指导意见，选择适宜区域目标定位的品种，保证产品能够推向区域大市场。

1. 按区域特点选择

（1）南方区域指秦岭、淮河以南的部分省区，包括湖北、湖南、广西、广东、江西、浙江、福建、海南、重庆、贵州、云南及四川东南部等广大区域，该区域农作物副产品资源和青绿饲草资源丰富，但肉牛产业基础薄弱，地方品种个体小，生产能力相对较低。该区域内的养殖户建议使用婆罗门牛、西门塔尔牛、安格斯牛和婆墨云牛等品种的改良牛。

（2）中原区域包括山西、河北、山东、河南等地。该区域农副产品资源和地方良种资源丰富，最早进行肉牛品种改良并取得显著成效。该区域内的养殖户，建议使用西门塔尔牛、安格斯牛、夏洛来牛、利木赞牛和皮埃蒙特牛等品种的改良牛。该区域的原生牛品种，如鲁西牛、南阳牛、晋南牛、郏县红牛、渤海黑牛等，经长期驯化形成，具有适应性强、产肉率高的特点，也是优先选择的肉牛品种。

（3）东北区域包括黑龙江、吉林、辽宁和内蒙古东部地区。该区域具有丰富的饲料资源，饲料原料价格低，肉牛生产效率较高，平均胴体重高于其他地区。该区域内的养殖户，建议使用西门塔尔牛、安格斯牛、夏洛来牛、利木赞牛以及黑毛和牛等品种的改良牛。该区域内的地方品种，如延边牛、蒙古牛、三河牛和草原红牛等，具有繁殖性能好、耐寒耐粗饲等特点。

（4）西部区域包括陕西、甘肃、宁夏、青海、西藏、新疆、内蒙古西部及四川西北部。该区域天然草原和草山草坡面积较大，引进美国褐牛、瑞士褐牛等国外优良肉牛品种后，在地方品种改良上取得了较好的效果。该区域内的养殖户，建议使用安格斯牛、西门塔尔牛、利木赞牛、夏洛来牛等品种的改良牛。适宜选择的国内品种主要有新疆褐牛、秦川牛。四川西北地区牦牛品种和数量相对较大，已形成优势产业，应重点推广大通牦牛等牦牛品种。

2. 按市场要求选择

（1）瘦肉市场。市场需求脂肪含量少的牛肉时，可选择使用皮埃蒙特牛、夏洛来牛、比利时蓝白花牛等引进品种的改良牛，或者选择荷斯坦牛的公犊。改良代数越高，其生产性状越接近引进品种，但只有饲养管理条件与该品种特性一致时，才能充分发挥该杂种牛的最优性状。上述品种主要在农区圈养育成，若改用放牧方式，饲养于牧草贫乏的山区、牧区则效果不好。不管在什么地区，日粮中蛋白质含量必须满足需要才行，否则，很难获得理想的日增重。

（2）肥肉市场。市场需要含脂肪较高的牛肉时，可选择地方优良品种，如晋南牛、秦川牛、南阳牛和鲁西牛等，这些品种耐粗饲，只要日粮能量水平高，即可获得含脂肪较多的胴体。除了地方品种，也可选择安格斯牛、海福特牛、短角牛等引进品种的改良牛。需要注意的是，除海福特牛以外，引进品种均不耐粗饲，需要有良好的饲料条件。高品质的五花牛肉，脂肪沉积到肌肉纤维之间，形成红、白相间的大理石花纹，俗称“大理石状”牛肉或“雪花”牛肉。这种牛肉香、鲜、嫩，是中西餐均适用的高档产品。市场需求“雪花”牛肉时，需要选择地方优良品种以及安格斯牛、利木赞牛、西门塔尔牛、短角牛等引进品种的改良牛。在高营养条件下育肥这类牛，既能获得高日增重，也容易形成受市场欢迎的五花肉。

（4）白肉市场。白肉用犊牛育肥而成，肉色全白或稍带浅粉色，肉质细嫩，营养丰富，味道鲜美，市场价格比普通牛肉高出数倍。白肉可分为小白牛肉和小牛肉两种。用牛奶作日粮，养到4～5月龄、体重150 kg左右屠宰的肉叫小白牛肉；用代乳料作日粮，养到7～8月龄、体重250 kg左右屠宰的肉叫小牛肉。生产白肉的品种，以乳用公犊最佳，肉用公犊次之。市场需要白肉时，选择乳牛养殖业淘汰的公牛犊，低成本也可获得高效益。选择经夏洛来牛、利木赞牛、西门塔尔牛、皮埃蒙特牛等优良品种改良的公犊，也可培育出优质的犊牛肉。

3. 按经济效益选择

（1）考虑产销关系。生产“白肉”投入很大，必须按市场需求量有计划地进行，不能盲目扩大生产。“雪花牛肉”在餐饮行业市场较广，是肥牛火锅、铁板牛肉、西餐牛排等销售渠道优先选用的产品，但成本较高，市场风险相对较大。所以，牛肉生产应按市场需求，做到以销定产。最好建立自己的供销体系或者纳入已有的供销体系中。没有稳妥可靠的销售渠道，无法很好地适应牛肉市场需求，只能选择生产普通牛肉的品种。

（2）考虑杂种优势。用引进国外优良品种培育的改良牛，具有明显的杂种优势，生长发育快，抗病力强，适应性好，可在一定程度上降低饲养成本。选择具有杂种优势的改良牛，养殖效益相对较好。有条件的地方，可建立优良多元杂交体系、轮回体系，进一步提高优势率；也可按照市场需求，利用不同杂交系改善牛肉质量，达到最高的经济效益。

（3）考虑性别特点。在确定肉牛品种的前提下，适度考虑肉牛个体的性别特点，对养殖效益也有一定的影响。公牛生长发育快，在日粮丰富时可获得高日增重和高瘦肉率，生产瘦牛肉时应优先选择。相反，如果生产高脂肪牛肉与五花牛肉，则以母牛为宜。但需要注意的是，母牛较公牛多消耗10%以上的精料，阉牛的特性处于公牛和母牛之间。如果使用去势的架子牛，应在3～6月龄时去势，这样可以减少应激，显著提高出肉率和肉的品质。

（4）考虑体质外貌。在选择架子牛时，应该注重外貌和体重。肉牛体型要求发育良好、骨架大、胸宽深、背腰长宽直等。一般情况下，1.5～2岁牛的体重应在300 kg以上，体高和胸围最好大于该月龄牛的平均值。另外还要看毛的颜色，角的状态，蹄、背、腰的强弱，肋骨的开张程度，肩胛的形状等。四肢与躯体较长的架子牛，有生长发育潜力；若幼牛体型已趋匀称，则将来发育不一定很好；十字部略高于体高和后肢关节高的牛，发育能力强；皮肤松弛柔软、被毛柔软密致的牛，肉质良好；发育虽好但性情暴躁的牛，管理起来比较困难。体质健康、10岁以上的老牛，采用高营养水平育肥2～3个月，也可获得丰厚的经济效益，但不能采用低营养水平延长育肥期的方法，否则，牛肉质量差，且会增加饲草消耗和人工费用。

4. 按资源条件选择

（1）农区。农区以种植业为主，作物秸秆多，可利用草田轮作饲养西门塔尔等品种的改良牛，主要目标是为产粮区提供架子牛，以取得最大经济效益。而在酿酒业与淀粉业发达的地区，充分利用酒糟、粉渣等农副产品，购进架子牛进行专业育肥，能大幅度降低生产成本，取得最好的经济收益。

（2）牧区。牧区饲草资源丰富，养殖业发达，肉牛产业应以饲养西门塔尔牛、安格斯牛、海福特牛等引进品种的改良牛为主，主要目标是为农区及城市郊区提供架子牛。山区也具有充足的饲草资源，但肉牛育肥相对困难，也可以借鉴牧区的养殖模式，专门培育西门塔尔牛、安格斯牛、海福特牛等改良牛的架子牛。

（3）乳业区。乳牛业发达的地区，以生产白肉最为有利，因为有大量乳公犊可以利用，并且通过利用异常奶、乳品加工副产品等搭配日粮，也能大幅度降低生产成本。乳业区可充分利用乳牛公犊和淘汰乳牛等肉牛资源。这类肉牛的特点是体型大、增重快，但肉质相对较差。

5. 按气候条件选择

牛是喜凉怕热的家畜，如果气温过高（30℃以上），气温就会成为育肥的限制因子，所以，养牛防暑很重要。若没有条件防暑降温，则应选择耐热品种，如圣格鲁迪、皮尔蒙特、抗旱王、婆罗福特、婆罗格斯、婆罗门等品种的改良牛为佳。

（二）育种肉牛的选择方法

1. 肉牛的外貌特征

肉用牛是通过人工选育形成的具有专门肉用性能的牛。其外貌特征，从牛的整体来看，四肢短直，体躯低垂，皮薄骨细，全身肌肉丰满，疏松而匀称。细致疏松型表现明显，整个体躯短、宽、深。前望、侧望、后望、俯望的轮廓，均呈矩形。

前望：由于胸宽而深，鬐甲平广，肋骨向两侧扩张而弯曲大，构成前望矩形。

侧望：由于颈短而宽，胸尻深厚，前胸突出，股后平直，构成侧望矩形。

后望：由于尻部平宽，两腿深厚，构成后望矩形。

俯望：由于鬐甲宽厚，背腰和尻部广阔，构成俯望矩形。

由于肉用牛的体型方整，在比例上，前躯和后躯都高度发达，显得中躯相对较短，以致全身粗短紧凑，皮肤细薄而松软，皮下脂肪发达，尤其是早熟的肉牛，被毛细密而富有光泽，呈现卷曲状态的，是优良肉用牛的特征。

从肉用牛的局部来看，与产肉性能最为重要的有鬐甲、背腰、前胸和尻部等部位。其中尻部最重要。

鬐甲要求宽厚多肉，与背腰平直，前胸饱满突出于两前肢之间，垂肉细软而不甚发达，肋骨弯曲度大，肋间隙较窄，两肩与胸部结合良好，无凹陷痕迹，丰满多肉。

背、腰要求宽广，与鬐甲及尾根在一条直线上，平坦而多肉。沿脊椎两侧和背腰非常发达，常形成“双背复腰”。腰宽肷小，腰线平直，宽广而丰圆。整个中躯呈现粗短圆筒状。

尻部对肉用牛来说特别重要，它应宽、长、平、直而富于肌肉，忌尖尻或斜尻。两腿宽而深厚，十分丰满。腰角丰圆，不可突出。两坐骨距离宽，厚实多肉，连接腰角、坐骨端与飞节三点，构成丰满多肉的肉三角形。

我国劳动人民总结肉牛的外貌特征为“五宽五厚”，即“额宽，颊厚；颈宽，垂厚；胸宽，肩厚；背宽，肋厚；尻宽，臀厚”。这种总结，对肉用牛体型外貌鉴定要点作出了精确的概括。

2. 肉牛的选择要求

牛的体型首先受躯干和骨骼大小的影响，如颈宽厚是肉用牛的特征，与乳用牛要求颈薄形成对照，肉用牛肩峰平整且向后延伸直到腰与后躯都保持宽厚，这是生产高比例优质肉的标志。

犊牛体型可分成不同类型，犊牛生长早期如果在后肋、阴囊等处就沉积脂肪，表明不可能长成大型肉用牛。体躯很丰满而肌肉发育不明显，也是早熟品种的特点，对生产高瘦肉率是不利的。大骨架的牛比较有利于肌肉着生，但在选择时往往被忽视。

青年阶段体格较大而肌肉较薄，表明其为晚熟的大型牛，将比体小而肌肉厚的牛更有生长潜力。因肌肉发达程度随年龄的增长而加强，并相对地超过骨骼生长，所以同龄的大型牛早期肌肉生长并不好，后期却能成为肌肉发达的肉牛。

体躯的骨骼以及肌肉、脂肪沉积程度，共同影响着外表的厚度、深度和平滑度。牛在生长期，肩胛、颈、前胸、后肋部以及尾根等部位如果形态清晰、宽而不丰满，会有发育前途，相反，外貌丰满而骨架很小的牛不会有很大的长势。

不同的牛种在体型上有各自的特点，因各部位都受品种的影响，所以肉牛各部位好坏的评价，不同品种之间的评分不同，但都要强调综合性状。

3. 育种肉牛的选择方法

肉牛的选择方法，主要包括单项选择（纵列选择或衔接选择）法、独立淘汰法和指数选择法等 3 种。

（1）单项选择法。单项选择法是指按顺序逐一选择所要改良的性状，即当第一个性状经选择达到育种目标后，再选择第二个性状进行改良，以此类推地选择下去，直到全部性状都得到改良为止。这种方法简单易行，而且就某一性状而言，其选择效果很好。主要缺点是，当一次选择一个性状时，同时期别的性状较差的牛只仍会存在于群内，影响整个牛群质量。

（2）独立淘汰法。独立淘汰法是指同时选择几个性状，分别规定最低标准，只要有一个性状不够标准，即可予以淘汰。此法简单易行，能收到全面提高选择效果的作用。但这种方法选择的结果，容易将一些只有个别性状没有达到标准、其他方面都很优秀的个体淘汰掉，而选留下来的，往往是各个性状都表现中等的个体。此法的缺点，是对各个性状在经济上的重要性以及遗传力的高低都没有给予考虑。

（3）指数选择法。指数选择法是根据综合选择指数进行选择。这个指数是运用数量遗传学原理，将要选择的若干性状的表型值，根据其遗传力、经济上的重要程度及性状间的表型相关和遗传相关，给予不同的适当权值，制订出一个可以使个体间相互比较的数值，然后，根据这个数值进行选择。为了便于比较，把各性状都处于牛群平均值的个体选择指数值定为100,其他个体都与100比较，超过100者为优良，给予保留，不足100者就需要淘汰。

指数选择法效果的好坏，主要取决于加权值制订得是否合理。制订每个性状的加权值，主要决定于性状的相对经济价值及每个性状的遗传力和性状之间的遗传相关。另外，选择肉牛种牛的先进方法，还有最佳线性无偏预测法（BLUP法）和新的动物模型法等。

4. 育种肉牛的选择途径

肉牛选择的一般原则是：选优去劣，优中选优。种公牛和种母牛的选择，是从品质优良的个体中精选出最优个体，即是“优中选优”，而对种母牛大面积的普查鉴定和等级评定等，则又是“选优去劣”的过程。在肉牛公母牛的选择中，种公牛的选择对牛群的改良起着关键作用，种公牛的选择，首先是审查系谱，其次是审查该公牛外貌表现及发育情况，最后还要根据种公牛的后裔测定成绩，断定其遗传性能是否稳定。对种母牛的选择，则主要根据其本身的生产性能或与生产性能相关的一些性状进行考虑。此外，还要参考其系谱、后裔及旁系的表现情况做出决定。所以，选择肉牛的途径，主要包括系谱选择、本身选择、后裔选择和旁系选择4项。

（1）系谱选择。系谱记录资料是比较牛只优劣的重要依据。选择小牛时，考察其父母、祖父母及外祖父母的性能成绩，对提高选种的准确性有重要作用。资料表明，种公牛后裔测定的成绩与其父亲后裔测定成绩的相关系数为0.43，与其外祖父后裔测定成绩的相关系数为0.24，而与其母亲1～5个泌乳期产奶量之间的相关系数只有0.21、0.16、0.16、0.28、0.08。由此可见，估计种公牛育种值时，对来自父亲的遗传信息和来自母亲的遗传信息不能等量齐观，而应有所侧重。

（2）本身选择（个体成绩选择）。本身选择就是根据种牛个体本身一种或若干种性状的表型值，判断其种用价值，从而确定个体是否选留，该方法又称性能测定和成绩测验。具体做法，可以在环境一致并有准确记录的条件下，与所有牛群的其他个体进行比较，或与所在牛群的平均水平比较。有时也可以与鉴定标准进行比较。

当小牛长到1岁以上时，就可以直接测量其某些经济性状（如1岁活重、肥育期增重效率等）进行选择。而对于胴体性状，则只能借助先进设备（如超声波测定仪等）进行辅助测量，然后对不同个体做出比较。对遗传力高的性状，适宜采用这种选择途径。肉用种公牛的体型外貌，主要看其体型大小、全身结构是否匀称、外形和毛色是否符合品种要求、雄性特征是否明显、有无明显的外貌缺陷等。无论从哪个方向看，体躯都应呈明显的长方形、圆筒状，才是典型肉用牛的基本特征。凡是肢势不正、背线不平、颈线薄、胸狭腹垂、尖斜尻等，都是不良表现；而生殖器官发育良好、睾丸大小正常且有弹性等，则是性能优良的表现。凡是体型外貌有明显缺陷、生殖器官畸形、睾丸大小不一等，均不合乎种用特征。肉用种公牛的外貌评分不得低于一级，其中，核心公牛要求外貌评分应为特级。

除查看外貌外，还要测量种公牛的体尺和体重，按照品种标准分别评出等级。另外，还需要检查种公牛的精液质量，正常情况下，精子活力应不低于0.7，死精、畸形精子过多者（高于20%）不能作种用。

（3）后裔测验（成绩或性能试验）。后裔测验是根据后裔各方面的表现情况来评定种公牛好坏的一种鉴定方法，这是多种选择途径中最为可靠的选择方法。具体方法是将选出的种公牛与一定数量的母牛进行配种，然后对这些母牛所生的犊牛进行成绩测定，从而评价使（试）用种牛品质优劣。这种方法虽然准确可靠，但需要的时间较长，往往等到后裔成绩出来时，被测种牛年龄已大，丧失了不少可利用的时间和机会。为改进这一缺陷，人们提出了一些技术方法，借以缩短测定时间。例如：对被测公牛在后裔测验成绩出来之前，可以先采精并用液氮贮存，待成绩确定后再决定原冷冻精液是使用还是作废。使用这种方法，既可以对公牛的种用价值做出评定，也可以对母牛的种用价值做出评定；既可以对数量性状进行选择，也可以对质量性状加以选择。在生产中，后裔测定多用于选择种公牛。

（4）旁系选择（同胞或半同胞牛选择）。旁系是指选择个体的兄弟、姐妹堂表兄妹等。它们与该个体的关系越近，其材料的选择价值就越大。利用旁系材料的主要目的，是想从侧面证明一些由个体本身无法察知的性能（如公牛的泌乳力、配种能力等）。此法与后裔测定的结果相比较可以节省时间。种牛的遗传力、育种值等遗传参数，均可通过旁系材料进行计算。

肉用种公种的肉用性状主要根据半同胞材料进行评定。应用半同胞材料估计后备公牛育种值的优点，可对后备公牛进行早期鉴定，比后裔测定至少缩短4年的时间。

四、肉牛的经济杂交与利用

杂交是肉牛生产不可缺少的手段，采取不同品种牛进行品种间杂交，不仅可以相互补充不足，也可以产生较大的杂种优势，进一步提高肉牛生产力。经济杂交是采用不同品种的公母牛进行交配，以生产性能低的母牛或生产性能高的母牛与优良公牛交配来提高子代经济性能，其目的是利用杂种优势。经济杂交可分为二元杂交和多元杂交。

（一）二元杂交

二元杂交是指两个品种间只进行一次杂交，所产生的后代不论公母牛都用于商品生产，也叫简单经济杂交。在选择杂交组合方面比较简单，只测定一次杂交组合配合力。但是没有利用杂种一代母牛繁殖性能方面的优势，在肉牛生产早期不宜应用，以免由于淘汰大量母牛从而影响肉牛生产，在肉牛养殖头数饱和之后可用此法。

（二）多元杂交

多元杂交是指 3 个或 3 个以上品种间进行的杂交，是复杂的经济杂交。即用甲品种牛与乙品种牛交配，所生杂种一代公牛用于商品生产，杂种一代母牛再与丙品种公牛交配，所生杂种二代父母用于商品生产，或母牛再与其他品种公牛交配。其优点在于杂种母牛留种，有利于杂种母牛繁殖性能上的优势得以发挥，犊牛是杂种，也具有杂种优势。其缺点是所需公牛品种较多，需要测试杂交组合多，必须保证公牛与母牛没有血缘关系，才能得到最大优势。

（三）轮回杂交

轮回杂交是指用两个或更多品种进行轮番杂交，杂种母牛继续繁殖，杂种公牛用于商品肉牛生产。分为二元轮回杂交和多元轮回杂交。其优点是除第一次外，母牛始终是杂种，有利于繁殖性能的杂种优势发挥，犊牛每一代都有一定的杂种优势，并且杂交的两个或两个以上的母牛群易于随人类的需要动态提高，达到理想时可由该群母牛自繁形成新品种，是目前肉牛生产中值得提倡的一种方式。本法的缺点是形成完善的两品种轮回则需要 20 年以上的时间。

（四）地方良种黄牛杂交利用注意事项

通过十几年黄牛改良实践来看，用夏洛来、西门塔尔、利木赞、海福特、安格斯、皮埃蒙特牛与本地黄牛进行两品种杂交、多元杂交和级进杂交等，其杂种后代的肉用性能都得到显著的改善。改良初期都获得良好效果，后来认为以夏洛来牛、西门塔尔牛做改良父本牛，并以多元杂交方式进行本地黄牛改良效果更好。如果不断采用一个品种公牛进行级进杂交，3 ～ 4 代以后会失掉良种黄牛的优良特性。因此，黄牛改良方案选择和杂交组合的确定，一定要根据本地黄牛和引入品种牛的特性以及生产目的确定，以杂交配合力测定为依据确定杂交组合。为此，在地方良种黄牛经济杂交中应注意以下几点。

1. 良种黄牛保种

我国黄牛品种多，分布区域广，对当地自然条件具有良好适应性、抗病力、耐粗饲等优点，其中地方良种牛，如晋南牛、秦川牛、南阳牛、鲁西黄牛、延边牛、渤海黑牛等具有易育肥形成大理石状花纹肉、肉质鲜嫩而鲜美的优点，这些优点已超过这些指标最好的欧洲各种安格斯牛。这些都是良好的基因库，是形成优秀肉牛品种的基础，必须进行保种。对这些品种进行严格的选育，加快纠正生长较慢的缺点，使其成为世界级的优良品种。

2. 选择改良父本

父本牛的选择非常重要，其优劣直接影响改良后代的肉用生产性能。应选择生长发育快、饲料利用率高、胴体品质好、与本地母牛杂交优势大的品种，应该是适合本地生态条件的品种。

3. 避免近亲

防止近亲交配，避免退化，严格执行改良方案，以免非理想因子增加。

4. 加强改良后代培育

杂交改良牛的杂种优势表现仍取决于遗传基础和环境效应，其培育情况直接影响肉牛生产，应对杂交改良牛进行科学的饲养管理，使其改良的获得性得以充分发挥。

5. 黄牛改良的社会性

由于牛的繁殖能力非常低，世代间隔非常长，所以黄牛改良进展极慢，必须多地区协作、几代人努力才能完成。

第二节　肉牛繁殖技术

一、性成熟与使用年限

（一）性成熟与体成熟

1. 性成熟

性的成熟是一个过程，当公、母牛发育到一定年龄，生殖机能达到了比较成熟的阶段，就会表现出性行为和第二性征，特别是能够产生成熟的生殖细胞，在这期间进行交配，母牛能受胎，即称为性成熟。因此性成熟的主要标志是能够产生成熟的生殖细胞，即母牛开始第一次发情并排卵，公牛开始产生成熟精子。

达到性成熟的年龄，由于牛的种类、品种、性别、气候、营养以及个体间的差异而有不同。如培育品种的性成熟，公牛一般为 9 个月，母牛一般为 8 ～ 14 个月；而原始品种的肉牛出生后 10 ～ 12 个月龄，杂交肉牛 12 ～ 15 个月龄。一般公牛的性成熟较母牛晚，饲养在寒冷北方的牛较饲养在温暖南方的牛性成熟晚，营养充足较营养不足的牛性成熟早。个体之间由于先天性疾病的原因，性成熟也可能推迟。

2. 体成熟

肉牛机体具备成年肉牛固有的外形，叫作体成熟。一般肉牛体成熟是 1.5 ～ 2 岁，杂交肉牛为2.5岁；乳牛在15～22个月龄。但由于肉牛品种、饲养管理、气候条件等不同，大有促进和延迟体成熟的可能。

（二）初配适龄

体成熟的牛就可以参加配种繁殖。公、母牛达到性成熟年龄，虽然生殖器官已发育完全，具备了正常的繁殖能力，但此时身体的生长发育尚未完成，故尚不宜配种，以免影响母牛本身和胎儿的生长发育及以后生产性能的发挥。

公、母牛配种过早，将影响到本身的健康和生长发育，所生犊牛体质弱、初生重小、不易饲养；母牛产后产奶受影响；公牛性机能提前衰退，缩短种用年限。配种过迟则对繁殖不利、饲养费用增加，而且易使母牛过肥，不易受胎；公牛则易引起自淫、阳痿等病症而影响配种效果。因此正确掌握公、母牛的初配适龄，对改善牛群质量、充分发挥其生产性能和提高繁殖率有重要意义。

母牛的初配适龄应根据牛的品种及其具体生长发育情况而定，一般比性成熟晚些，在开始配种时的体重应为其成年体重的70%左右。年龄已达到，体重还未达到时，则初配适龄应推迟；相反则可适当提前。一般肉牛的初配适龄为：早熟品种，公牛15～18月龄，母牛16～18月龄；晚熟品种，公牛18～20月龄，母牛18～22月龄。

（三）使用年限

肉牛的繁殖能力都有一定的年限，年限长短因品种、饲养管理以及牛的健康状况不同而有差异。肉牛的配种使用年限为9～11年，公牛为5～6年。超过繁殖年限，公、母牛的繁殖能力会降低，便无饲养价值，应及时淘汰。

二、发情与发情周期

（一）发情

母畜发育到一定年龄，便开始出现发情。发情是未孕母畜所表现的一种周期性变化。发情时，卵巢上有卵泡迅速发育，它所产生的雌激素作用于生殖道使之产生一系列变化，为受精提供条件；雌激素还能使母畜产生性欲和性兴奋，以及允许雄性爬跨、交配等外部行为的变化，把这种生理状态称为发情。

（二）发情周期

母畜到了初情期后，生殖器官及整个有机体便发生一系列周期性的变化，这种变化周而复始（非发情季节及怀孕母畜除外），一直到性机能停止活动的年龄为止。这种周期性的性活动，称为发情周期。发情周期通常是指从一次发情开始到下一次发情开始的间隔时间。肉牛平均为21天，但也存在个体差异。壮龄、营养较好的母牛发情周期较为一致，而老龄和营养不佳的母牛发情周期较长。一般来讲，青年母牛较成年母牛约短 1 天。

发情周期的出现是由于卵巢周期变化的结果。卵巢周期受到复杂的内分泌机理控制，涉及丘脑下部、垂体、卵巢和子宫等所分泌激素的相互作用。

根据动物的性欲表现和相应的机体及生殖器官变化，可将发情周期分为发情前期、发情期、发情后期和休情期 4 个阶段。根据卵巢上卵泡发育、成熟及排卵，以及黄体的形成和退化，将发情周期分为卵泡期和黄体期。卵泡期指卵泡从开始发育到排卵，相当于发情前期和发情期；而黄体期是指在卵泡破裂排卵后形成黄体，直至黄体开始退化为止，相当于发情后期和间情期。

肉牛属于全年多次周期发情的动物。在温暖季节里，发情周期正常，发情表现显著。但是在寒冷地区，特别是粗放饲养情况下，发情周期也会停止。因此，牛的发情周期虽然不像马、羊及其他野生动物那样有明显的季节性，但还是受季节影响。非当年产犊的干奶母牛发情最多集中于 7 ～ 8 月，初配母牛发情次之，多在 8 ～ 9 月，当年产犊哺乳母：牛多集中在 9 ～ 11 月发情。发情的季节性在很大程度上受气候、牧草及母：牛营养状况的影响，都是在当地自然气候及草场条件最好的时期。此外，海拔在 4500 m 以上的地区，7 月初才有个别母牛发情。

三、发情鉴定

母牛一般在 6 ～ 12 月龄初次发情，称为初情期。由于生殖器官和生殖功能仍在生长发育阶段，所以，初情期发情表现持续期短，发情周期还不正常。母牛 8 ～ 14 月龄，生长发育到有正常生殖能力的时期，叫作性成熟期。此时，母牛生殖器官基本发育完全，已具备受孕能力，但由于身体正处于生长发育旺盛阶段，如果此时配种受孕，会影响其生长发育和今后的繁殖能力，还会缩短使用年限，而且会使后代的生活力和生产性能降低，所以，此时不宜配种。

肉牛发情有一定的周期，一般为 18 ～ 24 天，平均为 21 天，处女牛较经产牛发情周期短一些。根据母牛的精神状态和生殖器官的生理变化及对公牛的性欲反映情况，可将母牛的发情周期分为 4 个阶段，即发情前期、发情期、发情后期、休情期。

发情前期：卵巢上功能黄体已经退化，卵泡正在成熟，阴道分泌物逐渐增加，生殖器官开始充血，持续时间为 4 ～ 7 天。

发情期：卵泡已经成熟，继而排卵，发情征候集中出现，母牛表现兴奋，食欲下降，外阴部充血肿胀，子宫颈口松弛开张，阴道有黏液流出，持续 13 ～ 30 小时。

发情后期：已经排卵，黄体正在形成，发情征候开始消退，母牛由性兴奋逐渐转入平静状态，排卵 24 小时后，大多数母牛从阴道内流出少量血。发情后期的持续时间为 5 ～ 7 天。

休情期：黄体逐渐萎缩，卵泡逐渐发育，性欲完全停止，精神状态恢复正常，持续 12 ～ 15 天。如果已妊娠，周期黄体转为妊娠黄体，直到妊娠结束前不再出现发情。

发情鉴定的目的，是在牛群中及时发现发情母牛，正确掌握配种时间并进行配种，防止误配漏配，提高受胎率。鉴定母牛发情的方法有外部观察法、试情法、阴道检查法和直肠检查法等。

（一）外部观察法

外部观察法是鉴定母牛发情的主要方法，主要根据母牛的外部表现来判断其发情情况。发情母牛表现兴奋不安，哞叫，两眼充血，反应敏感，拉开后腿，频频排尿，在牛舍内常站立不卧，食欲减退，反刍时间减少或停止反刍；外阴部红肿排出大量透明的牵缕性黏液，发情初期清亮如水，末期混而黏稠，在尾巴等处能看到分泌黏液的结痂物。在运动场或放牧时，发情母牛四处游荡，常常表现出爬跨和接受其他牛爬跨的特点。两者的区别：被爬跨的牛如已发情，则站立不动并举尾迎合，如未发情，则往往弓背逃走；发情牛爬跨其他牛时，阴门搐动并滴尿，具有公牛交配的动作，外阴部红肿，从阴门流出黏液；其他牛常嗅发情牛的阴唇，发情母牛的背腰和尻部有被爬跨所留下的泥土、唾液等，有时被毛蓬松不整。母牛的发情表现虽有一定的规律性，但由于内外因素的影响，有时表现不明显或没有规律，因此，在确定输精适期时，必须善于综合判断，进行具体分析。

（二）阴道检查法

这种方法是用开膣器观察阴道的黏膜、分泌物和子宫颈口的变化，以判断母牛发情与否。发情母牛阴道黏膜充血潮红，表面光滑湿润，子宫颈外口充血、松弛、柔软开张，排出大量透明的黏液，呈玻棒状，不易折断。黏液最初稀薄，随着发情时间的推移，逐渐变稠，量也由少变多；到发情后期，黏液量逐渐减少且黏性变差，颜色不透明，有时含淡黄色细胞碎屑或微量血液。不发情的母牛阴道苍白、干燥，子宫颈口紧闭，无黏液流出。

黏液的流动性取决于其酸碱度，碱性越大黏度越强。发情期的阴道黏液比乏情期的碱性强，故黏性大；发情开始时，黏液碱性较低，故黏性最小；发情旺期，黏液碱性增高，故黏性最强，有牵缕性，可以拉长。母牛阴道壁上的黏液比取出的黏液酸，如发情时的黏液，在阴道内测定时，pH 为 6.57，而取出在试管内测定时，pH 则为 7.45。子宫颈的黏液一般比阴道内的黏液稍微酸些。阴道检查法只能作为辅助诊断，检查时应严格消毒，防止动作粗暴。

（三）试情法

试情法是根据母牛爬跨的情况来发现发情牛。这是生产上最常用的方法。此法尤其适用于群牧的繁殖母牛群，可以节省人力，提高发情鉴定效果。

试情法有 3 种具体操作方法。

1. 结扎公牛法

将结扎输精管的公牛放入母牛群中，白天放在牛群中试情，夜间将公牛分开，根据公牛追逐爬跨情况以及母牛接受爬跨的程度来判断母牛的发情情况。

2. 试情公牛法

将试情公牛接近母牛，如母牛喜靠近公牛，并做弯腰弓背姿势，表现可能发情。

3. 下腭标记法

用容量 0.54 kg 左右的壶状物，固定在笼头上，壶中装满液体油剂染料，壶的中部有一滚动的圆珠装置。试情公牛戴上笼头，圆珠正好位于下颌的下面，当公牛爬跨从母牛腰部滑下时，其下颌便拖下一条色线。壶中的染料 1 周加 1 次即可，比较方便。据试验，使用这种方法，当母牛和试情母牛比例为 30 ∶ 1 时，发情鉴定率最高可达 95%。

（四）直肠检查法

直肠检查法是将手深入母牛直肠内部，用手指隔直肠壁检查子宫的形状、粗细、大小、反应以及卵巢上卵泡的发情情况，以判断母牛是否发情。

直肠检查，发情母牛子宫颈稍大，较软，子宫角体积略增大，子宫收缩反应比较明显，子宫角坚实，卵巢中的卵泡突出、圆而光滑，触摸时略有波动。卵泡直径，发育初期为 1.2 ～ 1.5 cm，发育最大时为 2.0 ～ 2.5 cm。在排卵前 6 ～ 12 小时，随着卵泡液的增加，卵泡紧张度与卵巢体积均有所增大。到卵泡破裂前，其质地柔软，波动明显。排卵后，原卵泡处有不光滑的小凹陷，以后就形成黄体。

准确掌握发情时间是提高母牛受胎率的关键。一般正常发情的母牛，其外部表现都比较明显，利用外部观察辅以阴道检查，就可以判断母牛发情情况。但母牛发情持续期较短，如果不注意观察，就容易错过情期而漏配。为提高鉴别率，在生产实践中，可以发动值班员、饲养员和挤奶员等共同观察。同时，要建立母牛发情预报制度，根据前次发情日期，预报下次发情日期（按发情周期计算）。但有些母牛营养不良，常出现安静发情或假发情或生殖器官机能衰退、卵泡发育缓慢、排卵时间延迟或提前等状况，对这些母牛，则需要通过直肠检查来判断其排卵时间。

四、妊娠诊断

在母牛的繁殖管理中，妊娠诊断尤其是早期妊娠诊断，是保胎、减少空怀，增加产奶量和提高繁殖率的重要措施。经妊娠诊断，确认已怀孕的母牛，应加强饲养管理；而对于未孕母牛，则要注意再发情时的配种和对未孕原因进行分析。在妊娠诊断中，还可以发现某些生殖器官的疾病，以便及时治疗；对屡配不孕的母牛，则应及时淘汰。

虽然妊娠诊断方法很多，但目前应用最普遍的还是外部观察法和直肠检查法。

（一）外部观察法

母牛怀孕后，表现为发情停止，食欲和饮水量增加，营养状况改善，毛色润泽，膘情变好，性情变得安静、温顺，行动迟缓，常躲避角斗或追逐，放牧或驱赶运动时，常落在牛群之后。怀孕中后期，腹围增大，腹壁一侧突出，可触到或看到胎动。育成牛在妊娠 4 ～ 5 个月后，乳房发育加快，体积明显增大；妊娠 8 个月以后，右侧腹壁可见到胎动。经产牛乳房常常在妊娠的最后 1 ～ 4 周才明显肿胀，在妊娠的中后期，外部观察才能发现乳房明显的变化。外部观察法的最大缺点，是不能早期确定母牛是否妊娠，因此，外部观察法只能作为辅助的诊断方法。

（二）直肠检查法

直肠检查法是判断母牛是否妊娠和妊娠时间最常用最可靠的方法，可用于母牛早期妊娠诊断，一般在妊娠 2 个月左右就可以做出准确诊断，准确而快速，在生产实践中普遍应用。直肠检查法的诊断依据，是妊娠后母牛生殖器官的一些变化，在诊断时，对这些变化要随妊娠时期的不同而有所侧重，如：妊娠初期，主要检查子宫角的形态和质地变化；30 天以后以胚泡的大小为主；中后期则以卵巢、子宫的位置变化和子宫动脉特异搏动为主。在具体操作中，探摸子宫颈、子宫角和卵巢的方法与发情鉴定相同。

1. 检查方法

未妊娠母牛的子宫颈、子宫体、子宫角及卵巢均位于骨盆腔；经产牛有时子宫角可垂入骨盆腔入口前缘的腹腔内，会出现两角不对称的现象；未孕母牛两侧子宫角大小相当，形状相似，向内弯曲，如绵羊角。

触摸子宫角时有弹性，有收缩反应，角间沟明显，有时卵巢上有较大的卵泡存在，说明母牛已开始发情。

妊娠 20 ～ 25 天，排卵侧的卵巢上有突出于表面的妊娠黄体，卵巢的体积大于另一侧。两侧子宫角无明显变化，触摸时感到壁厚而有弹性，角间沟明显。

妊娠 30 天，两侧子宫角不对称，孕角变粗、松软、有波动感，弯曲度变小，而空角仍维持原有状态。用手轻握孕角，从一端滑向另一端，有胎泡从指间滑过的感觉。若用拇指和食指轻轻捏起子宫角，然后放松，可感到子宫壁内似有一层薄膜滑开，这就是尚未附殖的胎膜。技术熟练者，还可以在角间韧带前方摸到直径为 2 ～ 3 cm 的豆形羊膜囊。此时，角间沟仍较明显。

妊娠 60 天，孕角明显增粗，相当于空角的 2 倍大小，孕角波动明显。此时，角间沟变平，子宫角开始垂入腹腔，但仍可摸到整个子宫。

妊娠 90 天，子宫颈前移至耻骨前缘，子宫开始沉入腹腔，子宫颈被牵拉至耻骨前缘，孕角大如婴儿头，波动感明显，有时可摸到胎儿，在胎膜上可摸到蚕豆大的胎盘子叶。孕角子宫颈动脉根部开始有微弱的震动。此时角间沟已摸不清楚，空角也明显增粗，妊娠 120 天，子宫及胎儿全部沉入腹腔，子宫颈已越过耻骨前缘，一般只能触摸到子宫的局部及该处的子叶，如蚕豆大小。子宫动脉的特异搏动明显。此后直至分娩，子宫进一步增大，沉入腹腔，甚至可达胸骨区，子叶逐渐增大如鸡蛋；子宫动脉两侧都变粗，并出现更明显的特异搏动，用手触及胎儿，有时会出现反射性的胎动。

寻找子宫动脉的方法，是将手伸入直肠，手心向上，贴着骨盆顶部向前滑动。在髂部的前方，可以摸到腹主动脉的最后一个分支，即髂内动脉，在左右髂内动脉的根部各分出一支动脉，即为子宫动脉。通过触摸此动脉的粗细及妊娠特异搏动的有无和强弱，就可以判断母牛妊娠的大体时间段。

2. 值得注意的问题

（1）注意技术要领。母牛妊娠 2 个月之内，子宫体和孕侧子宫角都膨大，胎泡的位置不易掌握，触摸感觉往往不明显，初学者感觉很难判断，必须经过反复实践，才能掌握技术要领。

（2）找准子宫颈。妊娠 3 个月以上，由于胎儿的生长，子宫体积和重量的增大，使子宫垂入腹腔，触摸时难以触及子宫的全部，并且容易与腹腔内的其他器官混淆，给判断造成困难。最好的方法是找到子宫颈，根据子宫颈的所在位置以及提拉时的重量，判断是否妊娠并估计妊娠的时间。

（3）注意双胞胎。牛怀双胎时，往往双侧子宫角同时增大，在早期妊娠诊断时要注意这一现象。

（4）注意假发情。注意部分母牛妊娠后的假发情现象。配种后 20 天左右，部分母牛有发情的外部表现，而子宫角又有孕向变化，对这种母牛应做进一步观察，不应过早做出发情配种的决定。

（5）注意子宫疾病。注意妊娠子宫和子宫疾病的区别。因胎儿发育所引起的子宫增大，有时在形态上与子宫积脓、子宫积液很相似，也会造成子宫下沉现象，但积脓、积水的子宫，提拉时有液体流动的感觉，脓液脱水后是一种面团样的感觉，而且也找不到胎盘子叶，更没有妊娠子宫动脉的特异搏动。

（三）阴道检查法

肉牛怀孕后，阴道黏液的变化较为明显，该方法主要根据阴道黏膜色泽、黏液、子宫颈等来确定母牛是否妊娠。母牛怀孕 3 周后，阴道黏膜由未孕时的淡粉红色变为苍白色，没有光泽，表面干燥，同时阴道收缩变紧，插入开膣器时有阻力感。怀孕 1.5～2

个月，子宫颈口附近有黏稠的黏液，量很少；3～4个月后，量增多变为浓稠，灰白或灰黄色，形如糨糊。妊娠母牛的子宫颈紧缩关闭，有浆糊状的黏液块堵塞于子宫颈口，这就是子宫颈塞（栓）。子宫颈塞（栓）是在妊娠后形成的，主要起保护胎儿免遭外界病菌侵袭的作用。在分娩或流产前，子宫颈扩张，子宫颈塞溶解，并呈线状流出。所以，阴道检查对即将流产或分娩的牛来说是很有必要的，可以及时发现症状，以便于采取有效的应对措施；而对于检查妊娠，虽然也有一定的参考价值，但却不如直肠检查准确。

（四）其他诊断方法

1. 超声波诊断法

超声波诊断法是利用超声波的物理特性和不同组织结构的特性相结合的物理学诊断方法。国内外研制的超声波诊断仪有多种，是简单而有效的检测仪器。目前，国内试制的有两种：一种是用探头通过直肠探测母牛子宫动脉的妊娠脉搏，由信号显示装置发出的不同声音信号，来判断母牛妊娠与否。另一种是探头自阴道伸入。显示的信号有声音、符号、文字等几种形式。重复测定的结果表明，妊娠30天内探测子宫动脉反应或40天以上探测胚胎心音，都可达到较高的准确率。但有时也会因子宫炎症、发情所引起的类似反应干扰测定结果而出现误诊。

有条件的大型养牛场，可采用较精密的B型超声波诊断仪。其探头放置在右侧乳房上方的腹壁上，探头方向应朝向妊娠子宫角。通过显示屏，可清楚地观察胎泡的位置、大小，并且可以定位照相。通过探头的方向和位置的移动，可见到胎儿各部的轮廓、心脏的位置及跳动情况、单胎或双胎等。在具体操作时，探头接触的部位应先剪毛，并在探头上涂以接触剂（凡士林或石蜡油）。

2. 孕酮水平测定法

根据妊娠后血及奶中孕酮含量明显增高的现象，用放射免疫和酶免疫法测定孕酮的含量，判断母牛是否妊娠。由于收集奶样比采血方便，目前测定奶中孕酮含量的较多。大量的试验表明，奶中孕酮含量高于5 ng/mL为妊娠；而低于该值者未妊娠。放射免疫测定虽然精确，但需送专门实验室测定，不易推广。近年来，国内外研制的酶免疫药盒，使这种诊断趋于简单化、实用化。

3. 激素反应法

妊娠后的母体内，占主导地位的激素是孕酮，它可以对抗适量的外源性雌激素，使之不产生反应。因此，依据母牛对外源性雌激素的反应，可作为是否妊娠的判断标准。母牛配种后18～20天，肌内注射合成雌激素（乙烯雌酚等）2～3 mg，未孕者能促进发情，怀孕者不发情。注射后5天内不发情即可判为妊娠，此法简单，准确率在80%以上。

五、分娩助产

（一）分娩的征候

母牛在接近分娩时，生理机能会发生剧烈变化，根据这些变化，可以大致判断分娩时间。在分娩前约半个月，乳房迅速发育膨大，腺体充实，乳头膨胀，临产前 1 周，有的滴出初乳。临产前，阴唇逐渐松弛变软、水肿，皮肤上的皱褶展平；阴道黏膜潮红，子宫颈肿胀、松软，子宫颈栓溶化变成半透明状黏液，排出阴门，呈索状悬垂于阴门处；骨盆韧带柔软、松弛，耻骨缝隙扩大，尾根两侧凹陷，以适于胎儿通过。在行动上，母牛表现为活动困难，起卧不安，高声哞叫，尾高举，回顾腹部，常作排粪排尿姿势，食欲减少或停止。根据以上表现，大致可以判断母牛分娩的时间。

（二）分娩的过程

正常的分娩过程，一般可分为下列 3 个阶段。

1. 开口期

子宫颈扩大，子宫壁纵形肌和环形肌有节律地收缩，并从孕角尖端开始收缩，向子宫颈方向进行驱出运动，使子宫颈完全开放，与阴道的界限消失。随着子宫间歇性收缩（阵缩）力量的加大，收缩持续时间延长，间歇缩短，压迫羊水及部分胎膜，使胎儿的前置部分进入子宫颈。此时，母牛表现为不安，时起时卧，进食和反刍不规则，尾巴抬起，常作排粪姿势，哞叫。这一阶段一般持续 6 小时左右，经产母牛一般短于初产母牛。

2. 胎儿产出期

以完成子宫颈的扩大和胎儿进入子宫颈及阴道为特征。该时期的子宫平滑肌收缩期延长，松弛期缩短，弓背努责，胎囊由阴门露出。一般先露出尿膜囊，破裂后流出黄褐色尿水，然后继续努责和阵缩，包裹犊牛蹄子的羊膜囊部分露出阴门口。胎头和肩胛骨宽度大，娩出最费力，努责和阵缩最强烈，每阵缩一次，都能使胎头排出若干，但阵缩停止，胎儿又有所回缩。经若干次反复后，羊膜破裂，流出白色混浊的羊水，母牛稍作休息后，继续努责和阵缩，将整个胎儿排出体外。这一阶段一般持续 0.5 ～ 2 小时。若羊膜破裂后 0.5 小时以上胎儿不能自动产出，应考虑进行人工助产。如产双胎，一般会在第一个胎儿产出 20 ～ 120 分钟后，产出第二个胎儿。

3. 胎衣排出期

胎儿排出后，母牛稍作休息，子宫又继续收缩，将胎衣排出。但由于牛属于子叶型胎盘，母子之间联系紧密，收缩时不易脱落，因此，胎衣排出时间较长，为 2 ～ 8 小时。如果超过 12 小时胎衣不下，则应进行人工剥离，并在剥离后向子宫内灌注药物。

（三）科学助产

分娩是母畜正常的生理过程，一般情况下不需要助产而任其自然产出。但牛的骨盆构造与其他动物相比，更易发生难产，在胎位不正、胎儿过大、母牛分娩无力等情况下，母牛自动分娩有一定的困难，必须进行必要的助产。助产的目的是尽可能做到母子安全，同时，还必须力求保持母牛的繁殖能力。如果助产不当，则极易引发一系列产科疾病，影响繁殖力。因此，在操作过程中，必须按助产原则小心处理。

1. 产前准备

（1）药械准备，产房要求宽大、平坦、干净、温暖；器械与药品的准备包括催产药、止血药、消毒灭菌药、强心补液药及助产器械、手术器械等。

（2）人员准备，助产人员要固定专人，产房内昼夜均应有人值班，助产者要穿工作服、剪指甲，准备好酒精、碘酒、剪刀、镊子、药棉以及产科绳等。

（3）消毒准备，发现母牛有分娩症状，助产者用 0.1% ～ 0.2% 的高锰酸钾温水或 1% ～ 2% 的煤酚皂溶液，洗涤母牛外阴部或臀部附近，消毒后用毛巾擦干。铺好清洁的垫草，给牛一个安静的环境。助产人员的手、工具和产科器械，都要严密消毒，以避免将病菌带入子宫内，造成生殖系统疾病。

2. 科学助产

与其他家畜相比，母牛发生难产的概率很高。因此，助产是必要的措施。尤其对于初产母牛、倒生或产程过长的母牛，进行助产更加重要。这样可以保证胎儿成活，使产程缩短，让母牛产后尽快恢复健康。

助产的过程：当胎膜露出又未及时产出时，就要判断胎儿的方向、位置和姿势是否正常。当胎儿前肢和头部露出阴门而羊膜仍未破裂时，可将羊膜撕破，并将胎儿口腔和鼻腔内的黏液擦净，以利于胎儿呼吸；如果胎位不正，就要把胎儿推回到子宫处并加以校正；如果是倒生，当后肢露出时，应配合努责，及时把胎儿拉出；如果是母牛努责无力，可以用产科绳拴住两前肢的掌部，随着母牛的努责，左右交替用力，护住胎儿的头部，沿着产道的方向拉出；当胎儿头部通过阴门时，要注意保护阴门和会阴部，尤其是阴门和会阴部过分紧张时，应有一人用手护住阴门，防止阴门撑破；当母牛努责无力时，可用手抓住胎儿的两前肢，或用产科绳系住胎儿的两前肢，同时用手握住胎儿下颌，随着母牛的努责适当用力，顺着骨盆产道方向慢慢拉出胎儿。

母牛产出胎儿以后，要喂给足量温暖的盐水麦麸粥，这对于提高腹压、保暖、解饿、恢复体力特别有好处。胎儿产出以后，要及时用干草或毛巾，把口鼻处的黏液擦干净，进行母子分离，如果脐带已自然断裂，需要立即用 5% 的碘酒进行消毒；如果脐带没有扯断，可以在距腹部 6 ～ 8 cm 处，用消毒过的剪子剪断，然后用碘酒进行消毒。小牛第一次吃奶必须人工陪同，时刻注意小牛的姿势以及母牛的不稳定情绪。需要注意的是，分娩过程中发生的问题，只有在努责间歇期才能观察到。若母牛强烈努责，或看到犊牛的蹄尖和鼻子，预计分娩会正常进行，可不予助产。若助产太早，子宫颈开张不足，犊牛在拖出的过程中有可能受伤，甚至由于用力过猛而将犊牛摔在地上，严重影响犊牛的健康。所以，在母牛生产的过程中，要注意细心观察，还要有足够的耐心，不能操之过急。

3. 产后处理

产后 3 小时内，注意观察母牛产道有无损伤及出血；产后 6 小时内，注意观察母牛努责情况，若努责强烈，需要检查子宫内是否还有胎儿，并注意子宫脱出征兆；产后 12 小时内，注意观察胎衣排出情况；产后 24 小时内，注意观察恶露排出的数量和性状，排出多量暗红色恶露为正常；产后 3 天，注意观察生产瘫痪症状；产后 7 天，注意观察恶露排尽程度；产后 15 天，注意观察子宫分泌物是否正常；产后 30 天左右，通过直肠检查，判断子宫康复情况；产后 40 ～ 60 天，注意观察产后第一次发情。

第八章　肉牛各阶段饲养管理技术

第一节　犊牛饲养管理

一、新生犊牛饲养管理

（一）犊牛培育的目的意义

1. 改良牛群品质，提高生产水平

犊牛的培育工作，是肉牛生产的重要环节。犊牛时期的生理机能正处于急剧变化阶段，可塑性较大。犊牛本身继承了双亲的遗传特性，但这些特性不一定会在生命过程中全部显现出来，关键在于人们的生产实践活动能够对犊牛个体进行塑造。所以，犊牛时期饲养管理的质量，直接影响成年牛的体型结构和终身的生产性能。科学地饲养管理，可促使某些优良性能充分显示出来，并进一步得到巩固和提高，也可促使某些缺陷得到不同程度的改善与消除。总之，加强犊牛培育，是加速育种进度、提高牛群质量的重要技术措施。

2. 力争全活全壮，不断扩大数量

犊牛初生阶段，对外界环境条件适应性差，机体代谢能力需要经过一段时间才能逐渐强化。如果饲养管理不当，生长发育不良，往往容易感染疾病，甚至造成死亡。因此，必须采取各种有效措施，加强护理，搞好防疫，提高犊牛的成活率。只有犊牛的成活率提升了，肉牛的群体数量才能有良好的保障。

（二）新生犊牛的消化特点

犊牛在哺乳期内其胃的生长发育经历了一个成熟过程，出生 20 天的犊牛，瘤胃、网胃和瓣胃的发育极不完全，三胃的容积总和，仅占全胃总容积的 30%，而皱胃则占 70%，前三个胃没有任何消化功能。7 天以后开始尝试咀嚼干草、谷物和青贮料，出现反刍行为，瘤胃内的微生物区系开始形成，瘤胃内壁的乳头状突起逐渐发育，瘤胃和网胃开始增大。到 3 个月龄时，小牛四个胃的比例已接近成年牛的规模。到 6 月龄时，前三个胃的容积之和则占全胃总容积的 70%，而皱胃仅占 30%。以后，瘤胃继续增大，到 12 月龄时，接近成年水平，人为的干预，可改变这个过程，使前胃发育时间缩短，为肉牛整体的生长发育和后期育肥打下良好的基础。

（三）犊牛接产

1. 分娩的基本知识

（1）分娩的发动当怀孕期满胎儿发育成熟，机体就会发动分娩。分娩的发动是由胎儿及母体内分泌的变化、胎儿对母体的机械性神经性刺激和母体的免疫排斥反应等多种因素相互作用、彼此协调所促成的。由于个体、环境、营养等差异，预产期前后几天分娩都属正常。

（2）分娩的三要素分娩过程顺利与否，取决于产力、产道和胎儿这 3 个因素。如果这 3 个因素正常或相互适应，分娩就能顺利进行；否则就需要人工干预。

产力，一是来自于母体子宫收缩的力量（阵缩），是分娩的主要动力；二是来自母体腹壁肌和膈肌收缩的力量（努责），与阵缩协同对胎儿娩出起很大的作用。

（3）产犊过程的划分

①子宫开口期（又称第一产程）。从子宫开始阵缩到子宫颈充分开张为止。在开口期，母畜出现临产前的行为变化，如子宫颈管黏液塞开始软化，透明索状吊在阴门外，离群静卧或时起时卧、尾根抬起常作排尿姿势。如发生子宫扭转，子宫颈不能开张，观察不到位就会出现胎儿气肿或死亡。

②胎儿排出期（又称第二产程）。从子宫颈充分开张，胎囊及胎儿前置部分进入阴道，母畜开始努责，到胎儿完全排出为止。此时母畜一般侧卧，四肢伸直，强烈努责；当胎儿头部通过盆腔及阴门时，努责非常强烈并哞叫；助产绝大多数在此期间，因粗鲁操作、操作不当出现较多的问题。

③胎衣排出期（第三产程）。胎儿排出后努责停止，子宫肌继续收缩促进胎衣排出。如果母体继续有强烈努责，可能预示有双胎之一滞留，或预示将要发生子宫脱出，应采取适当措施。

2. 接产技术

（1）接产前准备，产房内所有接产物品、药品及器械配套。如缩宫素、止血药、抗菌药、静脉补液药及急救药品；消毒药，如碘酊棉、75% 酒精棉、新洁尔灭、来苏尔等，长臂手套、产科钳、石蜡油助产器、照明设备。将出现产犊征兆（举尾、尿频、起卧不安、漏乳等）的牛及时转入产房在产床上进行分娩。注意在转群之前发现浆泡或浆泡破裂的牛禁止转群。

（2）正常分娩 ，在巡查产房过程中登记浆泡出现时间，观察母牛体质情况之后不间断地观察牛在每 15 分钟内的产犊进展，浆泡破裂后，如果胎儿正常时三件（唇及二蹄）俱全，表明胎位胎势正常，此时只需给予关注，让其自然分娩，不必人工干预。

（3）不正常情况的助产， 处理所谓不正常情况，是指在严密观察跟进的前提下，在预定的时间没有达到预定的产程。出现不正常情况应该及时进行检查，以确定胎儿及产道情况，再决定对策。

不正常情况的干预：①当母牛出现不安或反复起卧等临产征兆 4 小时后仍未见露泡；②当露泡 1 小时仍不见胎蹄出现进展；④母牛强力努责超过 30 分钟没有见胎蹄露出或努责时胎蹄露出，停止努责后又退缩回去；⑤仅一只胎蹄露出或两只露出阴门的胎蹄蹄底朝上（可能是倒生）。

3. 难产的助产

助产的目的是保全母子平安，避免母牛生殖器官与胎儿的损伤。

（1）助产原则　要根据难产原因确定助产方法，不能随便强拉或打针。胎位不正的要进行调整矫正，产力缺乏的可进行牵拉或注射催产素。

（2）助产步骤

①消毒。当母牛即将分娩时，用绷带缠好尾根，拉向一侧系于颈部。再将阴门、肛门、尾根及后躯擦洗干净，用 0.1% 高锰酸钾消毒。接产人员指甲剪短磨光，手臂消毒。

②胎位矫正。随着母牛的阵缩，胎包和胎儿逐渐进入产道，待破水后应通过直肠或阴道来检查胎位，胎位不正者应及时调整。

头颈弯向一侧、两腿已伸出产道。如果胎小，产道润滑，扭转不严重时，可用手将其头搬正。反之，胎大，产道干燥，扭转严重，先将已伸出的两肢推回，同时将弯向一侧的头颈搬正。

头颈下弯，头颈弯于两前肢之间或侧面。将伸出产道的胎肢送回子宫，手沿着胎畜的腹侧深入，至胎畜嘴唇端时以手兜着胎畜嘴唇和下颌，用助产叉顶住胎畜的肩部将躯干顶进，将胎头拉出伸直，扳正胎头。

头向后仰或头颈扭转。如胎头稍偏，用手握住唇部将头拉正位即可。如胎头后仰或扭转严重，先将胎畜推进子宫，并进行矫正后，再以正位拉入产道。前肢以腕关节屈曲伸向产道引起难产时，将胎畜推回子宫，术者手深入产道，握住不正前肢的蹄子，尽力向上抬，再将蹄子拉入骨盆腔内，就可拉直前肢。后肢姿势不正，多发于倒生胎畜的后腿髋关节屈曲，伸向前方，称坐生，此时，和前肢的矫正方法相同，矫正后要尽快强行拉出胎儿，拉出后，要倒控胎儿，使羊水从鼻孔和口腔排出。

牵拉。若产程过长或产力不足，胎水已排出而胎头未露时，应及时牵拉，如一人牵拉有困难，可用产科绳套住胎畜的前肢或某一部位，助手帮助牵拉。牵拉时要配合母牛努责的节律，来确定牵拉的力量、方向和时间，不能持续用猛力，以免损伤产道，胎儿臀部将要排出时，应慢用力，以防子宫脱出；头部通过阴门时，应用手护住阴唇，避免撑破撕裂。

药物使用。产力不足者可配合注射催产素 8 ～ 10 mL，必要时 20 ～ 30 分钟后可重复注射一次。产道不滑润的，可注入消毒过的石蜡油。

⑤胎儿护理。当胎儿唇部或头部露出阴门外时，如果上面覆盖着羊膜，可将其撕破，并把胎儿鼻孔内的黏液擦净，以利呼吸。

⑥果断措施。矫正胎位无望以及子宫颈狭窄、骨盆狭窄，拉出确有困难的，可实行剖腹产术或截胎术（弃子保母），胎畜已死的同样采取截胎术。

4. 助产后的护理

产后的母牛用 0.1% 高锰酸钾冲洗产道及阴户，还可用青霉素粉撒入产道，胎衣不下的要及时治疗。产后的母牛应尽快喂饮 35 ～ 38℃的“麸皮盐钙”汤，饮足为止。

胎儿产出后，立即将其口鼻内的羊水擦干，身体上的羊水可让母牛舔干，这样母牛可因吃人羊水（内含催产素）而使子宫收缩加强，利于胎衣排出，并可增强母子关系。脐带未断的及时断脐，注意不要留得太长。一般距胎儿的腹壁 5 ～ 8 cm 处进行钝性剥离。断脐后将脐带在 5% 碘酒内浸泡片刻或在其外面涂以碘酒，如脐带有持续出血，须加以结扎。

胎儿产出后，应尽早吃上初乳，对暂时不能站的胎儿可进行人工挤奶，用犊牛专用大奶瓶实行人工哺乳。

（四）新生犊牛的护理

犊牛由母体产出后应立即做好如下工作：即消除犊牛口腔和鼻孔内的黏液，剪断脐带，擦干被毛，饲喂初乳。

1. 清除黏液

犊牛自母体产出后，应立即清除其口腔及鼻孔内的黏液，以免妨碍正常呼吸或者将黏液吸入气管及肺内导致疾病。首先要清除口鼻内黏液；至于躯体上的黏液，正常分娩时，母牛会立即舔舐，否则需要人工擦拭，以免犊牛受凉，尤其是在环境温度较低时，更应及时进行清理。母牛舐食犊牛身上的黏液，有助于犊牛呼吸，唾液中的溶菌酶还可预防疾病，而且黏液中的催产素可促进母牛子宫收缩，有利于排出胎衣和加强乳腺分泌活动。

若犊牛产出时将黏液吸入气管内，造成呼吸困难时，可握住犊牛的两后肢将其提起，让犊牛头部向下，轻轻拍打犊牛胸部，迫使犊牛吐出黏液并开始自主呼吸。若一人操作有困难，可两人合作完成这个过程。也可用稻草搔挠小牛鼻孔或将冷水洒在小牛头部，以刺激其主动呼吸。

若犊牛产出时已无呼吸，但尚有心跳，说明处于“假死”状态，可在清除其口腔及鼻孔黏液后，将犊牛在地面摆成仰卧姿势，头侧转，按每 6 ～ 8 秒一次的节奏，按压与放松犊牛胸部，帮助进行人工呼吸，直至犊牛能自主呼吸为止。

2. 正确断脐

在清除犊牛口腔及鼻孔黏液以后，如脐带尚未自然扯断，应进行人工断脐。方法是挤出脐带潴留的血液，在距离犊牛腹部 8 ～ 12 cm 处，两手卡紧脐带，往复揉搓脐带 1 ～ 2 分钟，然后，在揉搓处的远端，用消毒过的剪刀剪断脐带，挤出脐带中的黏液，并将脐带的残部放入 5% 的碘酊中浸泡 1 分钟进行消毒。

犊牛脐带在生后 1 周左右自然干燥脱落。犊牛出生 2 天后，应检查脐部情况，当发现不干燥并有炎症迹象时，可用碘酊消毒，不干且肿胀者，可确定为脐炎，应及时请兽医进行治疗。发生脐炎时，小牛表现沉郁，脐带区红肿并有触痛感。脐带感染能很快发展成败血症，若治疗不及时，常引起死亡，造成不应有的损失。

3. 编号、称重、标记

犊牛出生后应称初生重，对犊牛进行编号，对其毛色花片、外貌特征（有条件时可对犊牛进行拍照）、出生日期、谱系等情况作详细记录。

标记的方法有画花片、剪耳号、打耳标、颈环数字法、照相、冷冻烙号、剪毛及书写等数种，可根据养牛场实际情况选用。

4. 早喂初乳

犊牛出生后，要尽快让犊牛吃上初乳，这是保证犊牛成活率的关键措施。初乳是母牛产犊后 5 ～ 7 天内所分泌的乳汁，颜色深黄，形状黏稠，成分和 7 天后所产常乳差别很大，尤其第一次初乳最重要。第一次初乳所含干物质是常乳的 2 倍，其中，维生素 A 是常乳的 8 倍，蛋白质是常乳的 3 倍。初乳中含有丰富的盐类，其中镁盐比常乳高 1 倍，使初乳具有轻泻性，犊牛吃进充足的初乳，有利于排出胎便。初乳酸度高，进入犊牛的消化道后，能抑制肠胃有害微生物的活动。另外，初乳中含有的溶菌酶和 K-抗原凝集素，也具有杀菌作用。初乳的这些特性和营养物质，是初生牛犊正常生长发育必不可少的，并且其他食物难以取代。最为重要的是，初乳中含有大量免疫球蛋白，具有抑制和杀死多种病原微生物的功能，使犊牛获得最初的免疫力；而初生牛犊的小肠黏膜又能直接吸收这些免疫球蛋白，这种特性随着时间的推移而迅速减弱，大约在犊牛生后 36 小时即消失。研究证实，出生最初几个小时的犊牛，对初乳中免疫球蛋白的吸收率最高，平均达 20%（范围为 6% ～ 45%），而后急速下降，生后 24 小时，犊牛就无法吸收完整的抗体。所以、犊牛应在出生后 1 小时内吃到初乳，而且越早越好越充足越好。

出生 1 小时初乳的喂量应为 2 kg，12 小时内再喂 2 kg，以后可随犊牛食欲的增加而逐渐提高，出生的当天（生后 24 小时内）饲喂 3 ～ 4 次初乳，一般初乳日喂量为犊牛体重的 8%。从第 4 天开始，每天饲喂 4 kg，分 2 次饲喂。所以，犊牛出生后，应尽量早喂初乳和多喂初乳。待前期的工作（如清除黏液、断脐、称重、编号、标记）完成后，只要能自行站立，就应引导犊牛接近母牛乳房寻食母乳。一般情况下，犊牛可以自行完成，若有困难，则需要进行人工辅助哺乳。如果母牛分娩后死亡，可以从其乳房中把初乳全部挤出，温热后（切不可超过 40℃）喂给犊牛。若因母牛患病或其他原因导致初乳不能喂用时可用同期产犊的其他母牛作保姆，或按每千克常乳中加入 50 mg 新霉素（或等效其他抑菌素）、1 个鸡蛋、4 mL 鱼肝油，配成人工初乳代替，并喂一次蓖麻油（100 mL）以代替初乳的轻泻作用。5 天以后，只维持每千克奶加入 35 mg 新霉素，直至犊牛生长发育正常为止（21 ～ 30 天）。人工初乳效果远不如天然初乳。

二、哺乳期犊牛饲养管理

（一）哺乳期犊牛的饲养

1. 饲喂常乳

犊牛哺乳 1 周后，即可转入哺喂常乳，可采用随母哺乳、保姆牛哺乳和人工哺乳等 3 种方法进行哺喂。

（1）随母哺乳法。让犊牛和其生母待在一起，从哺喂初乳至断奶，一直采用自然哺乳。为促进犊牛发育和减轻母牛泌乳负担，有利于产后母牛正常发情，可在母牛栏旁边设置犊牛补饲栏，单独给犊牛补饲草料。

（2）保姆牛哺乳法。选择健康无病、气质安静、乳及乳头健康、产奶量中下等的乳用牛做保姆牛，按其产奶量，安排 1 ～ 3 头其母缺乳或母亲已死亡的犊牛，调教相认后，自由哺乳。犊牛栏内要设置饲槽及饮水器，以利于补饲。调教保姆牛接受犊牛，可把保姆牛的尿液或生殖道分泌物或其亲犊的尿液，涂于寄养犊的臀部和尾巴上。对于脾气暴躁的母牛，第一次让寄养犊吮乳时，要把保姆牛后肢捆绑起来，经多次吮乳，如果保姆牛已经承认寄养犊，就可停止捆绑，

（3）人工哺乳法。找不到合适的保姆牛或乳牛场淘汰的犊牛，多采用人工哺乳法。新生犊牛结束 5 ～ 7 天的初乳期后，开始哺喂常乳。哺乳时，可先将装有牛乳的奶壶，放在热水锅中进行加热消毒，不能直接在锅内煮沸，以防止乳清蛋白在锅底沉淀糊锅，降低奶的营养价值并增加有害因子。煮沸后，待冷却至 38 ～ 40℃时哺喂。1 周龄内每天喂奶 3 ～ 4 次：1 ～ 3 周龄每天喂奶 3 次：4 周龄以上，每天喂奶 2 次。

人工哺乳的喂乳量，1 ～ 2 周龄时，小型牛 3.7 ～ 5.1 kg，大型牛 4.5 ～ 6.5 kg；3 ～ 4 周龄时，小型牛 4.2 ～ 6 kg，大型牛 5.7 ～ 8.1 kg；5 ～ 6 周龄 4.4 ～ 6 kg；7 ～ 9 周龄 3.6 ～ 4.8 kg；10 ～ 13 周龄 2.6 ～ 3.5 kg；14 周龄以后 1.5 ～ 2.1 kg。全期用奶量为 400 ～ 540 kg，

2 ～ 3 周龄以内的犊牛，宜用带橡皮奶嘴的奶壶喂奶。可用小刀在橡皮奶嘴顶端割一个“十”字形裂口，目的是在犊牛吃奶时，必须用力吮吸奶嘴才能吸到乳汁。当犊牛用力吮吸橡皮奶嘴时，由于分布在口腔的神经感受器受到刺激可使食管沟完全闭合成管状，乳汁由食管沟全部流入皱胃。同时，由于吮吸速度较慢，乳汁在口腔中能充分与唾液混匀，到达皱胃时，能较快凝固成疏松的乳块，有利于乳汁的消化。

若把橡皮奶头剪成孔状或裂口过大时，由于吸奶毫不费劲，会使犊牛饮奶过急，食管沟往往闭合不全，乳汁进入瘤胃，使犊牛生病。乳汁在口腔中未能与唾液充分混合，到达皱胃后凝固成较坚硬的凝乳块，难以消化，甚至会堵塞皱胃与十二指肠连接的幽门，使皱胃内容物不能下移，造成皱胃扩张、小肠梗塞，严重时甚至导致死亡。

若改用桶喂时，要用手顶着犊牛嘴，以控制其吮乳速度，使每头犊牛吃奶时间不短于半分钟，最好 1 分钟以上。

喂奶前，应该将犊牛拴系牢固，使其不能互相舔吮。每次喂奶之后，要用干净毛巾将犊牛口、鼻周围残留的乳汁擦干净，一直拴系到其吸吮反射停止后再放开（约 10 分钟）。犊牛吃奶后若互相吸吮，常使被吮部位发炎或变形，或者将牛毛吞咽到胃肠中缠成毛团，堵塞肠管，危及生命。若形成恶癖，则可用细竹条（切忌用粗棒）抽打嘴头，多次即可纠正。

要经常观察犊牛的精神状态及粪便。健康的犊牛，体形舒展，行为活泼，被毛柔顺而有光泽；若被毛杂乱而蓬松，垂头弓腰，行走蹒跚，咳嗽，流涎，叫声凄厉，则是有病的表现。若犊牛粪便变白、变稀，往往是消化不良的表现，与吃奶过多有关，此时只需减少 20% ～ 40% 的喂奶量，并在奶中加入 30% 的温开水饲喂，配合减慢吮乳速度，不必使用药品，也可很快痊愈。

2. 早期断奶

为减少犊牛用奶量，把哺乳期缩短到 3 个月以下，可早期进行断奶。最适的哺乳期，是喂 3 天初乳之后，改用代用乳。但目前多采用 5 周龄断奶，总月奶量约为 100 kg，这种方法较为经济易行。哺乳期越短，喂犊牛的代用乳质量要求越高，成本也就随之而增加。例如，吃 7 天初乳后断奶，喂用人工代乳粉的配方是：脱脂乳粉 69%，乳化脂肪 24%，乳糖 5.3%，磷酸钙 1.2%，每千克代乳粉中加入 35 mg 新霉素及适量维生素 A 和维生素 D。使用时，每千克代乳粉中加入 7.5 kg 水，按正常喂奶量喂给犊牛，也可干喂。

干喂法，是从 15 日龄开始在代乳料中拌入少量奶，引诱犊牛采食，待犊牛会吃后停止加奶。早期断奶的犊牛，在饲喂人工乳或代乳料初期，易发生消化不良以至下痢。为减少这些疾病的发生，必须在 7 ～ 15 日龄接种瘤胃微生物，即在成年牛反刍时，将其口腔内食物取出，塞少许到犊牛口中。对初生重过小或瘦弱的犊牛，可延长哺乳期。气温过低的季节，也应适当延长哺乳期。

3. 及时补饲

为满足犊牛营养需要和早期断奶，促进犊牛前胃发育并锻炼消化能力，应及时补饲植物性饲料，可从 7 ～ 10 日龄开始训练采食干草。在犊牛栏草架上放置优质干草，供其随意采食。

从 7 天起，训练采食精饲料。开始时，在喂完奶后，将料涂在牛嘴唇上诱其舔食。精料可用玉米面加少量食盐煮成稀粥，并加入少量牛乳。也可将玉米、麦麸、大麦混合粉碎，加入骨粉、食盐，混合成干粉料或煮粥使用。经 2 ～ 3 日后，可在犊牛栏内放置饲料盘，任其自由采食，当犊牛每天采食量超过 0.5 kg 时，按培育方案及抽查日增重，决定每日补料量。

需要注意的是，8 周龄前的犊牛，不宜多喂青贮饲料，也不宜喂秸秆饲料，可以补给少量切碎的胡萝卜等块根、块茎饲料，开始时，每日喂量 20 ～ 30 g，到 2 月龄时，每日喂量 1 ～ 1.5 kg，到 3 月龄时，每日喂量可增加至 2 ～ 3 kg。青贮饲料可从 2 月龄时饲喂，喂量也要由少到多，3 月龄每日喂量 1.5 ～ 2 kg，4 ～ 6 月龄增加到 4 ～ 5 kg。

4. 充足饮水

牛奶中的水分含量不能满足犊牛正常代谢的需要，必须让犊牛尽早饮水。开始时，可在两次喂奶之间，饮 36 ～ 37℃的温开水；10 ～ 15 日龄后，改饮常温水；5 周龄后，可在运动场内备足清水，任犊牛自由饮用。

（二）哺乳期犊牛的管理

1. 去角

犊牛去角的好处，一是便于统一管理，二是防止成年后相互攻击造成损伤。去角的适宜时间是出生后 7 ～ 10 天，此时，牛角生长不完善，容易去除。牛犊具有一定的抵抗能力，去角一般不会产生疾病。

常用的去角方法有电烙法和固体苛性钠法 2 种。

（1）电烙法。需要使用 200 ～ 300 W 的电烙器。将电烙器的烙头砸扁，使其宽度刚好与牛角生长点相称，加热到一定温度，牢牢地压在牛角基部，直到其下部组织烧灼成白色为止。烧烙时间不宜太长，以防烧伤下层组织。烙完后，涂以青霉素软膏或硼酸粉。随母哺乳的犊牛，最好采用电烙法去角。

（2）苛性钠法。在牛角刚鼓出但未硬时进行操作，并且需要在晴天且哺乳后进行。具体方法是：先剪去牛角基部的被毛，再用凡士林涂一圈，防止苛性钠药液流出伤及头部和眼部，然后用棒状苛性钠沾水涂擦牛角基部，直到表皮有微量血渗出为止。

用苛性钠处理完后，要将犊牛单独拴系，以免其他犊牛舔食伤处腐蚀口舌造成伤害；也能避免犊牛感觉不舒服磨擦伤处，那样会增加渗出液、延缓痊愈期。同时，还要防止犊牛淋雨，以免雨水将苛性钠冲入犊牛眼中。苛性钠去角后，伤口一般需要 1 ～ 3 天才能变干，在伤口未变干前，不宜让犊牛吃奶，以免腐蚀母牛乳房皮肤。

夏季蚊蝇多，犊牛去角后，要经常进行检查，若发现去角处化脓，初期可用双氧水冲洗，再涂以碘酊；若已出现由耳根到面部肿胀的症状，须进一步采取消炎措施。

2. 编号

给肉牛编号便于管理。将编号记录于档案之中，以利于育种工作的进行。养牛数量较少时，可以给每头牛命名，从牛毛色和外形的差异上，可以把牛清楚地区分开来。但养牛数量多时，想清楚地把牛区分开，可能就比较困难了。所以，将编号可靠地显示在牛的身上（也称为打号），就是一个简便易行且十分有效的区分办法。给肉牛编号，最常用的方法是按肉牛的出生年份、牛场代号和该牛出生的顺序号等进行编号。习惯上，将头两个号码确定为出生年，第 3 位号码代表分场号，以后为顺序号，例如 981103，表示 98 年出生、1 分场、第 103 号牛。有些编号方法，是在数码之前还列字母代号，表示性别、品种等。各养牛场可根据本场实际，确定适合本场的编号原则。

生产上常用的打号方法有剪耳法、金属耳标法、塑料耳标法、热烙打号法、冷冻打号法等多种。

（1）剪耳法。用剪号钳在牛的耳朵不同部位剪上豁口，以表示牛的编号。小型牛场可采用此法。剪耳法宜在犊牛断奶之前进行。剪口要避开大血管，以减少流血。剪后用 5% 碘酒处理伤口。剪耳编号的原则是：左大右小，下 1 上 3, 公单母双。剪耳编号标识比较容易，缺点是容纳数码位数少，远处难看清，外观上也不美观。

（2）金属耳标法。通常用合金铝冲压成阴阳两片耳标，用数字钢錾在阴阳两片外侧面分别打上牛的编号，然后把阴片中心管穿过牛耳朵下半部毛发较稀无大血管之处，阳片在耳朵另一侧，把中心管插入对侧穿过来的阴片中心管中，再用专用耳号钳端凸起夹住两侧耳标中心孔用力挤压，使阴阳两片中心管口撑大变形加以固定。手术处需要用 5% 的碘酒消毒。此法美观、经济，但金属耳标面积小，如果不抓住牛仔细辨认，就很难看清编号。

（3）塑料耳标法。用耐老化、耐有机溶剂的塑料，制成软的耳标，用塑料染色笔把牛的编号写到耳标正面，然后，把耳标拴在牛耳下侧血管稀少处，穿透牛耳穿过耳标孔，把耳标卡住。此法由于塑料可制成不同色彩，使其标志更加鲜明，并可利用不同颜色代表一定内容。由于耳标面积较大，所以数码字也较大，标识比较清晰，即使距离 2 m 也能看清，故此法使用较广，但缺点是放牧时易丢失，所以要及时检查，一旦发现丢失应及时补挂。

（4）热烙打号法。在犊牛阶段（近 6 月龄时），将犊牛绑定牢靠，把烧热的号码铁按在犊牛尻部，烫焦皮肤，痊愈后，烫焦处会留下不长毛的号码。使用这种方法，热烙打号时肉牛很痛苦，会极力挣扎，从而影响操作，常会将皮肤烫成一片焦灼而不显字迹；同时，若烫后感染发炎，也会使字迹模糊不好辨认。但此法也有优点，那就是编号能终身存在于肉牛体表，字体随肉牛生长而变大，几米以外均可看清，并且成本低，所以，生产上使用较多。

（5）冷冻打号法。冷冻打号法是以液态氮将铜制号码降温到 −197℃，让犊牛侧卧，把计划打号处（通常在体侧或臀部平坦处）尽量用刷子清理干净，用酒精湿润后，把已降温的字码按压在该处。冷冻打号时，肉牛不感到痛苦，容易获得清晰的字迹。缺点是操作繁琐，成本较高。

3. 分栏分群

肉用犊牛大都随母哺乳，一般不需要分群管理。少数来源于乳牛场淘汰的公犊，在采用人工哺乳方法时，应按年龄分群分栏饲养，以便喂奶与补饲管理。

4. 防暑防寒

冬季天气严寒、风大，特别是在我国北方地区，恶劣的气候条件对肉牛影响很大，要注意人工饲喂犊牛舍的保暖，防止穿堂风。若是水泥或砖石地面，应多铺垫麦秸、锯末等较为松软的垫料，舍温不可低于 0℃（没有穿堂风，可不低于 −5℃），防止冻伤。

夏季炎热季节，运动场内应有凉棚等防暑设施，让肉牛乘凉休息，防止发生中暑。

5. 刷拭

犊牛基本上在舍内饲养，其皮肤易被粪便及尘土所黏附，形成脏污不堪的皮垢，这样不仅降低皮毛的保温与散热能力，也会使皮肤血液循环受阻，容易患病。所以，刷拭牛体很有必要。每日应至少刷拭 1 次牛体，保持犊牛身体干净清洁。

6. 运动

运动对促进犊牛的采食量和健康发育都很重要。随母哺乳的犊牛，3 周龄后可安排跟随母牛放牧。人工哺乳的犊牛，应安排适当的运动场。犊牛从出生后 8 ～ 10 日龄起，即可开始在犊牛舍外的运动场做短时间的自由运动，以后逐渐延长运动时间。如果犊牛出生在温暖的季节，开始运动日龄还可早些。活动时间的长短，应根据气候及犊牛日龄来掌握，冬天气温低的地方及雨天，不要使 1 月龄以下的幼犊到室外活动，防止受寒后应激发生疾病。

7. 消毒防疫

要及时打扫牛舍，保持舍内清洁卫生。犊牛舍或犊牛栏要定期进行消毒，可用 2% 火碱溶液进行喷洒，同时用高锰酸钾溶液冲洗饲槽、水槽及饲喂工具。对于犊牛，还应根据当地疫病特点，及时进行疫苗注射，防止发生传染性疾病。

8. 建立档案

后备母犊应建立档案，记录其系谱、生长发育情况（体尺、体重）、防疫及疫病治疗情况等。

第二节　育成牛饲养管理

5 ～ 6 个月龄断奶以后，直到 2.5 岁左右的正在生长发育的牛，习惯上称之为育成牛。育成牛正处于生长发育较快的阶段，一般到 18 月龄时，其体重应该达到成年时的 70% 以上。育成阶段生长发育是否正常，直接关系到牛群的质量和养牛场的经济效益，因此，必须对育成牛群给予合理的饲养管理。

一、育成母牛的饲养管理

（一）育成母牛的特点

1. 生长发育速度快

牛的头、腿、骨骼、肌肉等，在育成阶段迅速生长，体型发生巨大变化。但因年龄不同，其生长发育程度也有差异。育成牛按月龄不同，可分为小育成牛（6 ～ 12 月龄）、大育成牛（12 ～ 18 月龄）和青年牛（18 月龄到初产前）。据研究，6 月龄时，育成牛体高比初生时增长36.4%，体长增长51%，胸围增长63%，腹围增长92%，体重增长4.3倍。12月龄时，育成牛体高比初生时增长55.4%，体长增长79%，胸围增长100%，腹围增长130%，体重增长7.7倍。18月龄时，育成牛体高比初生时增长70%，体长增长98.6%，胸围增长125%，腹围增长155%，体重增长10.7倍。

2. 瘤胃发育变化大

12月龄时，瘤胃容积占胃总容积的75.5%，接近成年牛的容积。

3. 生殖器官变化多

6～9月龄时，母牛的卵巢上出现成熟的卵泡，开始发情排卵。15～16月龄时接近体成熟。16月龄后，体重增加很快，有的已达到360～400 kg，可开始配种。育成母牛妊娠后，生殖系统发生急剧变化，乳腺组织生长迅速，乳腺导管数量增加。到妊娠后期，乳房结构达到活动乳腺的标准状态。

（二）育成母牛的饲养

在不同年龄阶段，育成母牛的生理变化与营养需求不同。断奶至周岁的育成母牛，逐渐达到生理上的最高生长速度，而且在断奶后，幼牛的前胃相当发达，只要给予良好的饲养条件，即可获得理想的日增重。

1. 饲料搭配

在组织育成母牛日粮时，宜采用较好的粗料与精料搭配饲喂。粗料可占日粮总营养价值的50%～60%，混合精料占40%～50%，到周岁时，粗料逐渐加到70%～80%，精料降至20%～30%。

用青草作粗料时，采食量折合成干物质增加20%。在放牧季节，可少喂精料、多食青草。舍饲期中，应多用干草、青贮和根茎类饲料，干草喂量（按干物质计算）为体重的1.2%～2.5%。青贮和根茎类饲料，可代替干草量的50%。不同的粗料，要求搭配的精料质量也不同。用豆科干草作粗料时，精料须含8%～10%的粗蛋白质；若用禾本科干草作粗料，精料蛋白质含量应为10%～12%；用青贮料作粗饲料，精料应含12%～14%的粗蛋白质；以秸秆为粗料，要求精料蛋白质水平更高，应该达到16%～20%。

1周岁以上的育成母牛，消化器官的发育已接近成熟，消化力与成年牛相似，饲养粗放一些，能促进消化器官的机能。至初配前，粗料可占日粮总营养价值的85%～90%。如果吃到足够的优质粗料，一般都能满足营养需要；如果粗料品质较差，要补喂一些精料。在此阶段，由于母牛运动量加大，所需营养也加大，配种后至预产前3～4个月，为满足胚胎发育及营养贮备的需要，可适当增加精料喂量；与此同时，日粮中还须注意补充矿物质和维生素A，以免影响胎儿发育，防止造成产后胎衣不下。

2. 放牧饲养

无论对任何品种的育成牛，放牧均是首选的饲养方式，养牛场应根据当地青绿饲料的特点，对育成牛群进行放牧饲养。放牧有如下好处。

（1）有利于获得多种营养。育成牛放牧饲养，可以让牛吃到多种多样的野生天然饲草，既能增进食欲，促进瘤胃消化功能进一步完善，又有利于满足肉牛对各种营养物质的需要。放牧饲养还能在一定程度上改善牛肉的风味，有利于提升产品质量。

有利于保持体质健壮。育成牛野外放牧，牛群运动充足，有利于增强体质，特别是能够减少消化系统疾病和肢蹄病的发生；野外环境空气新鲜、光照充足，有利于牛群保健。另外，野外放牧可以进行充足的日光浴，这会使肉牛皮肤中的7-脱氢胆固醇转化成为维生素D，促进钙的吸收和利用，促进骨骼钙化和肉牛生长发育。

有利于降低饲养成本。育成牛野外放牧，既利用了营养丰富、优质廉价的各种天然饲草，又节省了劳力资本和精料、粗料的资金投入，从而可以达到降低饲养成本、提高经济效益的目的。这是育成牛放牧饲养的基本目标。

放牧注意事项。

①按性别组群放牧。育成牛放牧饲养具有多种优势，因此，除冬季严寒、枯草期缺乏饲草的地区外，其他合适的区域和季节均应放牧饲养。6月龄以后的育成牛，必须按性别分别组群放牧。分群放牧的主要目的，是避免野交杂配和小母牛过早配种。野交乱配会出现近亲交配现象，或者与无种用价值的小牛交配，导致肉牛后代体质和生产性能退化。同时，若母牛过早交配，还会影响其正常的生长发育，使肉牛成年时达不到应有的体重标准，影响产品性能指标，而其所生育的犊牛也会先天不足、生产能力低下。这些无疑都会给肉牛生产造成不必要的损失。

若牛群数量较小，没有条件将公母分群，可对部分育成公牛作附睾切割手术（相当于输精管切割，需要专业兽医操作），这样做，可以在保留睾丸并维持其分泌性激素生理功能的前提下，避免随机交配产生的意外受孕现象。在合理的营养条件下，公牛的增重速度、饲料转化效率、胴体瘦肉率等，均明显高于阉牛，另外，公牛肉的滋味和香味也比阉牛好一些。因此，饲养公牛生产牛肉，成本低、收益高、效果好。

②放牧后补饲。放牧青草能让育成牛吃饱时，日增重大多能达到400～500 g，在这种情况下，肉牛回圈舍后，可不必另行补饲干草或精料。但在春季牧草返青或初冬牧草枯萎时，牧草量少、营养不足且适口性差，放牧牛群必须每天补饲干草或精料。补饲时机应选在牛群回圈休息一段时间之后，一般在夜间补饲为好。如果回圈后立即补饲，往往会使牛群养成回圈路上拥挤奔跑的习惯，这样会使牛群体力消耗过大，从而影响增重效果。另外，夜间补饲不会降低白天放牧采食量，有利于充分利用野生牧草资源。

③注意时间安排。放牧并非一年四季都可进行，要注意选择合适的时间。冬天气候寒冷，不宜放牧，最好采取舍饲的方法，以秸秆为主，稍加精料，以维持牛群健康的体质和较好的日增重。春天牧草刚返青时，尽量不要放牧，以免肉牛“跑青”造成体力透支而影响增重。另外，刚返青的牧草不耐践踏和啃咬，过早放牧会加快草地退化，

不但影响当年的产草量，还会影响草场以后的产草量，不利于草场的可持续发展。一般情况下，在牧草平均生长到超过 10 cm 时，即可开始放牧。最初放牧 15 天，通过逐渐增加放牧时间和放牧范围，让肉牛慢慢适应，如果不加限制，肉牛突然大量采食青草，往往会发生臌胀、水泻等疾病，严重影响体质健康和日增重。每次放牧的时间，视牛群采食情况而定，夏季应早出晚归，避开炎热的中午，避免牛群在烈日下长时间暴晒。

④注意补充矿物质。肉牛饲料中需要添加食盐及其他矿物元素，这些添加物要准确配合在饲料中，保证让每头牛每天都能食入合适的矿物剂量。矿物元素不能集中饲喂，尤其是铜、硒、碘、锌等微量元素，日常所需剂量很小，饲料中添加剂量稍大便会引起中毒，甚至导致死亡，而在缺乏时，则明显影响肉牛的生长发育。常用的矿物添加制剂，主要产品形式是舔砖。最普通的舔砖只含有食盐，可让肉牛自行舔食，肉牛感觉满足需要后即可停止舔食，一般不会引起中毒。功能较全的舔砖，除食盐外，还含有各种矿物元素，虽然营养全面，但在使用时，应注意微量元素种类和含量是否适合当地土壤和水源的特点，不能盲目采购、胡乱使用。还有含尿素、双缩脲等增加非蛋白氮的特种舔砖，也可根据实际情况合理选用。舔砖外形方圆不等，每块重 5 ～ 10 kg，一般放置在肉牛喝水和休息的地方，肉牛即可自行舔食。

⑤供给充足饮水。水是牛体组织的重要组成部分，犊牛体内含水量高达 70%，成年牛体内含水量也达 50% 以上。清洁的饮水，对肉牛十分重要，缺水不但影响饲料的消化和营养物质的吸收，还会引起瓣胃阻塞，甚至导致肉牛死亡。肉牛体格高大，每日需水量较多，按成年牛计算（6 个月以下犊牛相当于 0.2 头成年牛，6 个月至 2 岁半小牛相当于 0.5 头成年牛），每头牛每天需喝水 10 ～ 50 kg。

肉牛每日饮水量与气候、饲料组成等因素密切相关，吃青草时饮水较少，吃干草、枯草、秸秆时饮水相对较多，采食高蛋白、高能量、矿物质丰富的日粮时，需水量较平时增加 22% ～ 100%；夏天饮水多，冬天饮水少，气温在 10℃以下，每采食 1 kg 干物质需要 3.1 ～ 3.5 kg 水，而在 27℃以上的环境条件下，每采食 1 kg 干物质则需要 5.5 kg 水。放牧肉牛，要重视解决饮水问题，只有饮水充足，才能让肉牛吃得饱长得好。饮水地点距放牧地点要近些，最好不要超过 5 km，水质要符合卫生标准。每天让肉牛饮水 2 ～ 3 次。若放牧地没有泉水，溪水等可靠的水源，也可修筑蓄水池，以利于集蓄雨水供肉牛饮用。

⑥选好放牧地。放牧地的临时牛圈，要选在高旷、易排水、坡度小（2% ～ 5%）的地方，夏天有阴凉之处，春秋应背风、向阳、暖和，不得选在悬崖边、山崖下、雷击区、河流边、低洼处或坡度过大处。1 周岁之前的育成牛、带犊母牛、妊娠最后两个月的母牛以及瘦弱的肉牛，可在牧草较丰盛、地区较平坦、离临时牛圈较近的区域放牧，尽量不要让其走远路。为减少牧草浪费和提高草地（山坡）载畜量，可分区轮牧，每年都留出一部分地段，让其在秋季处于休牧状态，让优良牧草有开花结籽、扩大繁

殖的机会。若有其他家畜同时在区域内放牧，为减少牧草浪费，可采取先牧马、再牧牛、后牧羊的次序进行放牧。

⑦组群合适。放牧牛群的组成数量，要因地制宜。水草丰盛的草原地区，可选100～200头牛组成一群，农区、山区，可选50头左右的牛组成一群。群大可节省劳动力、提高生产效率、增加经济效益，但管理难度相对较大，管理者需要有丰富的经验。群小好管理，在产草量低的情况下，仍能维持适合于牛群特点的放牧行走速度，牛群生长发育比较一致。

3. 舍内饲养

舍饲可分为小围栏饲养、定时拴系饲养、大群散放饲养等几种形式。

（1）小围栏饲养。每栏10～20头牛不等，平均每头牛占7～10 m^2。栏杆处设置饲槽和水槽，定时饲喂草料、自由饮水。利用牛群的竞食性，使采食量提高，可获得群体较好的平均日增重，但个体间不均匀，饲草浪费大。

（2）定时拴系饲养。我国采用最广泛的方法。此法可针对个体情况来调节日粮，使生长发育均匀，节省饲草，但劳动力和厩舍设施投入较大。

（3）大群散放饲养。全天自由采食粗料，定时补精料，自由饮水。此法与小围栏相似，但由于全天自由采食粗料，使饲养效果更好，省人工，便于机械化，但饲草浪费更大。我国很少采用此法。

舍饲牛上下槽要准时，如果随意更变上下槽时间，会使牛群的采食量下降，饲料转化率降低。每日3次上槽效果较2次好。

（三）育成母牛的管理

1. 分群

育成母牛最好在6月龄时分群饲养。公母分群，即将育成母牛与育成公牛分开，同时应以育成母牛年龄为标准，分阶段进行饲养管理。

2. 定槽圈养

拴系式管理的牛群，定槽是必不可少的管理措施，只有这样，才能使每头牛都有自己的牛床和食槽。

3. 刷拭

肉牛新陈代谢旺盛，主要通过毛孔、皮肤散发热量，又加上皮肤分泌物较多，因此，刷拭牛体很有必要。刷拭牛体既能清除体表污垢和寄生虫，保证皮肤毛孔不受堵塞、不受侵害，还能增加皮肤血液循环，保持皮肤健康。同时，每天定时刷拭皮肤，还能及时发现创伤，采取必要的处置措施。舍饲牛群每天应刷拭1～2次，每次3～5分钟。要细心刷拭牛体的每一个部位，刷下的毛发应收集起来，不能让牛舔食，刷下的灰尘不能落入饲料内。

4. 转群

育成母牛在不同生长发育阶段，生长强度不同，应根据年龄、发育情况合理分群，并按时转群，一般在12月龄、18月龄、定胎后或至少分娩前两个月共3次转群。转群前，结合称重与体尺测量，淘汰生长发育不良的个体，剩下的转群。最后一次转群，是育成母牛走向成年母牛的标志。

5. 初配

在18月龄左右，可根据生长发育情况，决定育成母牛是否接受配种。配种前一个月，应注意育成母牛的发情日期，以便在以后的1～2个情期内进行配种。放牧牛群发情有季节性，一般春夏季节发情（4～8月），生产上要注意观察，当母牛生长发育达到适配时间（体重达到品种平均的70%），应予以配种。

6. 防疫

春秋季节进行驱虫，并按期进行检疫和防疫注射。放牧的肉牛，最容易感染肝片吸虫、姜片吸虫、绦虫等寄生虫病，必须在放牧开始前和结束后，分别进行一次驱虫。

7. 防暑防寒

在建筑牛舍时，就应根据当地气候特点，考虑防暑防寒问题，同时，还应有计划地搞好场区绿化，为夏季防暑做好准备。在气温达到30℃时，应考虑搭凉棚或遮阴网等措施进行防暑。在北方地区则主要考虑防寒问题，整体来看，防暑重于防寒。

二、育成公牛的饲养管理

（一）育成公牛的饲养

育成公牛的生长比育成母牛快，需要的营养物质较多，尤其需要以补饲精料的形式，给肉牛提供足够的营养，以促进生长发育和性欲发展。对种用后备育成公牛，应在满足一定量精料供应的基础上，喂以优质青粗饲料，但在青粗饲料的供应上，应注意控制喂给量，防止形成草腹影响种用性能。非种用后备公牛，不必控制青粗饲料的喂量，其追求目标是经济效益，要求在低精料饲养条件下，仍能获得较大日增重。

育成种公牛的日粮中，精、粗料的比例依粗料的质量而异。以青草为主时，精、粗料的干物质比例约为55 ∶ 45；以青干草为主时，其比例为60 ∶ 40。在饲喂豆科或禾本科优质牧草的情况下，对于1周岁以上的育成公牛，混合精料中粗蛋白质的含量以12%左右为宜。

从断奶开始，育成公牛即与母牛分开饲养。育成种公牛的粗料不宜用秸秆、多汁类与渣糟类等体积大的粗料，最好用优质苜蓿干草，青贮可少喂些。6月龄后，日喂量应以月龄乘以0.5 kg为准；周岁以上，日喂量限量为8 kg；成年牛限量为10 kg，以避免出现草腹。另外，酒糟、粉渣、麦秸之类的粗饲料，以及菜籽饼、棉籽饼等饼类饲料，不宜用来饲喂育成种公牛。维生素 A 对睾丸的发育、精子的密度和活力等都有重要影响，应注意补充，不能缺乏。冬春季没有青草时，可使用大麦芽、白菜、萝卜、胡萝卜等饲料，以胡萝卜为例，每头育成种公牛日喂量为 0.5 ～ 1 kg 即可。日粮中还要补充完善各种矿物质成分。

（二）育成种公牛的管理

1. 分群

育成种公牛应与母牛分群饲养管理。育成公牛与育成母牛发育不同，对管理条件要求不同，如果公母混养，会造成饲料浪费，影响经济效益；同时，育成公牛活泼好动，其行为容易干扰母牛的成长。

2. 穿鼻

为便于管理，在育成公牛达到 8 ～ 10 月龄时，就应进行穿鼻带环。穿鼻用的工具是穿鼻钳，穿鼻的部位在鼻中膈软骨最薄的地方，穿鼻时将牛保定好，用碘酒将工具和穿鼻部位消毒，然后从鼻中膈正直穿过，在穿过的伤口中塞进绳子或木棍，以免伤口长住。伤口愈合后先戴一小鼻环，以后随年龄增长，可更换较大的鼻环。鼻环以不锈钢的为最好。用皮带拴系好，沿公牛额部固定在角基部，不能用缰绳直接拉鼻环。牵引时，应坚持左右侧双绳牵导。对烈性公牛，需用勾棒牵引，由一个人牵住缰绳的同时，另一人两手握住勾棒，勾搭在鼻环上以控制其行动。

3. 刷拭

育成公牛上槽后进行刷拭，每天 1 ～ 2 次，每次 3 ～ 5 分钟，保持牛体清洁。

4. 试采精

从 12 ～ 14 月龄后即应进行试采精。开始时，每月采精 1 ～ 2 次，到 18 月龄时，每周可采精 1 ～ 2 次。采精后，及时检查采精量、精子密度、精子活力及有无畸形精子，并试配一些母牛，看后代有无遗传缺陷，以决定是否留作种用。

5. 运动

育成公牛的运动关系到体质健壮，因为育成公牛有活泼好动的特点，加强运动可以提高体质，增进健康。一般上下午各进行一次，每次 1.5 ～ 2 小时，行走距离为 4 km，运动方式有旋转架、套爬犁或拉车等，也可在运动场自由运动。实践证明，运动不足或长期拴系，会使公牛性情变坏、体质下降、易患肢蹄病和消化道疾病。但运动过度或使役过劳，公牛的健康和质量同样会受到不良影响。

6. 防疫

同育成母牛一样，对育成公牛也应定期进行驱虫和防疫注射，以防止寄生虫病和传染病造成危害。

三、育肥场育成牛的饲养管理

（一）育成牛的饲养

育成牛是经过犊牛培育，由高营养水平转到较低的饲养水平，这一过渡要逐步进行。有充足草地放牧的条件，比较好饲养；草地条件较差时，应补饲优质干草或精料，使牛的生长发育不会受阻。补料水平依牛的体重和粗饲料质量而定，每头每日 1 ～ 2 kg，牧草质量不好则补 2.5 ～ 3.5 kg。为降低饲养成本，混合精料中可加入一定比例的非蛋白氮。饲料供给不足，牛的个体小，不能按时发情，喂得太肥也不易受孕。重要的是要达到正常初配体重。地方牛种和杂交牛要求 18 月龄体重达到或接近成年牛体重的 70%，大型乳用品种生长速度快，14 ～ 15 月龄体重达成年体重的 60%，只要正常发情，可以进行配种，因为此时体重多数达到 350 kg。为此有的养牛户在预计配种时间之前 15 ～ 20 天，每天给牛补料 1 ～ 2 kg，为了使牛达到一定体重，容易受孕。

放牧是饲养育成牛常用的方法，首先放牧有季节性，即使在雨、热资源丰富的亚热带地区，也有伏旱等干旱季节。利用天然草地，要测定牧草产量，根据载畜数量，估计牧草是否充足，如果不够，应给予补饲。人工草地要实行分区轮牧，并留出割草地调制干草收贮备用。有条件时，天然牧场也要分区轮牧，因为牛的放牧，要求牧草有一定高度，通常 20 cm 左右，如果牧草低，牛吃不饱还践踏草地，降低牧草产量。其次由舍饲到放牧注意逐步转变。舍饲期间采食秸秆、干草和精料，到春季可以放牧时往往出现所谓“跑青”现象，互相追逐挑选，不认真采食。或因贪食青草太多引起瘤胃臌胀、拉稀等消化道疾病，为此，一是早春控制放牧时间，逐渐延长；二是先喂少量秸秆再出牧。

育成牛需要各种矿物质元素，放牧期间，牧场上设立矿物质盐块舔砖，舍饲期间可放置一个盐盒和一个矿物质元素混合盐盒，让牛自由舔食。

（二）育成牛的管理

1. 公母分群

混群放牧影响牛的增重，乱配会降低后代质量，在无法分群的情况下，给公牛去势，请兽医按规定的操作执行，摘除睾丸。若为了育肥效果好，可做部分附睾的切割。舍饲时公母分舍饲喂，以提高饲养效果。

2. 驱虫

驱虫是正常的防疫保健手段。对放牧牛更为重要，至少春、秋两季进行驱虫，用片剂、针剂或按兽医的要求进行，驱虫前停食，提高驱虫的效果，驱虫后集中饲养，以便收集和处理排出的粪便，重点在第 2 ～ 4 天，驱虫后牛的饲养或肥育效果均会提高。

3. 称体重

生长牛饲养的目的是促进健康和快速生长发育，无论奶用或肉用牛都要通过体重和体尺来评定牛的生长发育状况，检查饲养效果，改进饲养方法。乳用品种母牛的体重是遗传选育的主要指标，要按规定的时间测定，并与同一品种合理饲养条件下的数据或品种标准进行对比。

鉴于家畜体重测量是一项重要的管理手段，是标志家畜生长发育程度和家畜生产性能的极为重要的经济指标，因此，测量是饲养者定期要做的工作。测量方法可以采用地磅、磅秤或电子秤直接称量。注意要在早晨喂料或放牧之前进行；如果对该数据要求准确性很高，则应连续两个早晨进行称重，取其平均值视为该家畜的体重。此外做好记录，包括时间、地点、家畜耳号、每次的重量（皮重、毛重等）、称量人员姓名等，以备日后查询、核对。

由于家畜体重指标非常重要，在不具备地磅和磅秤的情况下，可以通过测量家畜体尺估测体重。这一方法是经过科学技术人员反复试验研究出来的。考虑到家畜体重受体型条件、膘情、饲料种类及人为因素等的影响，估测的体重仍然比不上实际称量的准确，但在没有地磅与地秤的条件下，用同一估测方法所得结果，可作为家畜相互比较的依据，仍然具有实际应用价值。各地设计的估测公式很多，大多运用回归分析的方法，随着影响体重的因素变化，推导出的系数各不相同。

第三节　繁殖母牛饲养管理

一、妊娠母牛饲养管理

牛群繁殖母牛按照生理状况分为妊娠母牛、泌乳母牛和空怀母牛。生产上，要根据各阶段母牛的生理特点和营养需要，合理进行饲养与管理。

处于妊娠阶段的母牛，不仅本身生长发育需要营养，满足胎儿生长发育也需要大量营养，同时，还要为产后泌乳进行营养蓄积。所以，加强妊娠期母牛的饲养管理，保证充足的营养供给，使其能正常产犊和哺乳，意义重大。妊娠母牛饲养管理的重点，在于保持适宜的体况、做好保胎工作。

（一）妊娠母牛的特点

1. 食欲旺盛

母牛配种 20 ～ 30 天后不再发情，证明已经怀孕。怀孕后的母牛食欲旺盛、饮水量增加，被毛逐渐变得光亮，体重增加很快。随妊娠天数增加，孕牛开始喜食矿物质饲料。

2. 性情安静

怀孕母牛表现性情温顺，行动谨慎，举止安静，不乱跑乱跳，喜欢安静的环境。

3. 腹围增大

随妊娠时间延长，妊娠母牛腹围逐渐增大。由于胎儿发育需要大量氧气，而胎儿的增大又会压迫横膈膜，所以，孕牛会出现呼吸加快的表现，并且越到怀孕后期，呼吸加快的现象越明显，呼吸方式也由胸腹式呼吸变为腹式呼吸。

4. 粪尿频繁

妊娠中后期，母牛子宫不断扩大，腹腔容积减少，腹腔中内脏器官承受的压力越来越大，致使排粪排尿量少而频繁。

5. 胎动明显

母牛怀孕中期，乳房明显增大，乳头变粗。母牛怀孕后期（8 个月后），从体表即可看到胎动，胎动在饮用冷水或进食时更加明显。孕牛角上出现环状的凹沟。分娩前有初乳泌出。临产前，尻部陷下，有黏液从阴户流出。

母牛配种后，及时进行妊娠诊断很有必要，可以及时检出未妊娠母牛。一般可在配种后 60 ～ 90 天，采用直肠检查法。有条件的养牛场，可在配种后 30 ～ 60 天，采用超声波诊断；或在配种后 22 ～ 24 天，应用放射免疫或酶联免疫进行早期妊娠诊断；还可在配种后 30 ～ 60 天，取子宫颈口黏液加碱煮沸进行诊断等。

（二）妊娠母牛的饲养

1. 妊娠前期

妊娠前期是指母牛从受胎到怀孕 26 周这段时间。母牛妊娠初期，由于胎儿生长发育较慢，其营养需求相对较少，一般按空怀母牛进行饲养即可，可以优质青粗饲料为主，适当搭配少量精料补充料，但这并不意味着妊娠前期可以忽视营养物质的供给，若胚胎期胎儿生长发育不良，出生后就难以补偿，不但增重速度减慢，而且饲养成本增加。对怀孕母牛，只要保持中上等膘情即可，如果怀孕母牛过肥，也会影响胎儿的正常发育。

（1）放牧。妊娠前期的母牛，如果是在青草季节，应尽量延长放牧时间，一般可不补饲；若是在枯草季节，则应根据牧草质量和牛的营养需要，确定补饲草料的种类和数量。孕牛如果长期吃不到青草，维生素 A 缺乏，可用胡萝卜或维生素 A 添加剂来补充，冬季每头每天喂 0.5 ～ 1 kg 胡萝卜，另外应补足蛋白质、能量及矿物质。精料补加量每头每天 0.8 ～ 1.1 kg，精料配比，玉米占 50%、糠麸占 10%、油饼粕占 30%、高粱占 7%、石粉占 2%、食盐占 1%，每千克饲料中另加维生素 A10 000 国际单位。

（2）舍饲。妊娠期舍饲时，应以青粗料为主，参照饲养标准，合理搭配精饲料。以蛋白质含量较低的玉米秸、麦秸等秸秆饲料为主时，要搭配 1/3 ～ 1/2 的优质豆科牧草，再补加饼粕类饲料。没有优质牧草时，每千克补充精料加 15 000 ～ 20 000 单位维生素 A。每昼夜可饲喂 3 次，每次喂量不可过多。采取自由饮水方式，水温应不低于 10℃，严禁饮过冷的水。

2. 妊娠后期

妊娠后期一般指怀孕 27 周到分娩这段时间。此阶段主要以青粗饲料为主，适当搭配少量精料补充料。母牛妊娠最后 3 个月，是胎儿增重最多的时期，这段时间的增重，占犊牛初生重的 70% ～ 80%，胎儿需要从母体吸收大量营养，才能完成发育过程，所以，母牛怀孕后期，营养供应必须充足。同时，产后的泌乳也需要孕期沉积营养，一般在母牛分娩前，至少要增重 45 ～ 70 kg，才能保证产犊后的正常泌乳与发情。因此，从妊娠第 5 个月起，就应加强饲养，对中等体重的妊娠母牛，除供给平常日粮外，每日需补加 1.5 kg 精料，妊娠最后两个月，每天应补加 2 kg 精料。需要注意的是，万万不可将妊娠母牛喂得过肥，否则，会影响正常分娩，甚至导致难产。

（1）放牧。除了临近产期的母牛，其他母牛均可放牧饲养，放牧不但有利于采食营养丰富的牧草，保证母牛营养全面，同时，还有利于新陈代谢，有利于顺利生产。临近产期的母牛行动不便，放牧易发生意外，最好改为留圈饲养，并给予适当照顾，给予营养丰富、易消化的草料。

（2）舍饲。舍饲的怀孕母牛，应以青粗料为主，合理搭配精饲料。妊娠后期，禁喂棉籽饼、菜籽饼、酒糟等饲料，严禁饲喂变质、腐败、冰冻的饲料，以防引起流产。饲喂次数可增加到每天 4 次，但每次喂量不可过多。自由饮水，水温不低于 10℃。

（三）妊娠母牛的管理

1. 定槽饲养

除放牧母牛外，一般舍饲母牛配种受胎后即应专槽饲养，以免与其他牛抢槽、抵撞，造成损伤、导致流产。

2. 打扫卫生

每日坚持打扫圈舍，保持妊娠母牛圈舍清洁卫生，对圈舍及饲喂用具要定期消毒。

3. 刷拭牛体

每天至少 1 次，每次 5 分钟，以保持牛体卫生。

4. 适当运动

妊娠母牛要适当运动，以增强母牛体质、促进胎儿生长发育，还可防止难产。妊娠后期 2 个月，可适当牵遛孕牛走上、下坡道路，这种运动方式可以促使胎位正常。

5. 料水合适

保证饲料、饮水清洁卫生，不喂冰冻、发霉的饲料，不饮脏水、冰水。要做到“三不”饮水，即清晨不饮、空腹不饮、出汗后不急饮。

6. 注意观察

平时就应注意观察妊娠母牛，妊娠后期的母牛尤其应给予过多关照，一旦发现临产征兆，就要估计分娩时间，及时准备接产工作，认真做好产犊记录。

7. 及时接产

产前 15 天，将母牛转入产房，自由活动。母牛分娩时，应左侧位卧倒，用 0.1% 高锰酸钾清洗外阴部，出现异常则进行助产。

（四）母牛不孕的原因及解决措施

1. 先天性不孕

很多母牛由于先天性或后天以及遗传的原因，导致生殖器官的异常，或者发育畸形导致不孕。

解决措施：对于先天性的疾病而导致没有生育能力的母牛，建议尽快淘汰，更换新的母牛繁育。

2. 营养性不孕

母牛在生长时需足够的营养，如果饲喂时以粗饲为主，精料的饲喂量不足，或者精料配比不合理，导致母牛营养不良而发生不孕。但如果全部饲喂精料，而草料饲喂量不够，导致营养过剩，同样会导致母牛不孕。

解决方法；科学配制精料，定时定量饲喂精料，保持料槽里有草，青草干草搭配饲喂为最好，一般每天青年母牛喂食粗饲料 4 ～ 6 kg，精料 3 kg 以内。

3. 管理性不孕

圈舍的环境卫生条件差、饲养方法不当这些原因都会引起母牛不孕，还有长期实行拴养模式，导致母牛的运动量少，也会导致不孕，在母牛产仔后，要及时断奶，否则前胎哺乳期较长，母牛身体机能下降，可能会导致下次不孕。

解决措施：做好圈舍的卫生环境，定时定期清扫消毒，做好圈舍的通风工作，增加母牛的运动量，及时断奶。

4. 衰老性不孕

不仅仅是母牛，其他的家畜都有这种状况，到了衰老的年龄阶段就会不孕了，这是因为母牛的生殖器官萎缩、生殖机能衰退，所以会不孕。

解决措施：和先天性不育原因一样，及时将衰老的母牛淘汰，更换年轻有活力的母牛。淘汰母牛进行育肥，按照育肥牛的精料饲喂标准去喂，生长速度远超青年牛生长速度，育肥后出售，卖个好价钱。

5. 疾病性不孕

母牛在怀孕和哺乳期这段时间，身体机能下降，较为虚弱，易受疾病的侵扰，最为常见的是流产、死胎引起的子宫、输卵管、卵巢等疾病，还有很多的疾病都会引起母牛不孕。

解决措施：要做好疾病防治工作，尤其在产后的护理，在授精时用生理盐水对母牛的子宫冲洗，预防流产、死胎情况。

二、哺乳母牛饲养管理

（一）分娩前后的护理

临近产期的母牛行动不便，应停止放牧和使役。这期间；母牛消化器官受到日益庞大的胎胞挤压，有效容量减少，胃肠正常蠕动受到影响，消化力下降，应给予营养丰富、品质优良、易于消化的饲料。产前半个月，最好将母牛移入产房，由专人饲养和看护，并准备接产工作。

1. 分娩前的变化

母牛分娩前乳房发育迅速，体积增加，腺体充实，乳房膨胀；阴唇在分娩前一周开始逐渐松弛、肿大、充血，阴唇表面皱纹逐渐展开；在分娩前 1 ～ 2 周，母牛骨盆韧带开始软化；分娩前 1 ～ 2 天，阴门有透明黏液流出；产前 12 ～ 36 小时，母牛荐坐韧带后缘变得非常松软，尾根两侧凹陷；临产前母牛表现不安，常回顾腹部，后蹄抬起碰腹部，排粪尿次数增多，每次排出量少，食欲减少或停止。上述征兆是母牛分娩前的一般表现，由于饲养管理、品种、胎次和个体间的差异，往往表现不一致，必须全面观察、综合判断、正确估计。

2. 分娩时的护理

正常分娩母牛可将胎儿顺利产出，不需人工辅助，对初产母牛、胎位异常及分娩过程较长的母牛，要及时进行助产，以保母牛及胎儿安全。母牛产犊后应喂给温水，在水中加入一小撮盐（10 ～ 20 g）和一把麸皮，以提高水的滋味，诱使母牛多饮，防止母牛分娩时体内损失大量水分腹内压突然下降、血液集中到内脏而产生“临时性贫血”。母牛产后易发生胎衣不下、食滞、乳房炎和产褥热等症，应经常观察，发现病牛，及时请兽医治疗。

（二）泌乳母牛的特点

哺乳母牛的主要任务是产奶，供应犊牛生长需要的营养物质。母牛在哺乳期消耗的营养比妊娠后期还多，每产 1 kg 含脂率 4% 的乳汁，约相当于消耗 0.3 ～ 0.4 kg 配合饲料的营养物质。1 头大型肉用母牛在自然哺乳时，平均日产奶量可达 6 ～ 7 kg，产后 2 ～ 3 个月达到泌乳高峰；本地黄牛产后平均日产奶 2 ～ 4 kg，泌乳高峰多在产后 1 个月出现，此时若不给母牛增加营养，不但会使泌乳量下降，影响犊牛的生长发育，也会损害母牛的健康。在哺乳期，母牛能量饲料的需要比妊娠十奶期高出 50%，蛋白质、钙、磷的需要量加倍。

营养不足对繁殖力影响明显，必须引起足够的重视。早春产犊母牛，正处于牧地青草供应不足的时期，为保证母牛产奶量，要特别注意泌乳早期（产后 70 天）的补饲。除补饲作物秸秆、青干草、青贮料和玉米等，每天最好补喂饼粕类蛋白质饲料 0.5 ～ 1 kg。同时注意补充矿物质和维生素，保证母牛产后顺利发情与配种。头胎泌乳的青年母牛，除泌乳需要外，还要满足本身继续生长的营养需要。产后母牛，一定要饲喂品质优良的禾本科及豆科牧草，精料搭配多样化，但也不要大量饲喂精料。

（三）舍饲泌乳母牛的饲养管理

母牛分娩前一个月和产后70天，这是非常关键的100天，饲养得好坏，对母牛的分娩、泌乳、产后发情、配种受胎、犊牛的初生重和断奶重、犊牛的健康和正常发育等，都十分重要。在这个阶段，热能需要量增加，蛋白质、矿物质维生素需要量均增加，缺乏这些物质，会引起犊牛生长停滞、下痢、肺炎和佝偻病等，严重时还会损害母牛健康。

分娩后的最初几天，母牛身体尚处于恢复阶段，此时食欲不好，消化失调，应限制精料及块根、块茎类料的喂量。如果此期饲养过于丰富，特别是精饲料喂量过多，易加重乳房水肿或发炎，有时钙磷代谢失调发生乳热症等。这种情况在高产母牛比较常见。所以，对产犊后的母牛应进行适度饲养。

如果母牛体质较弱，则产后3天内只喂优质干草，4天后可喂适量精饲料和多汁饲料，根据乳房及消化系统的恢复状况，逐渐增加给料量，但每天增加料量不超过1 kg。待乳房水肿完全消失后，即产后6～7天，可增至正常量。要注意各种营养平衡搭配。

如果母牛产后乳房没有水肿，体质健康、粪便正常，在产犊后第一天，就可喂给多汁饲料，到6～7天时，便可增加到足够的喂量。据试验，泌乳母牛每日饲喂3次，日粮营养物质消化率比饲喂2次高3.4%，但2次饲喂可降低劳动消耗。有人提议每天饲喂4次，生产中一般以日喂3次为宜。

需要特别注意的是，变换饲料时不宜太突然，一般应有7～10天的过渡期；饲料要清洁卫生，不喂发霉、腐败、含有残余农药的饲料，注意清除混入草料中的金属、玻璃、农膜、塑料袋等异物。每天刷拭牛体，清扫圈舍，保持圈舍、牛体卫生。夏防暑、冬防寒。拴系缰绳长短适中。

（四）放牧带犊母牛的饲养管理

有放牧条件的地区，对泌乳母牛应以放牧饲养为主。青绿饲料中含有丰富的粗蛋白质、各种维生素、酶和微量元素，放牧期间，充足的运动、经常的阳光浴及牧草中丰富的营养，可促进母牛新陈代谢、改善繁殖机能、提高泌乳量，增强母牛和犊牛的健康。经过放牧，母牛体内血液中血红素含量增加，机体内胡萝卜素和维生素D贮备充足，可明显提高抗病力。但考虑到母牛的运动量和犊牛的适应能力，放牧带犊母牛时，应尽量选择近牧，同时，参考放牧距离及牧草情况，在夜间适当进行补饲。一般情况下，放牧地最远不宜超过3 km，放牧地距水源要近；建立临时牛圈时，应避开水道、悬崖边、低洼地和坡下等处；放牧前或放牧时，注意清除牧地中的有毒植物；放牧人员要随身携带蛇药和少量的常用外科药品，一旦发生意外，能有效应对；母牛从舍饲到放牧，要逐步进行，一般需 7 ～ 8 天的过渡期；放牧牛要及时补充食盐，但不能集中补，一般以 2 ～ 3 天补一次为好，每头牛每次用量以 20 ～ 40 g 为宜。

三、空怀母牛饲养管理

空怀期母牛不妊娠、不泌乳、无负担，在很多人眼中不是饲养管理的重点，生产上往往被忽视。其实，空怀期母牛的营养状况，直接影响着发情、排卵及受孕情况，如果营养好、体况佳，则母牛发情整齐、排卵数多、繁殖力高。加强空怀期母牛的饲养管理，尤其是配种前的饲养管理，对提高母牛的繁殖力十分关键。

在配种前，繁殖母牛应具有中上等膘情，过瘦或过肥都会影响繁殖。在日常饲养实践中，倘若喂给过多精料而又运动不足，易使牛群过肥导致不发情，在肉用母牛饲养中，这是最常见的现象，必须注意避免。但在饲料缺乏、母牛瘦弱的情况下，也会使母牛不发情而影响繁殖。实践证明，如果母牛前一个泌乳期内给予足够的平衡日粮，同时劳役较轻，管理周到，则能提高母牛的受胎率。瘦弱的母牛，配种前 1 ～ 2 个月加强饲养，适当补饲精料，也能提高受胎率。母牛发情应及时配种，防止漏配和失配。对初配母牛应加强管理，防止野交早配。经产母牛产犊后 3 周内，要注意观察发情情况，对发情不正常或不发情者，要及时采取措施。一般母牛产后 1 ～ 3 个情期，发情排卵比较正常，随着时间的推移，犊牛体重增大，消耗增多，如果不能及时补饲，母牛往往膘情下降发情排卵受到影响，常会造成暗发情（卵巢上虽有卵泡成熟排卵，但发情征兆不明显），错过发情期，影响受胎率。

母牛空怀的原因，既有先天性因素，也有后天性因素。先天性不孕，大多是母牛生殖器官发育异常（如子宫颈位置不正、阴道狭窄、幼稚病等）引起。避免这类情况，需要加强育种管理，及时淘汰隐性基因携带者。后天性不孕，主要是营养缺乏、饲养管理和使役不当及生殖器官疾病所致，具体应根据不同情况加以处理。

成年母牛因饲养管理不当造成不孕，在恢复正常营养水平后，大多能够自愈。犊牛期由于营养不良以致生长发育受阻，影响生殖器官正常发育造成的不孕，则很难用饲养方法来补救。若育成母牛长期营养不足，则往往导致初情期推迟，初产时出现难产或死胎，也会影响以后的繁殖力。

晒太阳和加强运动，可以增强牛群体质，提高母牛生殖机能。牛舍内通风不良，空气污染，含氨量超过 20 mg/m^3，夏季闷热，冬季寒冷，过度潮湿等恶劣环境，都会危害牛体健康，敏感的母牛很快停止发情。因此，改善饲养管理条件十分重要。另外，空怀期的母牛，也应作好驱虫和检疫防疫工作。

肉用繁殖母牛以放牧饲养成本最低，目前，国内外多采用此方式，但放牧饲养也有一定的缺点，要注意合理调节、取长补短。

第四节　育肥牛饲养管理

一、育肥方式

1. 育肥的概念

所谓育肥，就是使日粮中的营养成分高于肉牛本身维持和正常生长发育所需，让多余的营养以脂肪的形式沉积于肉牛体内，获得高于正常生长发育的日增重，缩短出栏年龄，达到育肥的目的。对于幼牛，其日粮营养应高于维持营养需要（体重不增不减、不妊娠、不产奶，维持牛体基本生命活动所必需的营养需要）和正常生长发育所需营养；对于成年牛，只要大于维持营养需要即可。

2. 育肥的核心

提高日增重是肉牛育肥的核心问题。日增重会受到不同生产类型、不同品种、不同年龄、不同营养水平、不同饲养管理方式的直接影响。同时，确定日增重的大小，也必须考虑经济效益、肉牛的健康状况等因素。过高的日增重，有时也不太经济。在我国现有生产条件下，最后 3 个月育肥的日增重，以 1.0 ～ 1.5 kg 最为经济划算。

3. 育肥的方式

肉牛肥育方式的划分方法很多。按肉牛的年龄，可分为犊牛肥育、幼牛肥育和成年牛肥育；按肉牛的性别，可分为公牛肥育、母牛肥育和阉牛肥育；按肉牛肥育所采用的饲料种类，可分为干草肥育、秸秆肥育和糟渣肥育等；按肉牛的饲养方式，可分为放牧肥育、半舍半牧肥育和舍饲肥育；按肉牛肥育的时间，可分为持续肥育和吊架子肥育（后期集中肥育）；按营养水平，可分为一般肥育和强度肥育。生产上常用的划分方法主要还是以持续肥育和后期集中肥育为主。

（1）持续肥育。持续肥育是指在犊牛断奶后，立即转入肥育阶段，给以高水平营养进行肥育，一直到出栏体重时出栏（12 ～ 18 月龄，体重 400 ～ 500 kg）。使用这种方法，日粮中的精料可占总营养物质的 50% 以上，既可采用放牧加补饲的肥育方式，也可采用舍饲拴系肥育方式。持续肥育较好地利用了牛生长发育快的幼牛阶段，日增重和饲料利用率高，生产的牛肉鲜嫩，品质仅次于小白牛肉，而成本较犊牛肥育低，是一种很有推广价值的肥育方法。

（2）后期集中肥育。后期集中肥育是在犊牛断奶后，按一般饲养条件进行饲养，达到一定年龄和体况后，充分利用肉牛的补偿生长能力，利用高能量日粮，在屠宰前集中 3 ～ 4 个月的时间进行强度肥育。这种方法适用于 2 岁左右未经肥育或不够屠宰体况的肉牛，对改良牛肉品质、提高肥育牛经济效益有较明显的作用。但若吊架子阶段较长，肌肉生长发育过度受阻，即使给予充分饲养，最后的体重也很难与合理饲养的肉牛相比，而且胴体中骨骼、内脏比例大，脂肪含量高，瘦肉比例较小，肉质欠佳，所以，这种方法有时也很不合算。

虽然肉牛的肥育方式较多，划分方法各异，但在实际生产中，往往是各种肥育类型相互交叠应用。这里按肉牛年龄阶段不同，讲述肉牛的具体育肥技术体系。

二、幼牛育肥

（一）犊牛育肥

将犊牛进行育肥，是指用较多数量的奶饲喂犊牛，并将哺乳期延长到 4 ～ 7 月龄，断奶后即可屠宰。育肥的犊牛肉，粗蛋白质比一般牛肉高 63%，脂肪低 95%，犊牛肉富含人体所必需的各种氨基酸和维生素。因犊牛年幼，其肉质细嫩，肉色全白或稍带浅粉色，味道鲜美，带有乳香气味，故有“小白牛肉”之称，其价格高出一般牛肉 8 ～ 10 倍。

小牛肉的生产在荷兰较早，发展很快，其他如欧共体、德国、美国、加拿大、澳大利亚、日本等国也都在生产，现已成为大宾馆、饭店、餐厅的抢手货，成为一些国家出口创汇和缓解牛奶生产过剩、有效利用小公牛的新途径。在我国，进行小白牛肉生产，可满足星级宾馆、高档饭店对高档牛肉的需要，是一项具有广阔发展前景的产业。

1. 犊牛在育肥期的营养需要

犊牛育肥时，由于其前胃正在发育过程中，消化粗饲料的能力十分有限，因此，对营养物质的要求比较严格。初生时所需蛋白质全为真蛋白质，肥育后期真蛋白质仍应占粗蛋白质的 90% 以上，消化率应达 87% 以上。

2. 犊牛育肥方法

育肥犊牛品种应选择夏洛来、西门塔尔、利木赞或黑白花等优良公牛与本地母牛杂交改良所生的杂种犊牛。优良肉用品种、肉乳兼用和乳肉兼用品种犊牛，均可采用这种育肥方法生产优质牛肉。但由于代谢类型和习性不同，乳用品种犊牛在育肥期较肉用品种犊牛的营养需要高约 10%，才能取得相同的增重；而选作育肥用的乳牛公犊，要求初生重大于 40 kg，还必须健康无病、头方嘴大、前管围粗壮、蹄大坚实。

（1）优等白肉生产。初生牛犊采用随母哺乳或人工哺乳方法饲养，保证及早和充分吃到初乳；3 天后，完全人工哺乳；4 周前，每天按体重的 10% ～ 12% 喂奶；5 ～ 10 周龄时，喂奶量为体重的 11%； 10 周龄后，喂奶量为体重的 8% ～ 9%。

优等白肉生产，单纯以奶作为日粮，适合犊牛的消化生理特点。在幼龄期，只要注意温度和消毒，特别是喂奶速度要合适，一般不会出现消化不良等问题。但在 15 周龄后，由于瘤胃发育、食管沟闭合不如幼龄牛，更需注意喂奶速度要慢一些。从开始人工喂奶到肉牛出栏，喂奶的容器外形与颜色必须一致，以强化食管沟的闭合反射。发现粪便异常时，可减少喂奶量，掌握好喂奶速度。恢复正常时，逐渐恢复喂奶量。

为抑制和治疗痢疾，可在奶中加入适量抗生素，但在出栏前5天，必须停止使用，防止牛肉中有抗生素残留。5周龄以后采取拴系饲养。一般饲养120天，体重达到150 kg即可出栏。

（2）一般白肉生产。单纯用牛奶生产“白肉”成本太高，为节省成本，可用代乳料饲喂2月龄以上的肥犊。但用代乳料会使肌肉颜色变深，所以，代乳料的组成，必须选用含铁低的原料，并注意粉碎的细度。犊牛消化道中缺乏蔗糖酶、淀粉酶量少且活性低，故应减少谷实用量，所用谷实最好经膨化处理，以提高消化率、减少腹泻等消化不良现象发生。选用经乳化的油脂，以乳化肉牛脂肪（经135℃以上灭菌）效果最好。代乳料最好煮成粥状（含水80%～85%），待温度达到40℃时饲喂。若出现拉稀或消化不良，可加喂多酶、淀粉酶等进行治疗，同时适当减少喂料量，用代乳料增重效果不如全乳。育肥期间日喂3次，自由饮水，夏季饮凉水，冬春季饮温水（20℃左右），要严格控制喂奶速度、奶的卫生与温度，防止发生消化不良。若出现消化不良，可酌情减少喂料量，适当进行药物治疗。应让犊牛充分晒太阳和运动，若无条件进行日光浴和运动，则每天需补充维生素D500～1000单位。饲养至5周龄后，应拴系饲养，尽量减少犊牛运动。根据季节特点，做好防暑保温。经180～200天的育肥，体重达到250 kg时，即可出栏。因出栏体重小，提供净肉少，所以，“白肉”投入成本高，市场价格昂贵。

处于强烈生长发育阶段的育成牛，育肥增重快、育肥周期短、饲料报酬高，经过直线强度育肥后，牛肉鲜嫩多汁、脂肪少、适口性好，同样也是高档产品。只要对育成牛进行合理的饲养管理，就可以生产大量仅次于“小白牛肉”、品质优良、成本较低的“小牛肉”。所以，生产上更多的是利用育成牛进行育肥。

（二）育成牛育肥

1. 育成牛育肥期营养需要

育成牛体内沉积蛋白质和脂肪能力很强，充分满足其营养需要，可以获得较大的日增重。

2. 育成牛育肥方法

（1）幼龄强度育肥。周岁出栏模式犊牛断奶后立即育肥，在育肥期给予高营养，使日增重保持在1.2 kg以上，周岁体重达400 kg以上，结束育肥。育肥时采用舍饲拴系饲养，不可放牧，原因是放牧行走消耗营养多，日增重难以超过1 kg。育肥牛定量喂给精料和主要辅助饲料，粗饲料不限量，自由饮水，尽量减少运动、保持环境安静。育肥期间，每月称重，根据体重变化，适当调整日粮。气温低于0℃和高于25℃时，气温每升高或降低5℃，应加喂10%的精料。公牛不必去势直接育肥，可利用公牛增重快、省饲料的特点，获得更好的经济效益，但应远离母牛，以免被异性干扰，降低育肥效果。若用育成母牛育肥，日粮需要量较公牛多20%左右，可获得相同日增重。

对乳用品种育成公牛作强度育肥时，可以得到更大的日增重和出栏重。但乳用品种牛的代谢类型不同于肉用品种牛，每千克增重所需精料量较肉用品种牛高 10% 以上，并且必须在高日增重下，牛的膘情才能改善（即日增重应在 1.2 kg 以上）。

用强度育肥法生产的牛肉，肉质鲜嫩，投入成本较犊牛育肥法较低，每头牛提供的牛肉比育肥犊牛增加 40% ～ 60%，因此，强度育肥育成牛，是经济效益最大、采用最为广泛的育肥方法。但此法消耗精料较多，适宜在饲料资源丰富的地方应用。

（2）一岁半出栏或两岁半出栏模式。将犊牛自然哺乳至断奶，然后充分利用青草及农副产品，饲喂到 14 ～ 20 月龄，体重达到 250 kg 以上，进入育肥期。经 4 ～ 6 个月育肥，体重达 500 ～ 600 kg 时出栏。育肥前，利用廉价饲草，使牛的骨架和消化器官得到较充分发育；进入育肥期后，对饲料品质的要求较低，从而使育肥费用减少，而每头牛提供的肉量却较多。此法粮食用量少、经济效益好、适应范围广，是一种普遍采用的育肥方法。

我国大部分地区越冬饲草比较缺乏，而大部分牛都在春季产犊，一岁半出栏与两岁半出栏相比较，由于前者少养一个冬季，能减少越冬饲草的消耗量，并且生产的牛肉质量较好，效益也较好，所以前者更受欢迎。但在饲料质量不佳、数量不足的地区，犊牛的生长发育受饲料限制，所以，这些地区只能采用两岁半出栏的育肥方法。

在华北山区，一岁半出栏比两岁半出栏体重虽低 60 kg，多消耗精料 160 kg，但却少消耗 880 kg 干草和 1100 kg 青草，且能节省一年的人工和各种设施消耗，在相同条件下，一岁半出栏的生产周转效率高于两岁半出栏 60% 以上，因此，一岁半出栏的总体效益会更好一些。

育成牛可采用舍饲与放牧两种育肥方法。放牧时，利用小围栏全天放牧，就地饮水和补料，这样能避免放牧行走消耗营养而使日增重降低。放牧回圈后，不要立即补料，待数小时后再补，以免减少采食量。气温高于 30℃时可早晚和夜间放牧。舍饲育肥以日喂 3 次效果较好。

三、高档牛肉生产

高档牛肉是指按照特定的饲养程序，在规定的时间内完成肥育，经过严格屠宰程序分割到特定部位的牛肉。一般分为高档红肉和大理石花纹肉。无论生产红肉，还是生产大理石花纹肉，目标都是追求好的肉质，为此，需要对公牛进行去势。在生产中，以高档红肉为生产目的时，公牛去势时间在 10 ～ 12 月龄，以生产大理石花纹肉为目的时，公牛去势时间在 4 ～ 6 月龄。

（一）大理石花纹肉生产

大理石花纹肉是指脂肪沉积到肌肉纤维之间，形成明显的红白相间、状似大理石花纹的牛肉。这种牛肉香、鲜、嫩，中西餐均适宜。

（二）育肥牛的选择

（1）品种。研究结果表明，在确定了衡量肉牛产肉性能指标后，牛的品种对牛肉质量和产量都有显著影响，其中，晋南牛的肉质较其他品种好。瘦肉型品种难以生产大理石状牛肉，我国良种黄牛易于达到育肥目标，除晋南牛外，秦川牛、鲁西牛、南阳牛、郏县红牛和延边牛等品种，都是合适的选择。欧洲品种中，以安格斯和海福特等品种较佳。

我国欠缺纯外来品种梁子牛，但改良牛具备外来品种与本地黄牛的共同特点，所以，可选用改良牛进行高档牛肉生产，从实际情况来看，易生产五花肉的改良牛为安格斯，其次为西门塔尔、海福特和短角等品种的改良牛。

（2）年龄。牛的生长发育规律是，脂肪沉积与年龄呈正相关，即年龄越大，沉积脂肪的可能性越大，而肌纤维间脂肪是最后沉积的。所以，生产大理石花纹肉，应该选择年龄在 1 周岁到 3 周岁之间的牛，年龄超过 3 岁的牛，虽然更容易形成五花肉，但年龄与肌肉嫩度、脂肪颜色有关，随年龄增大，肉质变硬，颜色变深变暗，脂肪逐渐变黄。

（3）性别。性别与育肥速度密切相关。就沉积脂肪速度而言，以母牛最快，阉牛次之，公牛沉积最迟而慢。就肌肉颜色而言，以公牛最深，母牛较浅，阉牛居中。就饲料转化效率而言，以公牛最好，母牛最差。就综合效益而言，年龄较轻时，公牛不必去势，年龄偏大时，公牛应去势（育肥期开始之前 10 天），母牛则年龄稍大亦可（母牛肉一般较嫩，年龄大些可改善肌肉颜色浅的缺陷）。不同性别的牛，其膘情与大理石花纹形成并不一样。公牛必须达到满膘以上，即背脊两侧隆起极明显，“象臀”状极明显，后肋也充满脂肪时，才达到相当水平。

（三）育肥牛的饲养

1. 日粮组成

育肥分 3 期进行，即育肥前期（7 ～ 12 月龄）、育肥中期（13 ～ 22 月龄）和育肥后期（23 ～ 28 月龄）。

（1）育肥前期。为保证骨骼和瘤胃的生长发育，日粮粗蛋白质含量为 13% ～ 15%，消化能含量为 12.6 ～ 13.4 KJ/kg，钙 0.5% ～ 0.7%，磷 0.25% ～ 0.4%，维生素 A 含量 2000 ～ 3000 单位 /kg，精料补充料饲喂量占体重的 1.0% ～ 1.2%。粗饲料自由采食。粗饲料种类以优质青绿饲料、青贮饲料和青干草为宜。

（2）育肥中期。为了促进肌肉的生长发育，日粮粗蛋白质含量为 14% ～ 16%，消化能含量为 13.8 ～ 14.2 KJ/kg，钙 0.4% ～ 0.6%，磷 0.25% ～ 0.35%，维生素 A 含量 2000 ～ 3000 国际单位 /kg，精料补充料饲喂量占体重的 1.3% ～ 1.4%。粗饲料自由采食，粗饲料种类以颜色较浅的干秸秆为宜。

（3）育肥后期。为了促进脂肪的沉积，同时保证肌肉与脂肪的颜色，日粮中粗蛋白质含量应达到 11% ～ 13%，消化能含量应达到 14.0 ～ 14.5 KJ/kg，钙 0.3% ～ 0.5%，磷 0.25% ～ 0.30%，精料补充料饲喂量应占体重的 1.5% ～ 1.6%。粗饲料自由采食，粗饲料种类以颜色较浅的干秸秆为宜。

2. 饲养方式

饲养方式有小围栏自由采食，小围栏定时饲喂、定时运动休息和全天拴系定时饲喂等 3 种方式。

（1）小围栏饲喂。按肉牛个体大小分栏，每栏 6 ～ 12 头为宜。由于肉牛有竞食的特性，小围栏饲养可获得最大的采食量，因而肉牛的日增重较高。自由采食时，肉牛增重均匀，但草料长时间在槽中被牛唾液沾和后，肉牛已不爱采食，故此法草料浪费较大。小围栏定时上槽虽然可以避免上述缺点，但由于肉牛的竞争特性，常造成少数肉牛吃食不足的现象，育肥增重不均匀，少数肉牛延后出栏。另外，小围栏设施的投资也较大。

（2）定时上槽拴系饲喂、下槽休息饮水。此法的优点是草料浪费少，肉牛育肥增重比较均匀。但缺点也很多，一是由于每头牛固定槽位，采食竞食性发挥得差一些，干物质采食量可能达不到最高；二是上槽拴牛、下槽放牛耗时费工；三是牛群较大，牛在运动场中奔跑和打架的几率大于小围栏，所以，牛肉的嫩度会受到影响；四是运动场面积要求较大，由此导致土地投入成本加大。

（3）全天拴系饲养。这种方法节省劳动力，而且肉牛的运动量减少到最低，因而饲料效率最高，可获得品质优良的牛肉，还可按个体肉牛的情况作饲料量调整，且土地与牛舍投入均较节省。与其他饲养方式相比，随体膘增加而食欲下降的现象很明显，全育肥期可能获得的平均日增重略逊于小围栏。按照我国国情特点，全天拴系饲养方式综合效益最佳。但采用全天拴系饲养法也有一些缺点，如：必须给饲槽安装自动饮水器或饲喂后在饲槽中添水，或砌饲槽与水槽并列，让肉牛随时能饮到清洁的饮水；育肥牛时，避免互相爬跨造成摔伤、跌伤；还要注意缰绳松紧适度。由于肉牛在育肥期间缺少活动，因而抗病力较差；由于肉牛长期缺乏阳光直接照射，所以，日粮中必须配足维生素 D；对管理的要求较高，牛舍的清洁卫生程度、牛的防疫检疫及健康观察等，应该更细心更严格。

3. 饲喂方法

（1）日喂次数。以自由采食最好，其中，以日喂 2 次效果最差。日喂 2 次，相当于人为限制了肉牛的采食时间。肉牛的瘤胃容积有限，采用每日 2 次饲喂法，瘤胃充盈的平均时间最少，而采用自由采食法，能达到充分采食，瘤胃全天充满的时间最长。若延长饲喂时间，则往往造成肉牛连续长时站立，增加能量消耗，降低饲喂效果。

在高精料日粮下，自由采食明显降低消化道疾病的发病率。例如瘤胃酸中毒，日喂2次时，由于精料集中2次食入，瘤胃中峰值精料量高，经过短时激烈的发酵，会产生大量有机酸，峰值使瘤胃pH降到5以下，从而导致酸中毒。全天自由采食，则不会出现明显的发酵峰值，使牛体耐受日精料量增高。比较而言，日喂3次比日喂2次效果好，而日喂4次又比日喂3次效果好。但问题是，如果日喂4次，饲养员劳动负荷过大，如果想降低劳动负荷采用两班制，又会增加劳动力投入，导致经济效益下降。如果采用全天自由采食的饲养方法，又会造成草料浪费，从而使成本增加。

综合比较，在我国目前状况下，综合效益最佳可采取每日3次饲喂方法。考虑到饲养员的休息和健康，以采取3次不均衡上槽为好，每天总上槽时间为5.5～6小时为宜。

（2）饲喂方法。目前饲喂方法有如下几种。

①先喂青粗饲料，后喂副料和精料。这是过去农村地区饲喂役牛常用的方法。在精料副料少的情况下，此法效果好。但日喂副料精料量大时，牛的食欲降低，养成习惯后，牛往往等待吃副料和精料，并不好好吃粗料，导致总采食量下降，下槽后剩料多，造成浪费。

②先喂精料和副料，后喂粗料。这种方法可避免上述缺点，但是又存在新的问题，即：当牛食欲欠佳时，光吃精料和副料，不再吃青粗料，结果造成精粗比严重失调，导致消化失调、紊乱、酸中毒等，经济损失很大。

把粗料和青粗料、副料混合成“全混合日粮”饲喂。这种方法可减轻牛挑食、待食，牛采食速度快，采食量大，而且各种饲料混合食入，不会产生精粗饲料比例失调的问题。此法效果最好，牛每顿食入日粮的性质、种类和比例均较一致，瘤胃微生物能保持最佳的发酵（消化）区系，饲料转化率可以达到最佳水平。

（四）育肥牛的管理

1. 生产记录

认真完善生产记录、出入牛场称重记录、日粮监测和消耗记录、疾病防治记录、气候和小气候噪声（牛舍内）监测记录等，作为改善经营管理的依据，同时，也为出现意外时弄清原因和及时解决突发事件提供明晰的资料。

2. 生产监测

认真执行疾病防治、环境、草料等监测工作。

3. 分群管理

牛群必须按性别分开，母牛能受胎者，应按育肥期长短安排受胎。若用激素法使母牛处于类似妊娠的状态，达到理想的育肥效果，则必须在出栏前10天终止激素使用，以免牛肉中残留激素危害消费者健康。

4，隔离观察

新购进的肉牛，要在隔离牛舍观察10～15天，才能进入育肥牛舍。在隔离牛舍中进行药物驱虫、健胃、消除应激。经长途运输或驱赶的肉牛，当天和第2天可使用镇静剂加快应激消除。按肉牛的应激程度和恢复情况，酌情控制副料和精料投喂，一般头几天以不喂副料和精料为宜，待肉牛适应新环境和新粗料以后，逐日增加副料和精料喂量，以便取得最优效果，避免应激和消化紊乱双重作用对肉牛造成严重损失。

5. 消毒防疫

每天饲喂后，清理打扫一次育肥牛舍，保持良好的清洁状态；牛体每天刷拭 1 ～ 2 次；夏天，每周用碱液刷洗消毒一次饲槽；肉牛出栏后，牛床彻底清扫，用石灰水、火碱液或菌毒灭消毒一次。

6. 其他工作

严格控制非生产人员进入牛舍（尤其是外来人员）；周围有疫情时，禁止外来人员进入；认真拟定生产计划，预备长期稳定的饲料采购供应；制定日常生产（饲喂）操作规程，禁止虐待肉牛，不适合饲牧的人员立即调离；做好防暑和防寒工作，其中防暑至关重要；注意市场动态和架子牛产地情况，及早调整生产安排，以适应市场需求。

（五）高档红肉生产

1. 饲养方式

公牛在 10 ～ 12 月龄去势后进行育肥，育肥期分为育肥前期（去势到 14 月龄左右）和育肥后期（15 ～ 18 月龄）。

（1）育肥前期。日粮的粗蛋白质含量在 14% ～ 16%，消化能维持在 13.4 ～ 14.3 KJ/kg。精料补充料的干物质饲喂量为肉牛体重的 1.0% ～ 1.3%，粗饲料自由采食。

（2）育肥后期。日粮的粗蛋白质含量维持在 12% ～ 14%，消化能提高到 13.8 ～ 15.1 KJ/kg。精料补充料的干物质饲喂量为肉牛体重的 1.3% ～ 1.5%，粗饲料自由采食。

2. 管理方式

管理与上述大理石花纹肉生产时肉牛管理相同。

（六）牛肉质量控制

1. 肌肉色泽

如果日粮长期缺铁，会使牛血液中铁离子浓度下降，导致肌肉中铁元素分离出来，以补充血液铁的不足，结果使肌肉颜色变淡，但不会损害牛的健康和妨碍增重，所以，补充铁剂，只能在计划出栏前 30 ～ 40 天内应用。如果肉牛肌肉色泽过浅（例如母牛），可在日粮中使用含铁高的草料，例如鸡粪再生饲料、番茄、格兰马草、须芒草、阿拉伯高粱、菠萝皮（渣）、椰子饼、红花饼、玉米酒糟、燕麦、亚麻饼、马铃薯及绿豆粉渣、意大利黑麦青草、燕麦麸、绛三叶、苜蓿等，另外，也可在精料中配入硫酸亚铁等铁制剂，使每千克饲料中铁的含量提高到 500 mg。

2. 脂肪色泽

牛肉大理石花纹的丰富程度，是影响牛肉口感的重要指标，也是美国、中国等国家牛肉质量评定系统中的主要参数之一。实验研究证明，牛肉的脂肪面积比、单位面积上的脂肪颗粒数，与牛肉大理石花纹的丰富程度之间存在显著的相关关系。

脂肪色泽越白，加上与肌肉的亮红色相衬，才越醒目，才能被评为高等级。相反，脂肪越黄，感观越差，会使牛肉等级降低。造成脂肪颜色变黄的原因，主要是由于花青素、叶黄素、胡萝卜素等沉积在脂肪组织中。牛随日龄增大，脂肪组织中沉积的上述色素物质会越多，所以，年龄越大的牛，肌肉颜色也越深，要想使肉牛肌肉内外脂肪近乎白色，对年龄较大的牛（3 岁以上）可采用含脂溶性色素少的草料作日粮。脂溶性色素物质较少的草料，主要有干草、秸秆、白玉米、大麦、椰子饼、豆饼、豆粕、啤酒糟、粉渣、甜菜渣、糖蜜等，用这类草料组成日粮，饲喂肉牛 3 个月以上，可使脂肪颜色明显变浅。在育肥肉牛出栏前 30 天，最好少用含脂溶性色素多的饲料，如胡萝卜、番茄、南瓜、彩心甘薯、黄玉米、鸡粪再生饲料、青草青割、青贮、高粱糠、红辣椒、苋菜、各种青草青割等，防止牛肉脂肪色泽不佳。

3. 牛肉风味

牛肉的风味物质是极其复杂的混合物，由牛肉风味前体物质，经过降解、氧化等一系列复杂的化学反应后生产，如糖类、肽、氨基酸、维生素等发生降解反应，类脂和脂肪酸等发生氧化、脱水、脱羧反应，由此产生一些挥发性与非挥发性物质，这些物质再发生交互作用，最终形成风味化合物。

牛肉中的呈味物质，包括呈甜味的葡萄糖、果糖、核糖、甘氨酸、丙氨酸、丝氨酸、赖氨酸、苏氨酸、脯氨酸、羟脯氨酸等，呈咸味的无机盐类、谷氨酸单钠盐、天门冬氨酸钠等，呈苦味的肌酸、肌酸酐、次黄嘌呤、组氨酸、缬氨酸，蛋氨酸、亮氨酸、异亮氨酸、苯丙氨酸、色氨酸、酪氨酸等，呈鲜味的谷氨酸单钠盐、5'– 肌苷酸、5'– 鸟苷酸、某些肽类等，呈酸味的天门冬氨酸、谷氨酸、组氨酸、天门冬酰胺、琥珀酸、乳酸、磷酸等。牛肉中的挥发性气味物质有 800 多种化合物，包括碳氢化合物、醇和酚类、醛类、酮类、羧酸类、酯类、内酯类等，其中，碳氢化合物多达 193 种。牛肉加热中产生的风味成分，除与复杂的化学反应过程有关外，还与肉牛的品种、饲料条件以及屠宰、储存、加工条件有关。

牛肉脂肪中饱和脂肪酸含量较多，为增加牛肉中不饱和脂肪酸的含量，特别是增加多不饱和脂肪酸的含量，借以提高牛肉的保健效果，可适量增加以鱼油为原料（海鱼油中富含 w–3 多不饱和脂肪酸）的钙皂，一般加入饲料中，用量不超过精料的 3%，以免牛肉有鱼腥味。在牛的配合饲料中，注意平衡微量元素的含量，一方面可以得到 1 ∶ 10 以上的增产效益，同时，还有利于提高牛肉的风味。

四、提高育肥效果的措施

对肉牛进行育肥时，除了选择品种、性别、体型外貌好的肉牛以外，还可采取一些有力措施，以提高饲料转化效率、促进肉牛增重速度。

（一）选择合适的育肥季节

育肥季节最好选在气温低于 30℃的时期，气温稍低，有利于增加饲料采食量、提高饲料消化率，同时，较低的气温条件，能减少蚊蝇及体外寄生虫的滋扰，使肉牛处在安静适宜的环境中。在四季分明的地区，春秋是合适的育肥季节，因为春秋季节气候温和，肉牛采食量大，生长速度快，育肥效果最好；其次为冬季，冬季育肥气温过低时，可考虑采用暖棚防寒；夏季炎热，不利于肉牛增重，因此，肉牛育肥季节最好错过夏季，必须在夏季育肥时，则应严格执行防暑措施，如利用电风扇通风、在牛身上喷洒冷水等降温措施。在牧区，肉牛出栏以秋末为最佳。

（二）选择合适的育肥方式

对购入场的肉牛，应按性别、品种、体重、年龄、膘情等情况进行分群饲养，以免性别干扰，也可方便喂料。肉牛育肥时，要分阶段进行，做到在育肥前、中、后 3 个阶段喂料水平明确，也容易管理。

（三）保持良好的管理制度

育肥前要进行驱虫和防病。育肥过程中，每天要坚持“三查”，查精神、查饮食、查粪便，发现异常，及时处理。严禁饲喂发霉变质的草料，注意饮水卫生，要保证充足、清洁的饮水，每天至少饮 2 次，饮足为止。冬春季节水温应不低于 10℃。要经常刷拭牛体，保持体表干净，特别是春秋季节，要注意预防体外寄生虫的发生。体内外寄生虫，不仅直接夺取肉牛营养，寄生虫代谢的有毒物质及对组织器官的机械损伤，还会使肉牛出现病症，严重影响育肥效果。所以，育肥前应对肉牛采取必要的驱虫措施，并且最好在每年的春、秋两季分别驱虫 1 次。

（四）选择合适的饲喂技术

可采取拴系饲养、自由采食、自由饮水的饲养方式，尽量减少肉牛运动量，降低能量消耗。每日喂 3 次，添草料要少量多次，可先喂精料、再辅料、后喂粗料，适当延长饲喂时间。

育肥过程中，要注意日粮中各种营养成分的全面性，饲料组成要多样化，以便形成“花草”，提高适口性，也有利于营养互补。冬春季节育肥，应加喂少量胡萝卜等多汁饲料，以调节肉牛食欲，增加对干草、秸秆的采食量，提高增重速度，同时也有利于牛体健康。在使用高精料育肥时，为防止瘤胃内酸度过大，可在精料中添加1%～2%碳酸氢钠、5%～6%油脂，以抑制瘤胃异常发酵。

（五）保持舒适的环境条件

要勤换垫草、勤清粪便，保持舍内空气清新，保持环境安静，尽量减少噪声，避免惊扰牛群，注意牛舍内湿度、温度和有害气体含量，创造有利于肉牛生长育肥的适宜环境。育肥期间，应减少肉牛运动，以减少营养消耗、有利于提高增重。每出栏一批肉牛，都要对厩舍进行彻底的清扫和消毒。

（六）根据性别进行管理

近40年的研究表明，公牛的生长速度和饲料利用率明显高于阉牛和母牛，且胴体瘦肉多、脂肪少，符合广大消费者的需求。公牛育肥性能之所以优于阉牛和母牛，是由于其睾丸分泌大量睾丸酮，因而生长速度较快，并相应地提高饲料利用率。但对于24月龄以上的公牛，育肥前宜先去势，否则肌肉纤维粗糙，且有膻味，食用价值降低。另外，公牛育肥前不去势，也容易给管理工作带来困难。

五、高档牛肉生产的限制性因素

高档牛肉的生产，有很多限制性因素，概括起来，有如下几个方面。

（一）一次投资多

高档牛肉生产往往需要产业与加工一体化，不仅要有较高的技术条件，还要有较多的现代化设备，一些设备条件不可替代，设备费用很高。如：为确保牛肉质量和数量，组织高档牛肉生产时，企业需要建牛舍若干，以年生产肉牛2000头为例，大约需要1320 m^2 的牛舍5栋。再如屠宰加工设备，要求卫生条件严格，普通牛肉可以实行热胴体剔骨，但高档牛肉要求温度在0～4℃条件下吊挂7～9天后才能剔骨，因此，胴体处理设备投资很大，高档牛肉按用户要求分割牛肉，分割车间对卫生的要求也很苛刻。

（二）资金周转慢

从购进架子牛开始（体重300 kg），饲养到屠宰体重（500 kg）大概需要10个月时间，也就是说，资金投入10个月后，才能周转1次。不仅周转慢，而且每头牛的购入价格高，资金占用大，影响流动资金使用。

（三）高价肉比例小

肉牛并非全身都是高档肉，一头牛的高档肉部分，主要集中在牛柳、西冷、眼肉这 3 块上，重量为 27 ～ 28 kg，只占牛肉产量的 10% 左右，其余部分虽然质量也较好，但却卖不上较高的价格。

（四）脂肪产量高

为了使肉块能达到用户的要求，特别是对牛柳、西冷、眼肉大理石花纹的要求，高档牛肉生产中，脂肪产量较高。由于脂肪产量高，就带来两个问题，一是投入精料多，饲养成本大；二是脂肪售价低，减少了销售收入。

第九章　肉牛常见病的防治

第一节　普通病防治

一、食道梗塞

（一）诊断要点

1. 发病原因

动物常在采食过程中突然发病，咽下困难或不能咽下是突出的症状，同时有大量含饲料碎片的白色泡沫从口、鼻流出，呈牵缕状。

2. 临床症状

颈段食道阻塞时，可用手触到异物，在左侧颈沟处有局限性隆起；胸部食道阻塞时，阻塞部上方食道内集有唾液，触诊有波动感；用胃管探诊至阻塞部呈现抵抗。反刍动物食道完全阻塞时，可迅速引起瘤胃臌气；犬食道阻塞时，压迫颈静脉引起头部血液循环障碍而引起头部水肿。

（二）治疗

1. 牛在排出梗塞物之前已发生臌气

牛在排出梗塞物之前已发生臌气先行瘤胃穿刺排气，并将套管针留置到梗塞物排出后拔出。

2. 梗塞物的排出方法

（1）经口排出法。适于颈部食道梗塞。大动物将头部确实保定，装着开口器，助手在颈部用手将梗塞物推送到咽部固定，术者将舌拉出，手深入咽部取出梗塞物。犬、猫不完全阻塞时，可使用催吐剂阿扑吗啡等（犬 3 mg，猫 1 mg，皮下注射）；若阻塞物接近咽喉部，可在颈部用手向外推挤排出异物，或打开口腔，用异物钳取出。

（2）胃管推下法。适于胸部食道梗塞。先将 2% ～ 5% 普鲁卡因溶液 10 ～ 20 mL 注入食道，10 分钟后将植物油或液状石蜡 100 mL 注入食道，用食道探子将梗塞物缓慢地向胃内推送。

（3）打气、打水法。先将胃管插入食道抵梗塞物，外端接打气筒，助手打气数次，术者配合推动胃管，可能将梗塞物推入胃中；或外端连接“邦浦”式投药器，急速打水数次，配合推胃管可将梗塞物推下。

（4）手术法。颈部食道梗塞，各种方法不能排出时，可用食道切开术取出。如梗塞物在胸部食道，可用胃管通过食道切口，将梗塞物推进胃内；或作胃切开术，通过贲门用钳子取出，或用胃管插入，推送回口腔后取出。

二、前胃弛缓

（一）诊断要点

1. 发病原因

饲料单一、质量低劣，维生素或矿物质缺乏，饲养管理不当等可引起原发性前胃弛缓。

2. 临床症状

其他消化器官疾病如瘤胃积食、瘤胃酸中毒、创伤性网胃炎、瓣胃阻塞、真胃变位及肝脏疾病，一些营养代谢病如骨软症、生产瘫痪、酮病等，某些中毒病、传染病、寄生虫病及外产科病以及用药不当等可引起继发性前胃弛缓。

急性前胃弛缓主要表现食欲减退甚至消失，反刍弛缓甚至停止，瘤胃蠕动音减弱，次数减少。瘤胃充满内容物，坚硬，粪便干硬或下痢，色暗且被覆黏液。重症可出现酸中毒和脱水，患畜鼻镜干燥，眼球下陷，黏膜发绀，反刍、食欲废绝，呼吸、脉搏加快，精神沉郁。

慢性前胃弛缓的症状时轻时重，病程长，食欲不振或不定，有异嗜现象。触诊内容物松软或干硬，排粪多为干稀交替，色暗有恶臭。患畜逐渐消瘦、贫血、被毛粗乱，后卧地不起、体温下降。后期伴发瓣胃阻塞，精神高度沉郁、鼻镜龟裂、全身衰竭，发生脱水和自体中毒。

3. 实验室检查

瘤胃液 pH<5.5 以下，纤维素消化试验时，棉线消化断裂时间大于 50 小时。

（二）治疗

（1）初期绝食 1 ～ 2 天，积极治疗原发病，给予易消化草料。

（2）皮下注射毛果芸香碱 0.05 ～ 0.15 g，或新斯的明 0.02 ～ 0.06 g，或氨甲酰胆碱 1 ～ 2 mg，可 2 ～ 3 小时重复注射 1 次；内服槟榔末 30 ～ 40 g 或酒石酸锑钾 4 ～ 8 g（牛），1 次 / 天，连用 1 ～ 3 天。

（3）用 10% 氯化钠 300 mL、5% 氯化钙 100 mL、10% 安钠咖 20 mL，静注，连用 1 ～ 2 次。同时皮下注射硝酸士的宁 0.015 ～ 0.03 g，效果更好。

（4）从健康牛的口中取出反刍食团，投于病牛，或用胃管吸取健康牛的瘤胃液，或从屠宰场取得瘤胃内容物（保存于温水桶中）投于病牛。

（5）如因酸中毒出现心衰时，可静脉滴入等渗糖盐水 2000 ～ 4000 mL、5% 碳酸氢钠 1000 ～ 2000 mL 和 10% 安钠咖 20 mL，有良好效果。

（6）内服硫酸镁或碳酸钠 300 ～ 500 g、石蜡油或植物油 1000 mL、鱼石脂 10 ～ 20 g 及温水 600 ～ 1000 mL。牛也可内服稀盐酸 15 ～ 30 mL、酒精 60 mL、煤酚皂液 10 ～ 20 mL 及常水 500 mL。

（7）在恢复期内服健胃剂，如酒石酸锑钾 6 g、番木鳖粉 1 g、干姜粉 10 g、龙胆粉 10 g 混合给牛内服，1 次 / 天；或龙胆粉、干姜粉、碳酸氢钠各 200 g，番木鳖粉 16 g，充分混合，分成 8 份，牛内服 2 次 / 天，1 份 / 次。

（8）中药可选四君子汤、八珍散或厚朴温中汤。

三、瘤胃积食

瘤胃积食又名瘤胃阻塞、急性瘤胃扩张，因过食大量难消化易膨胀的饲料，或过食大量精料引起，也能引起瘤胃积食。发生瘤胃积食时，瘤胃容积增大，内容物停滞和阻塞，整个前胃机能障碍，最后导致脱水并形成毒血症。

（一）诊断要点

1. 过食大量难消化易膨胀的饲料所引起的瘤胃积食

食欲、反刍、嗳气、瘤胃蠕动减少或停止，腹痛，左腹中、下部膨大，触诊硬感如面团样，有时左腹上部有少量气体。排软便或腹泻，恶臭，重则混血液及黏液。压迫膈和胸腔时呼吸困难。后期肌肉震颤，走路摇摆，运动失调。

2. 过食大量豆谷类精料引起的瘤胃积食

食欲、反刍减少或废绝，可从粪便或反刍物中发现大量豆谷粒，有时出现臌气或腹泻，继则出现神经症状，视力障碍，盲目直行或转圈，重则狂躁不安，头抵墙壁或攻击人、畜，或嗜睡卧地不起。出现严重脱水、酸中毒是本病的特征。

（二）治疗

1. 排出瘤胃内容物

（1）用硫酸钠或硫酸镁 400 ～ 800 g、松节油 30 mL、马钱子酊 15 mL、酒石酸锑钾 6 g，加水 4 000 ～ 8000 mL 后 1 次内服；也可用液状石蜡 2000 ～ 4000 mL、松节油 30 mL、马钱子酊 15 mL、酒石酸锑钾 8 g，1 次内服；或用硫酸钠 400 g、液状石蜡 2000 mL、松节油 30 mL、马钱子酊 15 mL、酒石酸锑钾 6 g，加水 4000 mL，1 次内服。

（2）用胃管向胃内灌入大量温水，然后再导出，如此反复进行，直到将胃内食物大部分导出为止。此法可收到良好效果，但体质衰弱，呼吸困难者不宜进行。将瘤胃切开，掏空内容物，放入少量干草和清水，并接种健康牛的瘤胃液。接种不方便时，不宜掏空，应留 1/3 的瘤胃内容物。

2. 兴奋瘤胃

（1）用草把按摩瘤胃，可刺激瘤胃蠕动，在病后 6 ～ 8 小时，每 30 分钟按摩 1 次，5 ～ 10 分钟 / 次，同时灌服酵母粉 500 g、温水 4000 mL，对轻症病例能取得良好效果。

（2）用“促反刍液”500 ～ 1000 mL，1 次静脉注射，同时可用新斯的明 20 ～ 60 mg 或氨甲酰胆碱 4 ～ 6 mg 或毛果芸香碱 20 ～ 50 mg 皮下注射，最好用最小剂量，每 2 ～ 3 小时重复 1 次。

3. 解除脱水、酸中毒

尤其对过食豆谷类精料引起的瘤胃积食，应把解决此问题放在首要地位。

（1）用等渗糖盐水或复方氯化钠注射液 8000 ～ 10000 mL，分 2 ～ 3 次静脉滴入。在每次静脉滴注时可加入 10% 安钠咖 20 mL 和 5% 维生素 C 60 mL，效果更好，

（2）口服碳酸氢钠 100 ～ 200 g，或静注 5% 碳酸氢钠 500 ～ 1000 mL 或 11.2% 乳酸钠 200 ～ 400 mL。

4. 高度兴奋者

可肌内注射氯丙嗪 300 ～ 500 mg，也可静注水合氨醛酒精注射液 100 ～ 250 mL，或水合氯醛硫酸镁注射液 100 ～ 200 mL，缓慢注入。

四、瘤胃酸中毒

在日常的饲养管理中，由于育肥饲喂精料量过高，精粗料比例失调，不遵守饲养制度，突然更换饲料；饲喂的青贮饲料酸度过大，引起乳酸产生过剩，导致瘤胃内 pH 迅速降低；其结果，因瘤胃内的细菌、微生物群落数量减少和纤毛虫活力降低，引起严重的消化紊乱，使胃内容物异常发酵，导致酸中毒。

（一）诊断要点

1. 发病原因

有过食富含碳水化合物、酸度过高的青贮玉米或质量低下的青贮饲料的病史。

2. 临床症状

一般于采食后 8 ～ 12 小时发病，最急性病例 3 ～ 5 小时不显症状而突然死亡。轻症病例精神抑郁，结膜充血，食欲、反刍废绝或停止，空嚼磨牙，流涎，粪便细软、色淡而有恶臭味。瘤胃蠕动音减弱或消失，触之有明显波动感，冲击可有震水音。机体脱水，皮肤干燥，眼窝下陷，少尿或无尿。血液暗红、黏稠。患畜呼吸急促，脉搏增数。

重症病例可见有明显的神经症状，兴奋不安，甚至有攻击行为，运步强拘，前奔而以头抵障碍物或作圆圈运动，出现视觉障碍；或精神高度沉郁，卧地呈昏睡状态，

可瘫痪或仅有后肢麻痹，角弓反张，各种反射减弱或消失，最后昏迷甚至死亡。

（二）治疗

临床上出现下痢症状时应立即停喂精料，给予优质干草或稻草。加精料时，要按日逐渐增加用量，切不可突然增量，配合料加适量级冲剂。轻症病牛用变换饲料的办法经 3 ～ 4 天即可恢复。瘤胃酸中毒病情恶化较快，稍有耽误很可能死亡，应该早诊断早治疗。

临床治疗时，对轻症病例，用碳酸钠粉 300 ～ 500 g、姜酊 50 mL、龙胆酊 50 mL、水 500 mL，1 次灌服，或每日灌服健康牛瘤胃液 2000 ～ 4000 mL。严重时要进行瘤胃冲洗，即用粗胶管经口插入瘤胃内，排出胃内液状内容物，然后用 1% 盐水或自来水反复冲洗，直至瘤胃内容物无酸臭味而呈中性或弱碱性为止。用 5% 碳酸氢钠注射液 2000 ～ 3500 mL，给牛 1 次静脉注射，能纠正体液 pH，补充碱储量，缓解酸中毒。

五、瘤胃臌胀

（一）诊断要点

1. 发病原因

由于肉牛采食大量易发酵的饲料，如春天开牧或突然改变饲草未给予过渡期所引起，以肥嫩多汁的青草，特别是豆科牧草最易引发本病，也有因吃了腐败变质的饲草饲料，冻伤的土豆、萝卜、山芋等块根块茎饲料，误食有毒植物等造成瘤胃麻痹，或这些饲料发酵产生大量小泡沫不破裂，妨碍嗳气而引起发病。

2. 临床症状

患急性瘤胃膨气的病牛，腹围增大，而以左侧膨胀最明显。食欲和反刍完全消失，站立不稳，惊恐，出汗，呼吸困难，眼球突出。慢性发病者，常呈周期性发作，时间长者会继发便秘、下痢等。

（二）治疗

1. 加强饲养管理

将干草改为鲜草（特别是豆科草、嫩草）以及饲料大规模更换时，一定要有过渡期，防止牛大量食入发酵饲料、变质饲料和异物。

2. 重视病牛急救

发生急性病例或窒息危险时，应采取急救措施，即用套管针进行瘤胃穿刺放气。属于泡沫性臌气者，可经套管针筒注入松节油、鱼石脂、酒精合剂 100 ～ 200 mL。非泡沫性鼓胀者，可投给氧化镁 50 ～ 100 g 的水溶液，或新鲜澄清的石灰水 1000 ～ 3000 mL。也可将臭椿树皮捣碎灌服；或萝卜籽 500 g，大蒜头 200 g，捣烂加麻油 250 g，灌服；也可用熟石灰 200 g、熟油 500 g，灌服。

3. 中药治疗

中药可用丁香散：丁香 30 g、木香 30 g、藿香 40 g、槟榔片 25 ～ 30 g、二丑 150 ～ 200 g、青皮 40 g、陈皮 40 g，碾为末，开水冲，候温灌服。

六、瓣胃阻塞

（一）诊断要点

1. 发病原因

瓣胃阻塞又称“百叶干”。由于肉牛采食大量不易消化的粗纤维饲料，也可能是长期采食麸糠、豆角皮或带泥土的饲草，或饮水不足而发病，或由于其他胃病而继发本病。目前多见的病因是误食塑料、尼龙类人工合成编织物碎片。

2. 临床症状

初期，病牛精神沉郁，食欲不振，反刍减少，有时空口咀嚼。后期，体温升高，呼吸加快，食欲全无，鼻镜干燥，排粪少而干硬并呈球状或块状，外面带有大量黏液。叩诊瓣胃（右侧 7 ～ 9 肋间）浊音区增大，并有疼痛感。

（二）治疗

（1）仔细检查粗饲料，细心检出其中的杂物。要经常喂给肉牛青绿多汁饲料，保证足够的饮水和运动。

（2）内服泻剂常有较好的效果。可用石蜡油 1000 ～ 2000 mL，硫酸镁（或硫酸钠）300 ～ 500 mL，番木鳖酊 10 ～ 20 mL，龙胆酊 30 ～ 50 mL，加水 2000 ～ 3000 mL，一次灌服。

（3）瓣胃注射效果更好。10% 硫酸钠（或硫酸镁）溶液 500 ～ 1000 mL，石蜡油 300 ～ 500 mL，一次瓣胃注射。

（4）用磨碎的芝麻 0.5 ～ 1.0 kg，白萝卜汁 2.5 ～ 5.0 kg，调匀灌服，再用去皮的大麦仁 5.0 ～ 7.5 kg，煮汤，让病牛自饮或灌服。

（5）也可手术取出堵塞物，不过，手术成本太高，经济上不太合算。

七、创伤性网胃心包炎

（一）诊断要点

1. 临床症状

初期呈前胃弛缓症状，食欲减退，反刍减少，吸气增多，间歇性瘤胃臌气，便秘或下痢。病牛行动和姿势异常，站立时肘头外展，呆立，弓腰，磨牙，不愿卧地，肘肌颤抖，躲避触摸甚至不断呻吟，体温升高，脉搏加快，愿走软路，上坡路，而忌下坡路和急转弯。

刺伤心包时，可听到心包击水音和心包摩擦音，即诊心音界扩大。血液回心受阻时颈静脉怒张，伴有颌下、胸前或下腹水肿，体温先升高后下降。严重消化障碍，逐渐消瘦。

2. 实验室检查

白细胞总数增多，有时达正常的 2 ～ 3 倍，嗜中性粒细胞增多，细胞核左移，淋巴细胞减少；应用副交感神经兴奋剂皮下注射可使病情加重。患创伤性网胃心包炎时，X 线胸部透视检查显示心脏体积极度增大，可见有铁钉等异物穿透网胃至横膈及心包；心区超声检查显示液平面。金属探测仪检查网胃及心区，呈阳性反应。

（二）治疗

（1）确诊后尽早施行手术，经瘤胃内入网胃中取出异物；或者经腹腔，在网胃外取出异物，并将网胃与膈之间的粘连分开，同时用大剂量抗生素或磺胺类药物进行注射，预防继发感染。

（2）心包穿刺治疗，在左侧第 4 ～ 6 肋间，肩关节水平线下约 2 cm，沿肋骨前缘刺入皮下，再向前下方刺入，接上注射器边抽吸边进针，直到吸出心包渗出液为止，同时要掌握穿刺深度，以免损伤心肌而导致死亡，并要防止空气逸入胸腔；经穿刺排出渗出液后，要注射抗生素防止感染。

（3）对症治疗可用洋地黄、毒毛旋花子苷 K、速尿、盐类泻剂进行强心和利尿。

（4）本病重在预防，加工和饲喂草料时，应清除金属异物。同时，可在牛胃放置磁铁环或定期使用牛胃吸铁器进行吸铁。

八、青草抽搐

（一）诊断要点

1. 发病原因

多发生于低温多湿的初春和晚秋，特别是在早春放牧开始后的 2 ～ 3 周以内发生较多。春天的青草含镁量最低，而采食大量含钾的青草或小麦草，能促使青草抽搐的发生。特别是阴雨之后，迅速生长的青草和谷草中，含镁、钙、钠离子及糖分都比较低，而含钾、磷离子则比较多。钾能影响瘤胃代谢，特别是镁的吸收作用。饲草中蛋白质含量过高，钾含量相对高于钠，以及钙磷镁比例不平衡等，都是发生本病的原因。

2. 临床症状

表现兴奋、痉挛等神经症状。特急性型的病牛正在吃草时突然头向某一侧的后方伸张，呈侧反张姿势，左右滚转，反复出现强直性痉挛，2 ～ 3 小时内死亡。急性型病牛精神沉郁、步态蹒跚，24 小时以内对光线、音响、接触等敏感性增强。耳竖立，眼球震颤，瞬膜突出。头部特别是鼻、上唇以及腹部、四肢的肌肉震颤，反应增强，接着出现破伤风样的全身性的强直性痉挛而倒地。血液检查，其特征是血清镁值急剧下降至 0.4 ～ 0.9 mg/100 mL（正常值为 1.8 ～ 3.0 mg/100 mL），血清钙值正常或稍微下降。

（二）防治

初春或晚秋不宜过度放牧，即便放牧也要采取半日放牧半日饲喂的方法。对曾经发生过本病的母牛，要适当控制放牧时间。本病的发生，主要是由于牛肠道镁的吸收能力比较低，而同时体内又缺乏控制镁代谢稳定性能力时所致，尤其是青草中镁的含量不足，是一个很重要的因素。所以，平时应在精饲料中加入氧化镁，用量为每千克体重 0.1 ～ 0.2 g，以补充镁的不足。本病一般呈急性经过，特别是特急性型病例，发病后 2 ～ 3 小时即可死亡。因此，必须抓紧时间进行治疗。

本病的治疗，补给镁和钙制剂极为有效，20% 硫酸镁溶液 200 ～ 400 mL，连日或隔日静脉或皮下注射 3 次，首次应配合静脉注射 20% 硼酸葡萄糖酸钙注射液 200 mL，效果较好。

九、胃肠炎

（一）诊断要点

1. 发病原因

胃肠炎分为传染性胃肠炎和饮食性胃肠炎两种。发病多由于突然改变饲料，喂给腐败、霉烂、变质的饲料，食入有毒物质及冰冻饲料等。胃肠出血型败血病、犊牛大肠杆菌病、沙门氏杆菌病、恶性卡他热、病毒性下痢、空肠弧菌性冬痢、犊牛球虫病、肝片吸虫病等传染性疾病也能引起本病的发生。

2. 临床症状

病牛突然发生剧烈而持续性腹泻。排出的粪便稀呈水样，有黏液、假膜、血液或脓性物，恶臭。食欲、反刍消失，但口渴。喜卧地，表现腹痛，眼球下陷，精神不好，四肢无力。

（二）防治

消除发病因素，禁止喂给有毒食物和霉烂、变质饲料。如发现是由于传染性疾病引起的，应及早隔离消毒。应该用抗菌消炎药物治疗。内服黄连素，每日 3 次，每次 2 ～ 4 g。或内服磺胺，每日 3 次，每次 30 ～ 50 g。如发生严重脱水、酸中毒时，可考虑进行输液治疗。

治疗肉牛胃肠炎有良效的中药配方如下。

方一：灶心土 100 g、侧柏枝一把（烧成灰），混合后一次灌服。

方二：鲜马齿苋1500 g、龙胆草80～150 g，捣烂取汁，加童便2碗，混合后一次灌服。

方三：地榆34 g、血竭32 g、黄柏30 g、仙鹤草34 g、龙胆草23 g、茵陈28 g，共研为细末，开水冲烫，温凉后灌服。

方四：槐花（炒），加等量的蜂蜜，空腹喂下，每天1次喂800 g，连服3～6天。

方五：云南白药6～10 g，用温开水溶化后灌服。

方六：槐花（炒）70 g、当归40 g、黄芪40 g、地榆48 g、沙参37 g、地黄45 g、甘草30 g、白芍36 g，共研为细末，用蜂蜜200 g为引，开水冲，温凉后灌服。如果病牛气弱喘急，加阿胶36 g；粪便稀薄呈黄色，加苍术、茯苓、白术各35 g；体质瘦弱，四肢无力，加党参38 g、五味子35 g；小便短赤，加茯苓37 g、车前子30 g、泽泻38 g；若食欲、反刍减少或停止，加厚朴38 g、青皮40 g、大黄（酒炒）36 g。

十、尿道结石

（一）诊断要点

饲喂精料较多的肉牛，易发生尿道结石。典型表现是排尿困难和血尿。若结石在肾脏，表现为肾区疼痛，运步困难，步态紧张；若结石在输尿管，表现为有强烈的疼痛不安，尿量明显减少；若结石在膀胱，表现为频频排尿，排尿时呻吟不安，有时出现血性尿液；若结石在尿道，则表现为断断续续或点滴状排出尿液，排尿时弓背缩腹，后肢屈曲叉开。

（二）治疗

1. 饮食疗法

停止饲喂富含矿物质的饲料，补充富含维生素A的饲料，同时给予大量饮水或使用利尿剂。

2. 中药疗法

海金砂30～60 g、金钱草60～100 g、萹蓄30 g、瞿麦20～30 g、知母20 g、黄柏20 g、延胡索20～25 g、滑石30 g、木通20 g、甘草20 g，以上药物研成细末，开水冲服。也可将芒硝150 g、滑石50 g、茯苓30 g、冬葵子30 g、木通50 g、海金砂35 g，研末后开水冲服。

十一、真菌毒素中毒

（一）诊断要点

1. 发病原因

牧草保存不善，常会发霉变质，尤其是夏秋季堆垛时遭遇连阴雨天气，草垛的中心和底部常生长大量真菌，春季养牛饲喂这部分草料，就会出现中毒症状。引起牛中毒的真菌主要是镰刀菌毒素。镰刀菌可以寄生在稻草、麦秸、甘薯秧，花生秧、多种牧草等草料上。

2. 临床症状

真菌毒素主要作用于家畜的外周血管，使局部血管发生痉挛性收缩，导致管壁增厚、管腔狭窄，引起血流缓慢和血栓形成，出现水肿、出血与肌肉变形、坏死，若继发细菌感染，病情会进一步恶化，严重者可使球关节以下腐烂。本病常突然发生，病牛步态僵硬，细观会发现蹄冠微肿，凹部皮肤有横行裂隙，微热，有痛感。数日后，肿胀部会蔓延至腕关节或跗关节，行走困难。随后，肿胀部皮肤变凉，表面有淡黄色透明液体渗出。若继续发展，肿胀部位皮肤破溃后，导致出血、化脓、坏死，创面久不愈合，腥臭难闻。严重者，蹄匣可能脱落。有些病牛的耳尖和尾尖部位，会出现干性坏死，皮肤干硬，呈现暗黑色。

（二）防治

1. 预防

取用草垛底部的牧草时要注意检查，尤其是春雨绵绵时节，更需细心，发现结块霉烂的草料，应及早抛弃。注意观察牛群，发现有牛出现肢蹄部病变时，应细心检查，若确定属于发霉牧草中毒，应改用优质干草，同时补饲发芽饲料、白菜、萝卜、胡萝卜等，以补充维生素，增进食欲。

2. 治疗

发病初期，为促进血液循环，应热敷患肢，每天 2 ～ 3 次，每次 30 分钟，将白胡椒面 20 ～ 30 g与白酒 200 ～ 300 mL混合后，一次灌服。对皮肤破溃者，要及时使用0.1%新洁尔灭溶液清洗创面，创面撒布外用磺胺药，也可配合使用抗生素进行治疗。为了促进肉芽组织及上皮增生，加快疮口愈合，可用红霉素软膏涂敷患部，每天 1 ～ 2 次。病情严重者，可静脉注射 5% 葡萄糖 1000 ～ 2000 mL，配合 10% 维生素 C 20 ～ 40 mL。

十二、产后瘫痪

母牛产后瘫痪又称生产瘫痪或乳热证，是 5 ～ 9 岁母牛，分娩后突然发生的一种以舌、咽、肠道麻痹，四肢瘫痪，知觉丧失及体温下降为特征的常见多发性产科疾病。

（一）诊断要点

1. 发病原因

（1）日粮搭配不当。常见的是饲料中钙磷比例失调。钙和磷是构成牛骨骼的主要矿物质元素，来源于日粮。如果日粮搭配不合理，钙、磷含量不足或比例不当，或维生素D含量不足，就不能从血液和间质中源源不断地获取，即会妨碍吸收，引起牛的蹄叶炎、产后瘫痪、酮病、乳房水肿，甚至会引发牛的真胃变位、瘤胃酸中毒等多种疾病。

（2）产后泌乳过量。初乳中含有比常乳更高的钙和磷，当母牛分娩后，随着初乳的泌出，大量的钙磷从初乳中排出。即便初乳量不大，但因钙磷含量高，如果是为了获取大量的初乳，产后母牛挤出的初乳量大，就很容易使母牛的血钙量迅速下降，如果不能迅速从消化道补充、肠道吸收，或及时动用骨骼中的钙，就会使血钙含量快速下降，引发产后瘫痪。

（3）饲养管理不当。母牛产后产奶量大，血钙从乳汁中流失多，流失快，如果在产前停食时间过长；或饲料品种单一，粗饲料品质差，只供应玉米秸、麦秸、芦苇等杂草，母牛产后消化不良，吸收差；运动不足；接产过程中，消毒不彻底，保温措施不力，圈舍阴暗潮湿，长期光照不足；母牛临产过程中，难产强行拉拽胎儿，造成产道损伤，产后大失血；或难产时采取措施进行强行分娩，母牛体内储备大量消耗，等等，都可诱发或激发母牛的营养代谢性疾病，尤其是产后瘫痪的发生。

（4）生产年龄偏大。实践证明，随着母牛年龄的逐渐增大，本病的发病率也在上升。一般5～8岁的母牛，特别是奶牛，更容易发生本病。其原因可能是年龄越大，吸收能力越差，而青年牛胃肠机能好，虽然每天分泌的乳汁多，血钙下降也快，但都能快速从消化道和骨骼中得到补充。而随着年龄的增大，母牛的这种反应过程变得迟缓，胃肠吸收钙的能力也明显下降，血钙一旦出现快速下降，很难在短时间内得到快速补充，就会出现本病。

2. 临床症状

典型的母牛产后瘫痪多发生于产后12～72小时内。往往见不到有什么明显的临床症状就突然发生瘫痪。如果仔细观察，常可分为3个发病阶段。病初，产后母牛多表现不安，精神沉郁，食欲不振，空嚼磨牙，瘤胃蠕动音减弱，肠道麻痹，头颈和后肢僵硬，运动失调，强迫卧地时常呈犬坐姿势，知觉丧失；母牛分娩后3～7天，病牛常表现伏卧不起，四肢屈曲于胸腹之下，冷凉，无力活动，头向后仰，呈“S”状，体温正常或下降，心率、呼吸加快，前胃蠕动迟缓，食欲减退，反射消失，严重者瞳孔反射消失；分娩后1周，瘫痪病牛常现昏睡状，体温下降，反刍、胃肠蠕动停滞，胀气，直肠中可见干硬的结粪，膀胱充盈，病重者呼吸困难，心音微弱，瞳孔散大，意识丧失，卧地不起。

（二）治疗

下列处方中药物用量为体重200 kg母牛用量，具体用量可按体重大小灵活掌握，

1. 补钙疗法

处方1：①25%葡萄糖注射液500 mL，20%安钠咖20 mL；②10%葡萄糖注射

液 500 mL，维生素 B_1 注射液 30 mL；③ 10% 葡萄糖酸钙注射液 1500 mL，缓慢静脉注射。上述 3 组药物分别、依次使用。1 日 1 次。一般可连续用药 3 ～ 5 天。

处方 2：① 25% 葡萄糖酸钙 1000 mL，静脉注射；② 10% 葡萄糖酸钙注射液 1200 mL，20% 磷酸二氢钠注射液 250 mL，静脉注射；③ 0.1% 亚硒酸钠 – 维生素 E 注射液 40 mL，肌内注射上述 3 组药物分别依次使用。病情严重者，10% 安钠咖注射液（或 10% 樟脑磺酸钠注射液 20 ～ 40 mL），肌内注射；呼吸急促者，5% 碳酸氢钠注射液 500 mL，地塞米松磷酸钠注射液 10 mL。1 日 1 次。一般可连续用药 3 ～ 5 天。

处方 3：　10% 氯化钙注射液 250 mL，25% 葡萄糖注射液 1000 mL，地塞米松磷酸钠注射液 20 mg，混合后一次缓慢静脉注射。1 日 1 次。一般可连续用药 3 ～ 5 天。

处方 4：① 10% 水杨酸钠注射液 200 mL，40% 乌洛托品注射液 80 mL，静脉注射；② 10% 氯化钙注射液 250 mL，注射用维丁胶性钙 20 mL，静脉注射；③ 10% 葡萄糖注射液 1000 mL，缓慢静脉注射。上述 3 组药物分别依次使用。一般可连续用药 3 ～ 5 天。

处方 5：前胃迟缓的病牛，治宜兴奋胃肠道，恢复前胃功能。健胃散 250 g，吗叮咛 15 片，灌服。一般可连续用药 3 ～ 5 天。

2. 乳房送风疗法

尽量使趴卧的病牛呈侧卧位，暴露乳房；挤净奶汁，用酒精棉球消毒乳导管、乳头及周围。轻轻转动乳导管，缓慢插入乳头直至乳房内，先通过乳导管缓慢注入 5 万～ 10 万单位青霉素，稍等片刻，接上送风器或打气筒，分别向 4 个乳区打气送风。待乳房皮肤看起来已经胀满，轻轻敲打呈鼓音时，停止打气，缓慢取出乳导管，同时用纱布条将乳头扎紧，以不出气为度，2 小时后，解开纱布条，放出乳房内空气，并对乳房进行轻柔按摩。

3. 中兽医辨证治疗

中兽医认为，母牛产后瘫痪多因产前劳役过度，营养不足或失衡，身体瘦弱；或产后气血损耗，腠理不固，风寒湿邪乘机侵染，由表及里，传入经络，淤滞不通；或产后肝肾亏虚，营血不足，津液损耗，内不非神，外不养筋而发。

对发病初期病牛，当祛风舒筋，活血补肾。方用当归、黄芪、川续断、枸杞子、桑寄生、熟地、小茴香各 30 g，川芎、威灵仙各 20 g，益智仁、补骨脂、麦芽各 45 g，青皮 25 g，甘草 20 g。共研为末，开水冲调，候温灌服。每日 1 剂，连用 3 ～ 5 剂。

本病到了中后期，治宜气血双补，重补肝肾，活血化瘀，祛风除湿。方用独活、秦艽、当归、杜仲、牛膝、党参、茯苓各 30 g，桑寄生、熟地各 45 g，防风、白芍各 25 g，川芎、桂心各 15 g，细辛 6 g，甘草 20 g。共研为末，开水冲调，候温灌服。每日 1 剂，连用 3 ～ 5 剂。如疼痛明显，可酌加制川乌、制草乌、白花蛇等，以助疏风通络，活血止痛；寒邪偏盛时，酌加附子、干姜，以温补散寒；湿邪偏盛时，去熟地，酌加防己、薏苡仁、苍术，以祛湿消肿。

中后期病牛也可用党参、白术、益母草、黄芪、当归各 50 g，白芍、陈皮、大枣各40 g，熟地、川芎各30 g，升麻、柴胡各25 g，甘草20 g。共研为末，开水冲调，候温灌服。每日1剂，连用3～5剂

对卧地不起的病牛，治宜活血化瘀，强筋壮骨。方用红花、丹皮、当归、白术、川芎各25 g，牛膝20 g，延胡索、没药、桃红、赤芍各45 g，甘草20 g。共研为末，开水冲调，候温灌服。每日1剂，连用3～5剂。

十三、胎衣不下

正常情况下，母牛产犊后12小时内可自行排出胎衣，如果12小时内胎衣不能自行全部排出而滞留于子宫内，称为母牛胎衣不下，又称胎衣滞留。胎衣不下可引发母牛子宫内膜炎，影响其正常繁殖，严重者子宫感染，还可导致母牛患乳房炎、不孕症，甚至引起败血症而死亡。

（一）诊断要点

1. 发病原因

（1）日粮营养不均衡。母牛在妊娠期，尤其是妊娠后期（奶牛干奶期），如果粗饲料品质差，日粮营养水平不均衡，特别是矿物质元素、微量元素、维生素的含量少，或钙磷比例不合理，将导致钙吸收差。相关资料证明，饲料中含钙量低，是诱发母牛胎衣不下的重要因素。

（2）体质差、子宫收缩力不足。妊娠期母牛如果拴系饲养，运动量小，光照不足；或过度肥胖，过度瘦弱：或老龄母牛体质较差，临产时子宫将收缩无力。此外，因胎儿过大，胎水过多，导致胎盘迟缓，子宫收缩力也会不足。妊娠期感染某些传染病，如布鲁氏杆菌病、结核病等，也容易导致胎儿胎盘与母体胎盘粘连，临产时子宫收缩无力。

（3）环境影响。母牛产犊时，产房周围环境嘈杂，不仅影响产犊进程，还会导致胎衣不下。产程中母牛突然受到惊吓，子宫极易马上过紧收缩，使已经脱落的胎衣无法及时排出。

2. 临床症状

母牛产犊12小时后，胎衣仍未排出，母牛主要表现不安，哞叫，回头顾腹，弓背，努责。全部胎衣不下时，阴门外无异物。部分胎衣不下时，见一部分已经排出的胎衣挂在阴门外，起初呈鲜红色或土红色，随着时间延长，排出的胎衣逐渐腐败变质，变成灰白色，从阴门流出污秽的恶臭血水，并带有部分坏死的组织碎片或胎衣，卧下或按摩子宫，流出液更多。如果24小时内仍不能完全排出胎衣，产后母牛常出现全身症状，精神沉郁，食欲不振，前胃弛缓，有时继发瘤胃臌气。

（二）治疗

下列处方中药物用量为体重 200 kg 母牛用量，具体用量可按体重大小灵活掌握。

1. 促进子宫收缩

处方 1：垂体后叶素 40 ～ 80 单位，肌内注射，2 小时后重复注射 1 次。

处方 2：①子宫内缓慢注入温热的 10% 盐水 2000 mL，同时加入土霉素 3 g；② 5% 葡萄糖酸钙注射液 250 mL，静脉注射；③双氯芬酸钠注射液 20 mL，青霉素 480 万单位，青霉素钠 320 万单位，肌内注射。上述 3 组药物分别依次使用。每天 1 次，一般连续用药 3 ～ 5 天。

处方 3：① 20% 氯化钙 60 mL，生理盐水 350 mL，静脉注射；②双氯芬酸钠 20 mL，青霉素 480 万单位，青霉素钠 320 万单位，肌内注射。上述 2 组药物分别依次使用。每天 1 次，一般连续用药 3 ～ 5 天。

处方 4：0.25% 氯化氨甲酰甲胆碱注射液 20 mL，青霉素 480 万单位，青霉素钠 320 万单位，混合后一次性皮下注射。如胎衣在子宫内停留时间太长，可于 12 小时后重复注射 1 次。

处方 5: 前列烯醇 6 mL，青霉素 480 万单位，青霉素钠 320 万单位，混合后肌内注射。

处方 6: 缩宫素 8 mL，青霉素 480 万单位，青霉素钠 320 万单位，混合后肌内注射。

2. 预防感染

金霉素 2 g，装入胶囊内投入子宫。每日 1 次，连投 3 日。

全身症状明显的病牛，可用 20% 葡萄糖酸钙注射液 500 mL，维生素 C 注射液 50 mL，10% 安钠咖 30 mL，20% 葡萄糖注射液 1000 mL，一次静脉注射，连用 3 日；也可用 5% 葡萄糖生理盐水注射液 1500 mL，头孢噻呋钠 5 g，维生素 C 注射液 50 mL，地塞米松磷酸钠 20 mg，10% 葡萄糖注射液 1500 mL，一次静脉注射，每日 1 次，连用 3 日。

3. 中药治疗

可根据情况，任选下列方剂之一治疗。

①当归 120 g，党参、黄芪各 50 g，黄芩 40 g，川芎、桃仁各 45 g，炮姜、红花各 30 g，炙甘草 15 g，共研为末，开水冲泡半小时，加黄酒 250 mL，一次灌服。每日 1 剂，连用 3 剂。

②当归 60 g，红花、牛膝各 30 g，肉桂 15 g，共研为末，开水冲泡半小时，加黄酒 250 mL，一次灌服。每日 1 剂，连用 3 剂。

③赤芍、当归尾、龟板各 60 g，桃仁、荆三棱、莪术各 30 g，红花 20 g，血余炭 15 g，共研为末，开水冲泡半小时，加黄酒 250 mL，一次灌服。每日 1 剂，连用 3 剂。

④黄芪 60 g，党参 40 g，当归 30 g，柴胡、陈皮各 20 g，白术、川芎各 15 g，升麻 10 g；如有体温升高时，加黄芩 30 g，金银花 45 g。加水 500 ～ 1000 mL，共煎 2 次，2 次煎液合在一起，候温灌服，每日 1 剂，连用 3 剂。

4. 手术治疗

用药物治疗无效的患牛，应采用手术治疗。

方法 1：胎衣剥离术。母牛产后 2 天有部分胎衣不下时，可用此方法。具体操作：术者剪指甲、消毒手臂、涂抹石蜡油。洗净母牛外阴及周围，先向子宫内注入温热的 10% 食盐水 2000 mL。术者左手拉住已经排出的胎衣，右手沿着露在体外的胎衣深入子宫内，由前向后、先左再右，用拇指和食指捏住胎膜的边缘，轻轻地从母体胎盘上剥开一点，然后顺茬轻拉捻转，如此逐个剥离胎盘，直至胎衣被完全剥离取出。

方法 2；捻转术。取一干净木棍，一头戳进已经外露的胎衣中间，用细麻绳把胎衣绑在木棍上，然后向一个方向转动木棍，让胎衣缠在木棍上，边缠边向外拉拽胎衣，但不可强拉硬拽。此方法有时也能使胎衣快速排出。

注意事项；对母牛产后 2 天，胎衣仍全部不下的患病母牛，也可以应用这两种方法进行手术剥离，但不宜过早进行手术，因为剥离容易损伤子宫并引发感染。同时，为防止子宫炎症，可在手术治疗后用温热的 0.1% 高锰酸钾溶液或 2% ～ 3% 的明矾水 2000 mL 冲洗子宫，后注入土霖素 3 g 或放入四环素 30 片。必要时可肌注青霉素 320 万单位，每日 2 次，连用 3 日。

十四、子宫脱垂

母牛子宫角、子宫体、子宫颈的部分或全部翻转于阴道，并脱出于阴门外的现象，称为子宫脱垂。如不及时正确处置，可继发腹膜炎，甚至导致败血症而死亡。

（一）诊断要点

1. 发病原因

本病多发于产后。常因体质虚弱、饲养管理失宜或劳役过度，致使母牛子宫韧带松弛，胞宫失去悬吊与支持作用而翻转脱出；或老弱经产母牛体质虚弱，产前过度劳役或产后过早使役且饲养管理不善；母牛长期缺乏运动，肌肉松弛，便秘难下，努责过度；胎儿过大，胎水过多，子宫过度伸展进而松弛；或因其他原因导致腹压突增，均可造成子宫翻转脱出。

2. 临床症状

母牛产后见阴门外挂一圆形肉团，仔细辨认，大多为子宫，有时也附有未脱离的胎衣。脱出物两角处向内凹陷，有许多暗红色的子叶，为母体胎盘。如果脱出时间长，脱出物逐渐淤血、水肿，变成黑褐色肉冻样物，严重感染，破溃流出黄水。如发生在寒冷的冬季，还会因冻伤而坏死。

病牛表现神疲体倦，卧地不起，食欲、反刍渐减，四肢微肿，尿频。严重者继发腹膜炎甚至败血症而死亡。

（二）治疗

1. 手术整复

将 1% ～ 3% 的温食盐水或白矾溶液清洗脱出的肉团及外阴周围，去除黏附在肉团上的污物、杂草及坏死组织。用冰片或白矾适量，研为细末，涂抹在肉团上，以便使脱出物尽量收缩。若已发生水肿，应用小三棱针乱刺外脱的肿胀黏膜，放出血水。

整复时，术者用拳头抵住子宫角末端，在病牛努责间隙把外脱的子宫推进产道，还纳于骨盆腔，并把子宫所有皱褶舒展，使其尽量完全复位、复原。而后，进行阴唇的纽扣状缝合，即在阴屑两外侧各垫上 2 ～ 3 粒纽扣，纽扣的下面向外，线通过纽扣孔进行缝合，然后打结固定。同时，取新砖一块烧热，喷上一些食醋，用数层布或毛巾包裹，放在阴门外热敷，以利子宫复原，防止再脱。

2. 药物治疗

整复后应同时使用药物治疗。

催产素 50 ～ 100 单位，皮下或肌内注射。头孢噻呋钠 4 g，双黄连注射液 80 mL，肌内注射，每日 2 次，连用 3 天。也可用氯化钙 50 g（或葡萄糖酸钙 100 g），25% 葡萄糖 1500 mL（或 50% 葡萄糖 500 ～ 1000 mL），地塞米松磷酸钠 15 mg，维生素 B_2 50 mL，维生素 C50 mL，静脉注射。每日 1 次，连用 3 天。

3. 中药治疗

手术整复后，可对症选药治疗。

如病牛脱出物不能缩回，色暗紫。病牛不断努责，神志倦怠，反刍少，口色青紫，脉象沉涩者。此为气滞血瘀，治宜行气活血，消肿止痛。方用当归、赤芍各 40 g，川芎、乳香、没药、续断各 30 g，郁金、乌药、杜仲各 35 g，甘草 15 g。加水适量，煎服。每日 1 剂，连用 3 剂。

如病牛脱出物不能缩回，卧地不起，食欲、反刍均少，大便稀溏，四肢微肿，后躯肢冷，口色淡白，脉象细而无力。此为气血双亏，治宜补脾益肾，养血敛阴。方用党参 50 g，白术、当归各 45 g，茯苓、白芍、熟地各 40 g，川芎、附子、肉桂各 30 g，甘草 20 g。加水适量，煎服。每日 1 剂，连用 3 剂。

如病牛脱出物不能缩回，脱出物严重感染，甚至破溃流水，尿频尿痛，尿色赤黄，口渴但不饮或少饮。此为湿热下注，治宜清热利湿，泻火解毒。方用大黄 35 g，土茯苓 30 g，栀子、木通、茵陈、灯芯草、泽泻各 25 g，滑石、车前草各 20 g。加水适量，煎服。每日 1 剂，连用 3 剂。

4. 针灸疗法

可针灸百会、命门、尾根、阴俞等穴，每天 1 次，连针 3 天。电针后海、脱肛二穴（位于肛门两侧约 2 cm 处，左右各一穴），每天 1 ～ 2 次，每次 30 分钟以上。或者在后海穴和肛脱穴（位于阴唇中点旁约 2 cm 处，左右各一穴）用 18 ～ 29 号针头进针 4.5 cm 左右，分别注入 0.25% 盐酸普鲁卡因注射液 5 mL。

为控制子宫再次脱出，可取两侧阴脱穴（阴唇两侧，阴唇上下联合中点旁 2 cm 处，左右各一），各注射 95% 酒精 25 mL，每日 1 次，连用 2 天。

十五、酮病

酮病是指因糖、脂肪代谢障碍使血糖含量减少，而血液、尿液、乳汁中酮体含量异常增多的一种代谢性疾病。临床上表现为消化功能障碍（消化型）和神经系统紊乱（神经型），以低血糖、高血脂、酮血、酮尿、脂肪肝、酸中毒，以及体蛋白消耗多、食欲减退或废绝为临床特征。常发于产后 3 周左右的母牛。

（一）诊断要点

1. 发病原因

血糖代谢负平衡，是导致该病的根本原因。有原发性和继发性两种类型。

（1）原发性病因与高蛋白、低能量饲料喂量过大，特别是碳水化合物饲料饲喂不足有关。主要出现在妊娠后期和泌乳初期。此外，饲喂过多过度发酵、质量低劣的青贮饲料；前胃功能障碍，产生过量的脂肪酸；体态过于肥胖等，均可引起酮病。

（2）继发性病因多与产后瘫痪、子宫内膜炎、低磷血症或低镁血症等有关。

2. 临床症状

（1）消化型酮病。多在分娩后几天至数周内，尤其是在挤奶次数过多或泌乳盛期的奶牛发病率较高。病牛精神沉郁，食欲不振，反刍停止，拒食精料，喜食干草及污秽的垫草，常舔食泥土，啃咬栏杆。病牛鼻镜无汗，呼出的气体、皮肤和尿液有醋酮味或烂苹果味，牛奶易起泡沫，有醋酮味。有的病牛出现反复腹泻，或腹泻便秘交替发作。可视黏膜苍白或黄染。体重下降，日渐消瘦，脱水，见眼窝下陷，皮肤弹性降低。心跳每分钟 100 次以上，心音恍惚，第一、第二心音不清；体温一般无明显变化或略低于正常。

（2）神经型酮病。多在分娩后 7 ～ 10 天发病。除了具有消化型酮病的临床症状外，往往表现兴奋狂躁、双眼凶视，做攻击状，不断咀嚼、流涎，常做转圈运动。肌肉尤其是颈部肌肉痉挛，全身抽搐。随着病情不断发展，转为抑制，表现后躯运动不灵活甚至轻瘫，反应迟钝，重者昏睡状。体温下降。

（二）治疗

1. 西医疗法

① 50% 葡萄糖注射液 1000 mL，地塞米松磷酸钠 30 mg；② 5% 碳酸氢钠注射液 1500 mL，辅酶 A 500 单位。上述两组药物分别依次静脉注射，每日 1 次，连用 3 ～ 5 天。

同时，丙酸钠 300 g/ 天，分 2 次口服，连用 10 天。

神经型酮病，除使用上述方法治疗外，每天胃管灌服 2 次水合氯醛 10 g，连用 3 ～ 5 天。神经症状仍不缓解的病牛，可在以下两个处方中任选其一。

处方 1：10% 葡萄糖酸钙注射液 500 mL，静脉注射，每日 1 次，连用 3 ～ 5 天；同时用 10% 安钠咖注射液 20 mL，肌内注射，每日 1 次，连用 3 天。

处方 2：5% 氯化钙注射液 300 mL，5% 葡萄糖注射液 500 mL，单独或混合静脉注射，每日 1 次，连用 3 ～ 5 天；同时用 10% 安钠咖注射液 20 mL，肌内注射，每日 1 次，连用 3 天。

2. 中兽医疗法

如证见前胃蠕动微弱无力，纳差或不食，腹泻或腹泻便秘交替发作，黏膜苍白，泌乳量减少或停止，乳房干瘪，消瘦。此为脾胃气虚所致，治宜补气健脾，活血补血。药用党参、神曲、苍术各 60 g，白术、茯苓、山楂各 40 g，当归、熟地、川芎、白芍、半夏、陈皮、厚朴、木香、莱菔子各 30 g，黄连、草豆蔻各 25 g，干姜 15 g，甘草 20 g。加水适量，水煎 2 次，混合后分 2 次灌服。连用 3 ～ 5 天。如有消化不良，便中见未消化饲料渣者，用山楂 50 g、神曲 70 g，加砂仁 20 g；前胃蠕动不明显者，用厚朴 45 g，加枳壳 30 g；久病体虚，体温下降者，用党参 80 g，加黄芪 25 g；产后数日仍恶露不止者，去党参、白术，加益母草 60 g，金银花 40 g，鱼腥草 30 g；有明显神经症状者，去茯苓，加石菖蒲 30 g，酸枣仁 35 g，茯神、远志各 20 g。

如证见病牛卧地打滚甚至轻瘫不起；或狂躁不安，横冲直撞，双目凶视，眼球震颤，全身肌肉痉挛抽搐，猝然昏倒。此为肝血不足所致。治宜镇肝熄风，滋阴潜阳。方用生赭石 120 g，生牡蛎、酸枣仁、山茱萸、生龙骨各 60 g，当归 80 g，白芍、麦冬、菊花子、枸杞子、泽泻各 45 g，川芎、茯苓、甘草各 30 g。加水适量，水煎 2 次，混合后分 2 次灌服。连用 3 ～ 5 天。

十六、犊牛腹泻

犊牛腹泻是因肠蠕动亢进、内容物吸收不全，导致未被吸收的肠内容物和大量水分排出体外的一种疾病。临床上可分为因感染了病原微生物、寄生虫等引起的感染性腹泻和因饲养管理不当引起的消化不良性腹泻两种。犊牛阶段，10 日龄左右多发；初冬到早春，气候寒冷季节多见。

（一）诊断要点

1. 发病原因

（1）感染性腹泻

毒或球虫等，均可引起感染性腹泻。

（2）消化不良性腹泻

①犊牛管理不当。犊牛腹泻多发生在吸吮母乳不久，或出生后 1 ～ 2 天内。犊牛没有及时吃上初乳，初乳喂量不足，母牛患有乳腺炎导致初乳不洁，均可使犊牛体内缺乏足够的免疫球蛋白，抗病力低下，引发本病。

②妊娠母牛营养不全价。母牛在妊娠期，日粮粗劣，缺乏蛋白质、维生素矿物质等营养，导致营养代谢紊乱，胎儿发育受阻，出生后犊牛发育不良，体质衰弱，抗病力低；母乳中缺少必要的营养。

③环境条件差。圈舍内部温度低，不能透光；阴冷潮湿，通风不良，是犊牛腹泻的重要诱因。

2. 临床症状

（1）感染性腹泻

①大肠杆菌感染。感染大肠杆菌后引起的腹泻多发生于 10 日龄内，尤其是 1 ～ 3 日龄内的新生犊牛。常在犊牛未及时吃足初乳或发生消化障碍时突然发病，母乳不足或质量不佳、牛舍卫生条件差、温暖的小气候控制不力等均可诱发本病。急性病例多发生于 2 ～ 3 日龄内的出生犊牛，呈急性败血型变化，发热，间有腹泻，病程 2 ～ 3 天即死亡。10 日龄内的犊牛多呈慢性经过，临床症状较轻，食欲减退或废绝，排水样稀粪；而后呈现出明显的鼻黏膜干燥，皮肤弹性下降，眼球凹陷等脱水症状；有时出现不安、兴奋等神经症状，以后昏迷。严重病例体温下降，虚脱，衰竭，继发肺炎而死亡。

②沙门氏杆菌感染。感染沙门氏杆菌后引起的腹泻多见于 1 月龄左右的犊牛，也叫犊牛副伤寒。常突然发病，体温升高到 40℃左右，下痢带血，混有黏液、纤维素性絮状物，后肢踢腹。严重者脱水，衰竭，5 ～ 6 天后即死亡。

③病毒性感染。新生犊牛病毒性腹泻是由多种病毒引起的急性腹泻综合征。由轮状病毒感染引起的腹泻，多发生于 1 周龄内的犊牛；冠状病毒感染引起的犊牛腹泻，多发生于 2 ～ 3 周龄的犊牛。病犊牛表现精神不振，食欲减退或废绝，呕吐，排黄白色稀粪。

④球虫感染。犊牛球虫病多见于 1 月龄以上的犊牛，4 ～ 9 月温暖潮湿的季节。感染球虫后的犊牛，下痢，里急后重，便中带血，恶臭。后期食欲废绝；被毛粗乱无光。可视黏膜苍白，贫血，喜卧甚至卧地不起。用饱和盐水漂浮法检查患病牛犊的粪便，可检出球虫卵囊。

（2）消化不良性腹泻

常见于 12 ～ 15 日龄犊牛。病犊腹泻，粪便呈灰白色、褐色或黄色粥样稀薄，有时混有未被消化的凝乳块；有时呈水样腹泻，甚至水枪样从肛门排出；排粪次数多，臭味小，沾污后躯。慢性病例因肠内容物过度发酵，会产生自体中毒甚至继发肠炎，腹泻症状加剧。

（二）治疗

1. 感染性腹泻

（1）犊牛大肠杆菌病。选用广谱抗生素或敏感抗生素治疗；脱水严重的病犊牛，强心补液，配合使用维生素 B、维生素 C，纠正酸中毒；纠正低血糖、低血钾和代谢性酸中毒。

抗生素治疗可用青霉素 80 万～ 160 万单位，链霉素 100 万单位，或氨苄青霉素 80 万单位，或恩诺沙星注射液 20 mL，一次肌内注射，每天早晚各 1 次，连续注射 3 ～ 5 天。

脱水严重的犊牛，在应用抗生素治疗的同时，还要用 5% 葡萄糖生理盐水 1 500 ～ 3000 mL，加入 5% 碳酸氢钠注射液 150 ～ 300 mL，静脉滴注，每天 1 ～ 2 次，连用 3 ～ 5 天。也可用 5% 葡萄糖氯化钠注射液 500 mL、10% 葡萄糖注射液 500 mL、5% 碳酸氢钠注射液 250 mL，配合 10% 安钠咖注射液 10 mL，10% 维生素 B, 注射液 20 mL、10% 维生素 C 注射液 20 mL，静脉滴注。

危重腹泻患病犊牛需要大量补液时，加入 10% 银化钾注射液 50 ～ 80 mL 静脉滴注，每天 1 ～ 2 次，连用 3 ～ 5 天。口服补液可用氯化钠 3.5 g，氯化钾 1.5 g，碳酸氢钠 2.5 g，葡萄糖粉 20 g，常水 1000 mL，混溶后口服，每次 50 ～ 100 mL/kg，每天服用 3 ～ 4 次。每头病犊牛每天每次口服氟哌酸 2.5 g，每天 2 ～ 3 次；同时用 6% 低分子右旋糖酐注射液、5% 葡萄糖氯化钠注射液、5% 葡萄糖注射液、5% 碳酸氢钠注射液各 250 mL，氢化可的松注射液 100 mL，10% 维生素 C 注射液 20 mL，混溶后一次静脉滴注。轻症每天 1 次，重危症每天 2 次，连用 3 ～ 5 天。如果病犊牛有抽搐、昏迷等神经症状时，可同时静脉注射 25% 硫酸镁注射液 40 mL 预防本病，要保证牛舍和牛体卫生，产后 12 小时内让犊牛吃上、吃足初乳，防止直接接触粪便。母牛在怀孕期间，保证饲料营养全面均衡。饮水清洁，犊牛可自由饮用 0.1% ～ 0.5% 高锰酸钾水。

（2）犊牛沙门氏杆菌病。内服氟苯尼考，20 mg/kg，每天 3 次，也可剂量减半肌内注射，连用 5 ～ 7 天。对症治疗可参考犊牛大肠杆菌病用药。

中药治疗，1 ～ 2 月龄病犊牛可用白头翁 100 g，黄连、黄柏各 30 g，泽泻、元参、猪苓、生地各 20 g，黄芩、苍术、秦皮、炒槐花、炒丹皮、党参、炒栀子、侧柏叶、白术各 15 g。共研末，用 500 mL 开水冲调，候温灌服，每天 1 次，连用 5 天。

预防本病，要加强对母牛和犊牛的饲养管理，保持牛舍空气清新、清洁干燥，注意母牛乳房卫生，保证饲草饲料质量，定期消毒。疫区可注射牛副伤寒灭活菌苗，妊娠母牛产前 1.5 ～ 2 个月肌内注射 2 ～ 5 mL，所产犊牛 1 ～ 1.5 月龄时注射 1 ～ 2 mL。

（3）病毒性腹泻。本病无有效治疗方法，在加强护理和对症治疗的同时，可用中药提高治疗效果。1 ～ 3 周龄病犊牛可用熟地 10 g、黄柏 15 g、黄芪 12 g、黄芩 15 g、罂粟壳 15 g、茯苓 10 g、党参 10 g、白芍 10 g、石榴皮 12 g、泽泻 10 g、地榆 12 g、神曲 10 g、山楂 14 g、麦芽 10 g、当归 10 g、甘草 20 g，加水 1000 mL，煎煮到 500 mL，候温给病犊牛分 2 ～ 3 次灌服，每天 1 剂，连用 5 剂。加强饲养管理，定期检疫、隔离、净化。发现病犊牛，及时隔离治疗。

（4）寄生虫性腹泻。1 月龄以上的犊牛，内服 5 ～ 8 mg/kg 阿维菌素片、每天 2 次，连用 3 天。服用驱虫药后 1 周内的粪便要集中堆积发酵。

牛舍保持通风干燥，消除积水，定期消毒。定期擦洗哺乳母牛乳房。保持饲料活水清洁，严防粪尿污染。犊牛要与成年牛分开饲养。

2. 消化不良性腹泻

先禁乳 8 ～ 10 小时，改用口服补液盐；用液状石蜡油 150 ～ 200 mL，一次灌服，排出肠内容物；次日用磺胺脒、碳酸氢钠各 4 g，一次喂服，每天服用 3 次，连服 2–3 天，控制继发感染和酸中毒；腹泻而脱水者，尽快补充 5% 碳酸氢钠注射液 250 mL，5% 葡萄糖注射液 300 mL，5% 葡萄糖氯化钠注射液 500 mL，一次静脉注射，每日 1 ～ 2 次，连用 2 ～ 3 天，以补充电解质。下痢带血的病犊，还可用维生素 K，注射液 4 mL 肌内注射，每天 2 次，直至便中无血。

第二节　常见传染病的防治

一、支原体肺炎

（一）诊断要点

1. 发病原因

由牛支原体引起。牛支原体主要寄生在鼻腔，是牛呼吸道黏膜上的常在菌，在应激条件下，特别在长途运输、气候骤变、饲料更换以及转群、断奶、分娩等应激条件下，或犊牛从犊牛舍转到后备牛舍后，由于饲养方式和环境条件的改变，支原体即成为致病菌，并诱发本病，奶牛、肉牛常见多发。通过飞沫、被污染的脐带、污染的奶桶、水桶、饲喂用具以及没有消毒的初乳和消毒不好的巴氏奶，经呼吸道、消化道、脐带等途径传播。牛舍通风不良、空气不流通、空气污浊是本病发生的根本原因。

2. 临床症状与病理变化

各种年龄段的牛都可感染，犊牛感染时可引发肺炎、关节炎，成年牛感染则可引发肺炎、关节炎、乳腺炎。

（1）犊牛肺炎。病初犊牛体温升高达 40℃以上，中、后期体温可升高到 42℃；精神沉郁、痛苦呻吟，有时卧地，食欲减退；支原体感染首先侵害的是呼吸道黏膜，表现咳嗽，气喘，张口、伸颈呼吸，清晨及半夜或天气转凉时咳嗽加剧，无鼻液或只有少量清亮鼻液，若伴发肺炎链球菌和巴氏杆菌感染后，病犊牛有脓性鼻涕。严重的犊牛，食欲废绝，逐渐消瘦，皮毛粗乱无光，生长极慢。剖检，鼻腔与气管内有黏性分泌物；肺脏肿大，有大面积的红色肉变区；肺脏实变，表面有大小不等的陈旧性出血斑，切面陈旧性出血；继发巴氏杆菌感染时，肺脏实变，表面有点状化脓性坏死灶。

（2）犊牛关节炎。多发于 8 ～ 15 日龄，常见前肢或后肢一个或多个关节坚实样肿胀，疼痛，难以屈曲，关节变形，运步时呈三脚跳跃式前进。病犊牛吃奶减少或不吃奶，精神沉郁。如同时伴有支原体肺炎，病犊牛经 5 ～ 7 天死亡，病死率高；勉强不死的病犊牛，因关节严重变形，也失去留养的价值。

关节外形肿胀、轮廓明显改变；关节囊内无积液，不化脓；关节软骨、韧带变性、坏死，关节腔内有黄色干酪样性坏死物。

（3）成年牛肺炎、关节炎、结膜炎等。病牛体温升高达 42℃，精神沉郁，食欲减退，咳嗽，气喘，有清亮或脓性鼻液，严重者食欲废绝，病程稍长时患牛明显消瘦，被毛粗乱无光。有的继发腹泻，粪便水样或带血；有的继发关节炎，表现跛行、关节肿胀等症状；也有的继发结膜炎，眼结膜潮红，有大量浆液性或脓性分泌物。

剖检，肺有不同程度实变，轻者肺尖叶、心叶和膈叶都有红色肉变，或有化脓灶散在分布，严重者肺部广泛分布有干酪样或化脓样坏死灶；气管、支气管内有干酪样分泌物或乳白色泡沫，肺和胸膜发生不同程度粘连，胸腔积液，心包积水，液体黄色澄清。

（二）防治

有效控制本病的基本原则是早诊断、早隔离、早治疗。敏感药物有四环素类（四环素、多西环素等）、喹诺酮类（恩诺沙星、环丙沙星等）、大环内酯类（泰乐菌素、替米考星等），因牛支原体无细胞壁，因而青霉素类、头孢类、磺胺类药物无效。

加强牛群引进管理，不从疫区或发病区引进牛，坚持就近原则和产地购牛原则，减少交易环节；牛群引进后应进行隔离观察，确保无病后方可与健康牛混群；引进牛群要做好检疫，防止引进病牛或处于潜伏感染期的带菌牛；育肥牛群采用全进全出制度，在空栏期要对牛群进行彻底消毒；保持牛舍空气流通、通风良好，清洁、干燥。牛群密度适当，避免过度拥挤；不同牛龄及不同来源的牛应分开饲养，适当补充精料中的维生素及矿物质元素，保证日粮的全价营养；粗饲料与精饲料搭配适当，定期消毒牛舍；在犊牛岛集中进行犊牛饲养，可以为犊牛提供一个良好的饲养环境和独立空间，降低犊牛在哺乳期的发病率，使用犊牛岛不仅能降低犊牛的发病率，还能改善犊牛的饲养管理制度，提高犊牛的成活率和生产性能。同时，要加强对牛初乳和常乳的消毒。

二、结核病

牛结核病是由结核分枝杆菌引起的一种严重威胁人类健康和畜牧业健康发展的人畜共患慢性传染病，以组织器官的结核结节性肉芽肿和干酪样、钙化的坏死病灶为特征，奶牛最易感，水牛、黄牛、牦牛、鹿等多种动物也易感。我国将其列为二类动物疫病，世界动物卫生组织（OIE）将其列为必须报告的动物疫病。近年来，由于饲养量不断增长、异地调运频繁，牛结核病的防控形势不容乐观，为有效控制和净化牛结核病，切实保障畜牧业生产安全、动物产品质量安全和公共卫生安全，必须坚持预防为主、因地制宜、分类指导、逐步净化的防控方针和防治策略，把养殖场（户）作为防治本病的主体，不断完善养殖场生物安全体系，严格落实监测净化、检疫监管、无害化处理、应急处置等综合防治措施，积极开展场群和区域净化工作，有效清除病原，降低发病率，压缩流行范围，逐步实现防治工作总体达标。

（一）诊断要点

1. 病原特点

本病的病原是结核分枝杆菌。对人、畜有致病力的结核分枝杆菌主要有牛型、人型和禽型 3 个类型，引起牛结核病的病原主要是牛型结核分枝杆菌，人型、禽型也可引起本病。结核分枝杆菌菌体长 1.5 ～ 5 μm、宽 0.2 ～ 0.5 μm，不同类型的结核分枝杆菌形态略有差异，人型结核分枝杆菌较直或微弯、细长，棍棒状，多呈单独或平行相聚排列，间有分枝状排列；牛型结核分枝杆菌比人型稍短粗，着色不均匀；禽型结核分枝杆菌短而小，呈多形性。

结核分枝杆菌无芽孢、鞭毛和荚膜，也没有运动性；为严格的需氧菌，革兰氏染色阳性，但不易着色；生长最适 pH 为：牛型结核菌 5.9 ～ 6.9、人型结核菌 7.4 ～ 8.0、禽型结核菌 7.2；最适生长温度 37 ～ 38℃。

结核分枝杆菌的细胞壁中含有丰富的蜡质类，对外界有很强的抵抗力，自然环境中生存能力较强，耐干燥、耐湿冷，在干燥的痰中能存活 10 个月，在土壤、粪便中可存活 5 ～ 7 个月，在常水中可存活 5 个月，在奶中可存活 90 天，但对直射阳光和湿热的抵抗力较差，直射阳光下数小时死亡，60℃ 30 分钟、70℃ 10 ～ 15 分钟、100℃水中立即死亡。常规消毒药如 5% 来苏尔、3% ～ 5% 福尔马林、70% 酒精、10% 漂白粉溶液等均有可靠的消杀作用。常规抗菌药物中，链霉素、异烟肼、对氨基水杨酸、环丝氨酸等敏感，但对青霉素、磺胺类药物及其他广谱抗生素不敏感。

2. 流行病学

结核分枝杆菌可感染人及多种家畜、家禽，家畜中以牛，尤其是奶牛最易感，水牛易感性也很高，黄牛和牦牛次之。患病动物，尤其是开放性结核病动物，结核杆菌广泛存在于机体各个器官的病灶内，是主要的传染源。牛结核可通过消化道、呼吸道，由粪便、乳汁、尿、痰等将病菌扩散、污染周围环境和水源、流入土地，通过呼吸、吮乳等途径被人和动物吸入而感染。农村散养牛以散发为主，规模化养牛以区域性发病多见。

本病一年四季均可发生。一般说来，舍饲的牛因通风差，牛之间可相互接触，因而更容易发病，且传播速度更快。牛舍过度拥挤、阴暗潮湿、污秽不洁，役牛过度使役、奶牛过度挤乳，饲料营养缺乏维生素和矿物质、饲养条件不良等，可促进本病的发生和传播。

3. 临床症状

本病的潜伏期一般为 20 ～ 45 天，有的可长达数月甚至数年。临床呈慢性经过，病程长，症状多不明显，主要表现为体表淋巴结尤其是头部和胸部淋巴结肿大、营养不良、渐进性消瘦等，役牛劳动能力下降，奶牛泌乳能力降低。因发病部位不同，临床上有多种类型，分别表现出发病器官受损的相应临床症状。奶牛感染结核病后主要表现为肺结核、乳腺结核、淋巴结核、肠结核，偶尔出现生殖器结核、脑结核、全身结核。其中，肺结核最常见。

（1）肺结核是牛结核病最常见的临床类型。发病初期病牛易疲劳，出现短促的干咳，以后逐渐加重并变成湿咳；清晨、饮水后咳嗽加重，呼吸增数，鼻孔流出淡黄色黏液或脓性鼻液；肺区听诊为罗音，胸膜结核时有摩擦音，叩诊为浊音；进行性（病情仍在继续发展）病例中，肩前淋巴结、颌下淋巴结、咽部及颈部淋巴结等处淋巴结肿大，可导致空气流通受阻，食道或血管堵塞，有时，头、颈部淋巴结肿大后可出现破溃和淋巴液外渗；病牛食欲减退、渐进性消瘦、贫血，哺乳期母牛、奶牛产奶量下降。病牛在感染后期，极度消瘦、急性呼吸。

（2） 乳腺结核牛的乳腺结核常发生在后方乳腺区。发病初期，乳腺肿大，之后在后方乳腺区出现许多小结节，触摸无热无痛，有硬块；产奶量减少，严重者停止泌乳；乳汁稀薄如水，常混有浑浊的凝乳块和絮状物。

（3）肠结核多见于犊牛。食欲不振，消化不良，便秘、腹泻交替发作，之后发展为顽固性下痢，便中带血或混有脓汁，腥臭，快速脱水、消瘦。

4. 细菌学诊断

（1）涂片染色镜检法。采集病牛的病灶（如肿胀的淋巴结）、排泄物（如尿、粪）及分泌物（如痰、乳），直接涂片或集菌处理后涂片，荧光抗酸染色法染色后镜检。如发现有被染成红色的结核分枝杆菌（非结核分枝杆菌抗酸染色呈蓝色），即可确诊为阳性。这种检查结核分枝杆菌的方法敏感性较差，而且也很难将结核分枝杆菌同其他非典型结核分枝杆菌区别开来。现代临床诊断中较少应用。

（2）细菌分离培养法。应用 Lowenstesin-Jensen 培养基，或直接接种到琼脂培养基上。牛结核分枝杆菌一般在培养 3 ～ 6 周后出现生长物。根据其特征性的生长菌落和形态，可作出初步诊断，用 PCR 和分子分型技术可进行确诊。因结核分枝杆菌生长慢，耗费时间长，加上各种条件限制，检出率也较低，有20%左右的阳性病例检测失败，已很难满足现代临床诊断的需要，应用较少。

5. 结核菌素试验

提纯结核菌素皮内变态反应试验（结核菌素试验）是检测牛结核病的标准方法，也是OI组织推荐的国际贸易中指定的试验方法，可疑病牛颈中部剪毛，卡尺测量皮肤厚度，消毒，皮内接种牛结核菌素纯化蛋白衍生物（PPD），72小时后测量注射部位的肿胀（迟发性过敏》程度。接种时，可单独使用牛结核菌素，也可使用牛型结核菌素或禽型结核菌素进行比较试验，以提示被检疑似病牛是牛结核病还是非特异的迟发性超敏反应。具体方法如下：

疑似病牛保定好以后，在左侧颈中部上1/3处（3月龄内犊牛在肩胛部）剪毛，直径10 cm左右；用游标卡尺连续测量术部皮褶厚度3次，取平均值；术部碘酊消毒，75%酒精脱碘；用注射用水（或生理盐水）将提纯牛型结核菌素稀释成每mL含10万单位，不论牛只大小，皮内注射0.1 mL。注射后72小时，观察局部有无热痛肿胀等炎性反应，并再次测量术部皮皱厚度平均值，计算皮厚差，如局部有明显的炎性反应，皮厚差等于或大于4 mm，则为阳性反应；如局部炎性反应较轻，皮厚差在2.1～3.9 mm，则为疑似反应；如局部无炎性反应，皮厚差在2 mm以下，则为阴性反应。只要有一定炎性肿胀，即使皮厚差在2 mm以下者，仍应判为疑似病例。

凡被判为疑似反应的牛，应立刻在颈部另一侧以同一批、同一剂量的提纯牛型结核菌素进行重复注射，再经72小时观察反应，如仍为疑似，则按阳性牛处置。

这种方法虽然操作过程简单，但敏感性较差，常出现假阳性和假阴性反应，因此在进行流行病学调查时不推荐使用此法。

（二）疫情处置

1. 疫情报告

任何单位和个人发现疑似病牛，应当及时向当地动物卫生监督机构报告。动物卫生监督机构在接到疫情报告并经确认后，按《动物疫情报告管理办法》及有关规定及时上报。

2. 疫情处置

（1）疑似疫情的处置。当发现疑似疫情时，畜主应立即对疑似病牛进行隔离饲养，并限制其移动。当地动物卫生监督机构在接到疫情报告后，应及时安排专人抵达现场进行流行病学调查和相应临床症状检查，同时采集病料样品送实验室检查诊断，根据诊断结果采取相应措施。

（2）确诊疫情的处置

①划定疫点、疫区和受威胁区。把病牛所在的栋舍、户或其他有关屠宰场（点）、经营单位划定为疫点；把病牛所在的饲养场、自然村范围区域划定为疫区；与疫区相

毗邻的饲养场、自然村的范围区域则要划定为受威胁区。

②隔离、封锁。零星散发时，可采用圈养和固定草场放牧方式，对病牛的同群牛实施隔离。隔离所用的草场，要远离交通要道、居民点或人畜密集的地区，场地周围最好有自然屏障或人工栅栏，当一个自然村、饲养场结核病阳性率在 3% 以上或病牛 10 头以上时，应对疫区实施封锁，禁止病牛和疑似病牛、易感动物及其产品调出；对易感动物实行圈养或指定地点隔离饲养，役牛限制在疫区内使役、耕作。

③扑杀及无害化处理。对患病牛全部进行扑杀。对病死和扑杀的病牛，按照《病害动物和病害动物产品生物安全处理规程（GB 16548—2006）》进行无害化处理。

（3）紧急监测。疫区和受威胁区内的所有牛，要进行紧急监测，紧急接种 PPD 进行皮内变态反应试验。

（4）消毒。使用 5% ～ 10% 热碱水、10% 漂白粉、3% 福尔马林、3% ～ 5% 来苏尔等消毒液，对病牛和阳性牛污染的场所、用具、物品等进行严格消毒。

（5）解除封锁。当疫区内最后一头病牛及阳性牛被扑杀并经无害化处理后，继续监测 45 天以上，未见有新发病例；对被污染的场所、用具等进行彻底消毒，经当地动物卫生监督机构检验合格后，可解除封锁。

3. 防控措施

（1）监测净化。各地畜牧兽医行政主管部门要加大对牛结核病的疫情监测力度，及时准确地掌握牛结核病病原分布及疫情动态，科学进行疫情风险评估，及时发布预警信息。同时，制定切实可行的疫情控制、净化方案，分区域、分阶段统筹推进防治工作。集中养殖地区，要选择一定数量的养殖场（户）、屠宰场、交易市场作为固定的检测点，持续性开展疫情监测。所有牛养殖场，都要按照“一病一案、一场一策”的总体要求，从本场实际出发，制定切实可行的结核病控制净化方案，并有计划地组织实施；及时扑杀结核病阳性牛，着力开展牛结核病阴性群的培育工作。

（2）加强防疫检疫和监管。疫区饲养的健康牛群，使用牛型提纯结核菌素对牛群检疫时，检出的阳性牛应立即隔离；结合临床检查情况，必要时进行细菌学检查，发现开放性结核病牛时，应立即进行扑杀。患有结核病的牛产下的犊牛，只吃 3 ～ 5 天的初乳，而后由检疫无结核病的健康牛代哺，犊牛在生长过程中，分别在满月龄、3 ～ 4 月龄、6 月龄各进行一次检疫，阳性者一律淘汰，3 次检疫均为阴性且无结核病的可疑临床表现时，可混入假定健康牛群（污染牛群经结核变态反应为阴性的牛群）饲养，

假定健康牛群，第一年每隔 3 个月检疫一次，直至无阳性牛出现，如果在以后的 1 ～ 1.5 年内连续进行 3 次检疫均为阴性，则可以转为健康牛群。引进的牛必须进行产地检疫，并隔离观察 1 个月以上，再进行 1 次检疫，确认健康后才能混群饲养。

各地动物卫生监督机构在强化牛的产地检疫和屠宰检疫的基础上，要逐步建立以实验室检测、动物卫生风险评估为依托的产地检疫机制，不断提升结核病的检疫科学化水平；同时，要严格执行《跨省调运乳用、种用动物产地检疫规程》，切实做好跨

省调运牛的产地检疫和流通监管工作。

（3）重视生物安全措施

①隔离饲养。检出的疑似病牛应严格隔离饲养。对检出的疑似结核病牛，应在1个月后再进行复检，如仍为疑似，经25～30天后可再进行第3次检疫，再次被检为疑似时，可视疑似牛的饲养价值等情况酌情处理。

②有效消毒。轮换使用有效消毒剂，做好经常性的消毒工作，严防病原散播。粪便收集，集中进行生物热处理等无公害处理。

③应急处置。一旦发生疫情，要本着“早、快、严、小”的原则，立即按照相关的应急预案和防治技术规范及时处置。

（4）做好人员防护

①人结核病的防治。人感染牛分支结核杆菌的主要途径是食入了带有牛分支结核杆菌的乳汁或乳制品。因此，预防人结核病的重要措施是饮用消毒乳制品，牛奶要煮沸后饮用；与病人、病牛接触时，要搞好个人防护；同时要加强对牛群的定期检疫，及时淘汰病牛。对婴儿进行卡介苗注射，是预防人结核病的关键。

人结核病的治疗主要靠药物，异烟肼、链霉素、对氨基水杨酸钠等是最敏感的常用药。

②人员防护。做好牛场工作人员的防护。进出牛场要穿好隔离衣、戴口罩戴手套，下班后做好个人清洗和消毒。每年定期进行个人体检，发现有结核病时要及时调离岗位，隔离治疗。处置疫情的工作人员要穿戴好防护服，保定、取样等操作过程中注意不要出现伤口，处置完毕搞好个人消毒防护。

三、布鲁氏菌病

布鲁氏菌又叫波浪热、地中海热，也叫懒汉病，简称布病，是由布鲁氏菌引起的一种人和牛、羊、猪、鹿、犬等哺乳动物共患的传染病。我国农业农村部将其列为二类动物疫病，我国卫健委将其列为乙类传染病。

（一）诊断要点

1. 发病情况

布鲁氏菌是革兰氏阴性、球状杆菌，科兹洛夫斯基染色呈红色，目前确认的有牛种布鲁氏菌、羊种布鲁氏菌等11个种。布鲁氏菌主要存在于动物母体排出的胎儿、胎水和胎衣中，偶尔在乳、粪尿以及阴道流出的恶露内发现；通过皮肤黏膜、消化道、呼吸道等途径传播，交媾、苍蝇携带、吸血昆虫叮咬较少传播；主要侵害生殖系统。

牛感染布鲁氏菌的比例是母牛比公牛多，成年牛比犊牛多，第一次妊娠的母牛比分娩过的母牛发病多，而且流产率高；患病的母牛可垂直传播给胎儿，产犊后造成犊牛先天性感染；一年四季都可发生，但产犊季节多见；家畜饲养比较密集的地区发病率高，牧区明显高于农区和半农区。新疫区流行时多见突发性病例，经常造成牛群暴发性流产；老疫区流行本病很少出现广泛流行，但临床上患有子宫炎、乳腺炎、关节炎以及胎衣不下、久配不孕的牛较多。

患病母牛流产、不孕、空怀、繁殖成活率低，肉牛牛肉产量下降，乳牛泌乳量减少。人患布病后，劳动能力下降甚至丧失劳动能力，严重影响生育能力；被布鲁氏菌污染的肉、奶等畜产品，如处理不当，可造成食源性布鲁氏菌感染，并可引发严重的公共卫生问题。

2. 临床症状

牛感染布病后潜伏期为 2 周至 6 个月，多数在 30 ～ 60 天。母牛最显著的症状是流产，流产可发生于妊娠的各个阶段，但多发生于妊娠后 6 ～ 8 个月。母牛流产前常有分娩预兆象征，有生殖道发炎的症状，如阴道黏膜发炎、出现粟粒大红色结节，阴道中流出灰白色或灰红色黏性或脓性分泌物。一般出现分娩征兆 2 ～ 3 天后排出胎儿，也有部分母牛不表现任何产前征兆即突然发生流产，排出死胎、弱胎，流产后胎衣停滞、子宫内膜炎，患牛泌乳量下降；非妊娠牛临床上常出现膝关节炎、腕关节炎、滑液囊炎、腱鞘炎、淋巴结炎等，触诊疼痛、跛行；乳房皮温增高、疼痛、乳汁变质，呈絮状，严重时乳房坚硬，乳量减少甚至完全丧失泌乳能力。公牛感染本病后，阴茎潮红肿胀，出现睾丸炎和附睾炎，睾丸肿大、坚硬、触诊有痛感，有时出现关节炎，局部肿胀。

养殖场（户）发现牛、羊等家畜出现早产、流产等疑似布病临床症状后，应尽快向当地畜牧兽医主管部门、动物卫生监督机构或动物疫病预防控制机构报告。动物疫病预防控制机构在接到报告后，应采取隔离、消毒等防控措施，并按《布鲁氏菌病防治技术规范》规定开展布鲁氏菌病的诊断。

3. 实验室诊断

（1）血清学诊断

①瑰红平板凝集试验。在布病流行病学调查和大面积检测时，我国将虎红平板凝集试验作为布病诊断的初筛检测方法，其优点是操作方便、成本低廉，适用于布鲁氏菌病的田间试验、筛选诊断和大规模检疫。但存在一定的失误率，易出现假阳性而使诊断错误，通过多次重复试验即可避免。

②试管凝集反应。我国诊断布病的法定诊断方法是试管凝集试验，其特异性强，操作方便，容易判定，是临床最常用的人及牛、马、骆驼和鹿等布鲁氏菌病的诊断方法。牛、马、骆驼和鹿等凝集价 1 ： 100 以上为阳性；羊、猪和犬等凝集价为 1 ： 50 以上为阳性。急性期阳性率高，可达 80% ～ 90%；慢性期阳性率较低，可达 30% ～ 60%。可疑反应者在 10 ～ 25 小时内再重复检查，以便确诊。但由于受多种因素的影响，易出现假阴性或假阳性，且有些被感染动物的抗体滴度不一定能达到检测水平，单独使用也容易造成误诊或漏诊。

生产实践中，先使用虎红平板凝集试验进行初步诊断，再使用试管凝集试验进行最后确诊，可提高诊断正确率。

（2）病原学诊断

①显微镜检查。采集流产胎衣、绒毛膜水肿液、胎儿胃内容物等病变组织，制成抹片，科兹洛夫斯基染色法染色，发现呈红色的球状杆菌，即可确诊。

②细菌学分离培养。须在生物安全三级实验室进行。

PCR 等分子生物学诊断。采集患病牛脾脏、淋巴结等病变组织，体躯核酸后，检测是否存在布鲁氏菌特异性核酸。

③布病胶体金法快速诊断试纸条。是近年来最新研制生产的一种十分方便、简单、准确性很高的临床快速诊断布鲁氏菌抗原的方法，很有推广价值。

（二）疫情处置

1. 疫情报告

任何单位和个人如果发现疑似病牛或疫情，养殖场户要主动限制可疑病牛移动，立即隔离，并及时向当地动物防疫监督机构报告，经确认后，按《动物疫情报告管理办法》及有关规定及时上报处置。

2. 疫情处置

动物防疫监督机构在接报后要及时派员到现场核查，进行实验室检查。确诊后，当地人民政府组织有关部门按下列要求处置：对患病牛全部扑杀；受威胁的牛群（病牛的同群牛）隔离饲养，如圈养或使用固定隔离草场放牧，牛圈和隔离场要远离交通要道、居民区或人畜密集区，周围最好有自然屏障或设置人工栅栏；病牛及其流产胎儿、胎衣、所有排泄物、乳、乳制品等按照《畜禽病害肉尸及其产品无害化处理规程》GB 16548—1996 彻底进行无害化处理；最后开展流行病学调查和疫源追踪，对同群牛依次进行检测，对病牛污染的场所、用具等进行严格消毒，金属设施、设备用火焰灯消毒或紫外线灯消毒，牛圈舍、运动场等可用 2% ～ 3% 烧碱等喷雾消毒；垫料、粪便等进行堆积发酵、深埋或焚烧，皮毛用环氧乙烷、福尔马林熏蒸等。如果发生重大布病疫情，当地县级以上人民政府应当按照《重大动物疫情应急条例》有关规定，采取相应的扑灭措施。

（三）防控措施

1. 免疫

免疫可用布氏杆菌 19 号菌苗或布氏杆菌猪型二号菌苗。

控制牛群发病可用牛布氏杆菌 19 号苗皮下注射法免疫，5 ～ 8 月龄时注射一次，必要时在 18 ～ 20 月龄（即第一次配种前）再注射一次。以后根据牛群布氏杆菌病流行情况，决定是否注射。孕牛不能注射。猪型二号菌苗适于口服接种，口服不受怀孕限制，可以在配种前 1 ～ 2 个月进行，也可以在孕期使用。每年服用猪型二号菌苗一次。

2. 隔离

患病牛产犊后，立即将犊牛和其他的犊牛分开，单独喂养，在 5 ～ 9 个月内进行 2 次血清凝集试验，阴性者可注射 19 号菌苗或口服猪型二号菌苗，以培养健康牛。

3. 净化

确诊为布病的病牛或场内检出阳性奶牛的牛群（场、户）为牛布病污染群（场、户），必须全面实施布病净化工作。

（1）污染牛群（场、户）的处理。被布鲁氏菌病污染的牛群（场、户）要严格执行国家相关政策，积极配合当地政府，反复进行布病监测，一般每间隔 2 个月就要检测 1 次。一旦发现布病牛或检测阳性牛，要及时隔离、扑杀，其胎儿、胎衣、排泄物等都要进行深埋等无害化处理。对检测中发现的布病疑似牛、疑似阳性牛，须在隔离牛舍内进行复检；未建立隔离牛舍的牛场（户）就地隔离，分区集中饲养，加强对牛场设施设备、运动场等的消毒，粪便收集集中堆积发酵，固定饲养工具，严防疫病传播、扩散蔓延。布病牛、检测阳性牛在宰杀等无害化处理前以及可疑布病牛在隔离饲养期间所生产的牛乳，均须经高温等无害化处理。

（2）健康犊牛群的培育。牛饲养场要设立犊牛培育舍或犊牛岛，远离母牛群（最好 500 m 以上）集中进行培育，专人饲养，固定饲养工具，饲养 6 个月后转入生产群，以降低犊牛发病率，提高犊牛的成活率和生产性能。犊牛在培育期间，分别于 20 日龄、100 ～ 120 日龄和 6 月龄连续检测布病 3 次，如果发现布病阳性牛、可疑牛要及时扑杀，并严格消毒。

（3）牛的调运。要求按照布病净化管理要求，牛场（户）如果在省内调运牛，必须凭调出地动物防疫监督机构出具的检疫合格证、车辆消毒证明和牛健康证调运；如果跨省调运，则须经过调入地动物防疫监督机构对调出地进行牛布病的安全风险评估和跨省牛检疫审批，调出地必须为非疫区；牛在起运前 30 天内，经调出地动物防疫监督机构牛布病检测合格，并出具检疫合格证明后，方可起运。调入的牛，必须进行隔离观察 45 天以上，并再次经牛布病检测为阴性后，方可混群饲养。

牛饲养场所有工作人员，包括兽医、饲养员、挤奶工、修蹄工等，都要每年开展一次布病健康检查，一旦发现有患布病及感染该病的，应及时调离工作岗位，并进行隔离治疗。工作人员的工作服、用具要保持清洁，不得带出场。

（4） 牛净化效果评估。经扑杀布病牛及阳性牛后的牛群为假定健康牛群。凡连续 2 次以上监测结果均为阴性者，方可认为是健康牛群。

四、口蹄疫

（一）诊断要点

口蹄疫是偶蹄兽的急性、热性、高度接触性传染病，其临床特征是在口腔黏膜、蹄部和乳房皮肤发生水疱性疹。国际兽疫局将口蹄疫列为A类动物传染病首位。世界上许多国家把口蹄疫列为最重要的动物检疫对象，我国把口蹄疫列为“进境动物检疫一类传染病”。

1. 发病情况

（口蹄疫病毒属于微核糖核酸病毒科中的口蹄疫病毒属，在不同的条件下，病毒容易发生变异。根据病毒的血清学特性，目前已知全世界有7个主型，即A型、O型、C型、南非1型、南非2型、南非3型和亚洲1型，每个类型内又有多个亚型，已知共有65个亚型。我国目前流行的是O型。偶蹄动物中牛科动物（牛、瘤牛、水牛、牦牛）、绵羊、山羊、猪及所有野生反刍和猪科动物均易感；潜伏期感染及临床发病动物是主要的传染源，感染动物呼出物、唾液、粪便、尿液、乳、精液及肉和副产品均可带毒。康复动物可带毒；通过呼吸道、消化道、生殖道和伤口感染，以直接或间接接触（飞沫等）方式传播，或通过人或犬、蝇、蜂、鸟等动物媒介，或经车辆、器具等被污染物传播。

2. 临床症状

潜伏期平均2～4天，最长可达7天左右。病牛体温升高到40～41℃，呆立流涎，开口时有吸吮声；1～2天后，在唇部、齿龈、舌面和颊部黏膜、鼻镜等处出现蚕豆大到核桃大的水疱，口角大量流涎，白色泡沫状，常挂满嘴边，采食、反刍完全停止；稍后，蹄冠、蹄踵、蹄叉，乳房等处也发生水疱；发病后期，水疱破溃、糜烂、结痂，严重者蹄壳脱落；恢复期可见瘢痕、新生蹄甲。本病多为良性经过，仅在口腔发病时病程约1周；若蹄部出现病变，则病程可延至2～3周或更久，死亡率一般为1%～2%。犊牛患病时虽特征性水疱症状不明显，常因出血性肠炎和心肌麻痹导致死亡率很高。部分成年病牛在趋向康复时可因病毒侵害心肌而转为恶性口蹄疫，病情突然恶化，心脏停搏而突然死亡，致死率高达20%～50%。

3. 病理变化

心包膜有弥漫性点状出血，心肌切面有灰白色或淡黄色斑点或条纹，形色酷似虎斑，故称“虎斑心”，质地松软呈熟肉样。

（二）疫情处置

1. 疫情上报

作为从事牛饲养管理工作的人员，当发现病牛及疑似病牛时，应及时向上级领导如实报告疫情，不得隐瞒。同时依据相关防疫法做好自己的本职工作。

2. 疫情处置

划定疫区，严格执行封锁、隔离、消毒、紧急接种等综合性扑灭措施。

（1）疫点、疫区、受威胁区的划分。疫点为发病牛所在的地点。相对独立的规模化养殖场（户）以病牛所在的养殖场（户），散养牛以病牛所在的自然村，放牧牛以病牛所在的牧场及其活动场地，运输的病牛以车、船、飞机，市场疫情以病牛所在市场，屠宰加工病牛以屠宰加工厂（场）等分别划分为疫点；疫点边缘向外延伸 3 km 内的区域为疫区；疫区边缘向外延伸 10 km 的区域为受威胁区。

（2）疑似疫情的处置。对疫点实施隔离、监控，禁止家畜、畜产品及有关物品移动，并对其内、外环境实施严格的消毒措施。必要时采取封锁、扑杀等措施。

（3）确诊疫情处置。疫情确诊后，应当立即启动相应级别的应急预案。

①疫点处置。疫点内所有病牛及同群易感牛全部扑杀，并对病死牛、被扑杀牛及其产品进行无害化处理；对排泄物以及被污染的饲料、垫料、污水等进行无害化处理；对被污染或可疑被污染的物品、交通工具、用具、牛舍、场地进行严格彻底消毒；对发病前 14 天售出的牛及牛奶进行追踪，并做扑杀和无害化处理。

②疫区封锁与处置。疫区人民政府在接到当地兽医行政管理部门的疫情报告后，24 小时内发布封锁令，并实施封锁。疫区周围设置警示标志，在出入疫区的交通路口设置动物检疫消毒站，执行监督检查任务，对出入的车辆和有关物品进行消毒；所有易感畜进行紧急强制免疫，建立完整的免疫档案；关闭家畜产品交易市场，禁止活畜进出疫区及产品运出疫区；对交通工具、牛舍及用具、场地进行彻底消毒；对易感家畜进行疫情监测，及时掌握疫情动态；必要时，可对疫区内所有易感动物进行扑杀和无害化处理。

③受威胁区处置。最后一次免疫超过 1 个月的所有易感牛，进行一次紧急强化免疫；加强疫情监测，掌握疫情动态。

④疫源分析与追踪调查。按照口蹄疫流行病学调查规范，对疫情进行追踪溯源、扩散风险分析。

⑤解除封锁。当疫点内最后 1 头病牛死亡或扑杀后连续观察至少 14 天，没有新发病例；疫区、受威胁区紧急免疫接种完成；疫点经终末消毒；疫情监测阴性，疫情解除。动物防疫监督机构按照上述条件审验合格后，由兽医行政管理部门向原发布封锁令的人民政府申请解除封锁，由该人民政府发布解除封锁令。

（三）防控措施

1. 饲养管理

在确保牛日粮营养全面均衡，保证健康体质的前提下，规范从业人员行为建立严格的生物安全制度，定期对牛场设备、设施、运动场、养殖器具进行严格有效消毒。每到冬季，更要加强易感牛群管理，适量给予微量元素或中药制剂，提高牛免疫力。无本病流行地区严禁从有病地区或国家购进动物及其产品、饲料、生物制品等。

2. 疫情监测

加强对牛养殖场（户）、散养牛，交易市场、屠宰厂（场）、异地调入的活牛及产品的监测，特别是疫区和受威胁区解除封锁后的监测，必要时对重点区域加大监测力度，并及时对监测结果及相关信息进行风险分析，做好预警预报。

3. 免疫接种

国家对口蹄疫实行强制免疫，本病常发地区需用口蹄疫疫苗定期预防接种免疫密度必须达到 100%。所用疫苗必须采用农业农村部批准使用的产品，并由动物防疫监督机构统一组织、逐级供应。按照农业农村部要求标准，进行秋冬、春季的免疫。一般首次接种疫苗的时间为 3 月龄牛，以后每隔 3 个月左右进行一次免疫。疫苗免疫后，要建立相应的档案，详细记录免疫情况。定期对免疫牛群进行免疫水平监测，根据群体抗体水平及时加强免疫。

4. 加强检疫

无病地区严禁从有病地区或国家购进动物及其产品、饲料、生物制品等。对来自无病地区的动物及其产品应加强检疫。

五、牛流行热

由牛流行热病毒引起的急性、热性传染病，以高热、流泪、呼吸困难为特征。病毒对外界环境抵抗力差，56℃ 20 分钟即可死亡，对碱、酸、紫外线敏感。

（一）诊断要点

1. 发病情况

由牛流行热病毒引起，主要侵害黄牛和奶牛。有明显周期性，3 ～ 5 年流行 1 次，大流行之后，常有 1 次小流行。多发于蚊蝇活动频繁的季节（6 ～ 9 月）。

2. 临床症状

病牛突然呈现高热 40℃以上，一般维持 2 ～ 3 天；流泪，眼睑和结膜充血、水肿；呼吸急促，发出哼哼声，流鼻液；食欲废绝，反刍停止，多量流涎，粪干或下痢；四肢关节肿痛，呆立不动，呈现跛行；孕牛可流产；牛泌乳量下降或停止。发病率高，病死率低，常取良性经过，2 ～ 3 天即可恢复正常。

3. 病理变化

剖检可见上呼吸道黏膜充血、水肿和点状出血；间质性肺气肿以及肺充血、肺水肿；淋巴结充血、肿胀、出血；真胃、小肠和盲肠呈卡他性炎症和渗出性出血。

（二）防治

立即隔离治疗，对假定健康牛和受威胁牛，可用高免血清进行紧急预防注射。高热时，肌内注射复方氨基比林 20 ～ 40 mL 或 30% 安乃近 20 ～ 30 mL。重症病牛给予大剂量的抗生素，常用青霉素、链霉素；并用葡萄糖生理盐水、林格氏液、安钠咖、维生素 B_2 和维生素 C 等药物，静脉注射，2 次 / 天。四肢关节疼痛，牛可静脉注射水杨酸钠溶液。同时加强消毒，搞好消灭蚊蝇等吸血昆虫工作。

六、牛病毒性腹泻

（一）诊断要点

1. 发病情况

由牛病毒性腹泻或牛黏膜病病毒引起，不同品种、性别、年龄的牛都易感，多见于6～8月龄犊牛。常发生于冬、春季节，在老疫区以隐性感染和慢性病例为主，在新疫区传染迅速，突然发病，发病率和死亡率变动较大。

2. 临床症状

病牛体温升高到40～42℃，鼻、眼有浆液性分泌物，口流涎，呼吸有臭味腹泻，带有胶冻样黏液和血液，跛行；孕牛发生流产，或产下先天性缺陷的犊牛，因小脑发育不全而呈现共济失调或盲目运动。

3. 病理变化

剖检可见鼻镜、齿龈、上腭、舌面、颊部黏膜糜烂，食道黏膜糜烂呈线形排列，胃黏膜糜烂、水肿，肠黏膜水肿、增厚，集合淋巴结肿胀、出血，小肠黏膜特别是回肠、空肠黏膜卡他性炎症或出血性、坏死性炎症，黏膜脱落。蹄冠和趾间糜烂、溃疡。运动失调的犊牛出现小脑发育不全和两侧脑室积水。

（二）防治

病牛及时隔离或急宰，对同群牛和可疑牛进行反复检疫，及时发现带毒牛；对持续感染牛应坚决淘汰。要严格消毒，并限制牛群活动，以防扩大传染。对病牛进行对症治疗（止泻、补液），防止继发感染。引进种牛、羊时，必须严格检疫，防止引进带毒牛、羊。流行区的牛可用黏膜病弱毒疫苗或猪瘟弱毒疫苗进行预防接种。

七、牛恶性卡他热

牛恶性卡他热由恶性卡他热病毒引起，以短期发热、上呼吸道、副鼻旁窦、胃肠道、口腔等处黏膜发生急性卡他性、纤维素性炎症和角膜混浊及非化脓性脑膜炎为特征。

（一）诊断要点

1. 发病情况

由恶性卡他热病毒引起，各种年龄的牛均易感，以2岁左右的小牛最易感。鹿和绵羊呈隐性感染，牛发病都与接触绵羊有关。全年都能发生，以冬季、早春和秋季较多。

2. 临床症状

病牛突然高热稽留（41～42℃），全身迅速虚弱，不久眼、口、鼻黏膜剧烈发炎。双眼羞明，眼睑肿胀，流泪，有脓性分泌物，角膜混浊甚至溃疡，最终导致失明；额窦、角窦、鼻窦发炎，角根松动或角脱落；鼻镜干裂、糜烂或坏死。少数病例伴发神经症状，沉郁或昏迷，有时兴奋，鸣叫，磨牙，攻击人、畜。临床可分为4型：

（1）最急性型。病初体温升高至41～42℃，稽留不下，心跳加快，呼吸增数，精神沉郁，被毛松乱，结膜潮红，鼻镜干燥，食欲减退，反刍停止，饮欲增加，严重者很快死亡。

（2）头眼型。病初体温升高达40～41℃，稽留不下，直至死前下降。病牛两眼羞明、流泪，眼睑肿胀，结膜充血，前眼房出现纤维素蛋白渗出物，角膜混浊，严重者形成角膜溃疡或穿孔，虹膜出血。鼻腔口腔黏膜高度潮红，出血和溃疡，溃疡表面覆盖一层伪膜。鼻孔流出黏液脓性恶臭分泌物，有时带血，口腔流出大量污秽恶臭唾液。

（3）肠型。不常见，主要表现为纤维素性坏死性肠炎，伴发高热。病牛严重腹泻，粪便稀薄如水，恶臭，混有大量黏液和伪膜，后期大便失禁。

（4）皮肤型。颈、背、乳房、蹄叉等处发生水泡和丘疹，水泡破裂后形成棕色痂皮，1～3天或4～14天死亡，致死率达20%～90%。出现神经症状，第3天后体温继续升高或突然降温者，常常预后不良。

3. 病理变化

剖检可见喉、气管、食道、真胃和小肠等部位的黏膜充血、水肿、糜烂或溃疡；肝、脾、肾肿胀变性；心包及心外膜出血，心肌变性；全身淋巴结充血、出血和水肿。

（二）防治

临床无特效药物治疗，只能采取对症治疗措施，同时配合抗生素、地塞米松等药物，以缩短病程、防止继发感染。可静脉注射美蓝2 g、葡萄糖注射液2000～3000 mL，每天1次。也可肌内注射复方磺胺嘧啶注射液100 mL，每天2次，连用5天，首次量加倍。

中药可用清瘟败毒饮，石膏150 g，水牛角90 g，生地60 g，栀子、黄芩、赤芍、玄参、连翘、知母、丹皮、鲜竹叶各30 g，黄连、桔梗各20 g，甘草15 g，一次煎服。石膏打碎先煎，再下其他药同煎，水牛角锉细末冲入。

也可用龙胆草、黄芩、柴胡、板蓝根、车前草、淡竹叶、地骨皮各100 g，薄荷、僵虫、牛蒡子、二花、连翘、玄参、栀子各50 g，茵陈200 g，水煎服，每天1次。

预防措施在于加强饲养管理、定期消毒圈舍。发现病牛应立即隔离治疗，对病牛污染的环境和用具，应彻底消毒。

八、疯牛病

（一）诊断要点

1. 发病情况

疯牛病的正式名称为“牛海绵状脑病”，是神经细胞被破坏后大脑产生空泡、最终呈海绵状的致死性疾病。疯牛病是最近20年来新发生的恶性传染病，已造成巨大损失，并怀疑与人的克雅氏病（脑组织软化症）有关。很多学者认为，疯牛病来自于羊。疯牛病病原体为痒病样纤维病毒，通过动物性饲料（如肉骨粉等）及与病牛接触传染。疯牛病病原对外界环境的抵抗力极强，加热到360℃高温仍然有感染力，对甲醛、火碱有很强的耐受性。

研究认为，普利昂蛋白是引发疯牛病的直接原因。普利昂蛋白是一种动物和人类普遍具有的蛋白质，一旦转化为异常普利昂蛋白后在大脑蓄积，就会引发疾病。通常情况下，病毒在肉牛体内增殖，就可使蛋白质自身成为病原体，这种变化似乎有悖生物学常识。

2. 临床症状

病牛听觉、触觉减退，表现严重的神经症状，常狂奔、冲撞其他牛或其他物体，严重者共济失调，兴奋与沉郁交替，最后死亡。潜伏期估计为2～8年，病程为2周至6个月。脑部出现海绵样病变，常可见到双边对称的空泡，大脑呈淀粉样病变。

（二）防治

本病尚无有效治疗药物。主要立足于预防，目前预防方法是杜绝给肉牛饲喂动物性饲料，发现病牛时，应立即把同圈牛一起扑杀，连同可能污染物品一起烧净，牛圈舍严格彻底消毒，但也有看法认为，染上疯牛病的牛，即使经过焚化处理，其灰烬仍然会有疯牛病病毒，把灰烬倒在堆田区，病毒就可能会因此而散播。目前，对于这种病毒究竟通过何种方式在牲畜中传播，又是通过何种途径传染给人类，研究得还不清楚。

由于异常型普利昂蛋白主要集中在大脑、脊髓、眼睛、小肠末端等部位，根据国际畜疫事务局（OIE）制订的安全指南，必须尽量避免食用这些部位的牛肉制品。

九、犊牛流行性感冒

6月龄内犊牛免疫机能尚不健全，抗病力差，在遇到气候突变等情况时，容易感染流行性感冒，并快速传播全群，影响犊牛生长和牛生产。

（一）诊断要点

1. 发病情况

犊牛流行性感冒是由牛流行性感冒病毒引起的一种急性、热性传染病，多发于气候寒冷的冬季或晚秋、早春等气候多变的季节。由于气候寒冷、昼夜温差大、气温高低多变，牛舍保温效果差，不注意加强对犊牛保健、保温护理，一旦遇到冷风、雨雪侵袭，体质较差的犊牛就会染上流行性感冒，并快速地在牛群中感染、传播，造成牛场犊牛流行性感冒的暴发和流行。

2. 临床症状

发病初期，病犊牛仅表现精神稍萎靡，常卧地不喜运动；清晨偶有轻微咳嗽；随病情发展，见精神不振，弓背、乍毛；鼻镜干燥无汗、鼻流清涕，流泪时有咳嗽；病重犊牛体温升高到40℃以上，不吃奶，粪少而干；卧地不起，咳嗽、气喘，有时腹泻，较少死亡。

（二）治疗

发现病犊牛，立即隔离治疗。用板蓝根注射液 0.10 ～ 0.20 mL/kg（体重），肌内注射，1 次 / 天，连用 3 ～ 5 天或用柴胡注射液 0.05 mL/kg（体重），肌内注射，1 次 / 天，连用 3 ～ 5 天。高烧不退的病犊，每头 6 月龄内患病犊牛可用 30% 安乃近 10 mL 或复方氨基比林 15 mL，肌内注射，2 次 / 天，连用 3 ～ 5 天；咳喘严重者，可增加肌内注射 5% 地塞米松磷酸钠注射液 2 mL；为防止继发感染，可同时使用盐酸林可霉素注射液 0.05 ～ 0.10 mL/kg（体重），肌内注射，1 次 / 天，连用 3 ～ 5 天；或适当进行补液，用 10% 葡萄糖注射液 500 mL、20% 维生素 C20 mL，青霉素 320 万～ 400 万国际单位静脉注射，1 次 / 天，连用 3 ～ 5 天。

中药可用金银花 20 g、野菊花 20 g、一枝黄花 10 g、紫苏 10 g、薄荷 10 g、陈皮 10 g。加水 800 mL，煎煮到 300 mL，候温给病犊牛分 2 ～ 3 次灌服，每天 1 剂，连用 3 ～ 5 剂。

寒冷季节来临前，修缮牛舍，增设挡风板，用切碎的柔软秸秆铺设牛床，使其能保温防寒，不吹风。加强犊牛饲养管理，初生牛犊及早吃上并吃足初乳；保证充足的干净、清洁饮水。

患病犊牛遵循早发现、早治疗的原则，及时、有效治疗。牛舍要经常清扫并消毒，用 0.2% ～ 0.5% 过氧乙酸每天带牛消毒，对运动场、牛床、走道等地方，要用 3% 氢氧化钠每周 1 ～ 2 次彻底消毒。

十、牛支气管炎

牛支气管炎是因受寒、伤风等原因引起的牛支气管黏膜表层或深层的炎症，各年龄牛均可发生，但幼龄和老龄牛更多见。尤其在冬春季节，气候寒冷，奶牛容易发生上呼吸道感染，引发咳嗽病症，继发支气管炎，牧场应做好该病的预防和治疗工作。

（一）诊断要点

1. 发病情况

冬春气候寒冷，牛舍气温差，寒风攻击、雨雪浸淋、气温骤变，或出汗后受凉，风吹袭等原因，容易引起牛上呼吸道感染；牛感染了某些病毒、细菌引发传染病，如流行性感冒、口蹄疫、恶性卡他热、肺丝虫病等疾病，可继发该病，牛舍垫料潮湿，发酵产气，或空气中有烟尘、有毒气体（氨、氯、毒气等）；或牛舍干燥，粗饲料质量差，尘埃多；饮水或吃草、经口投服药物时，异物误咽入气管内，可引发该病。饲养管理粗放，如牛舍卫生条件差、通风不良、湿冷以及全混合日粮（TMR）饲料营养不平衡等，导致牛机体抵抗力下降，可诱发该病。

2. 临床症状

（1）急性支气管炎

①初期。病牛初期主要表现为干、短和带有疼痛的咳嗽，咳嗽声高亢，气粗。随病情发展，蛋清样鼻液增多，变为湿而长的咳嗽，咳出灰白色或黄色黏液或脓性痰液，疼痛逐渐减轻。鼻流浆液性、黏液性或脓性鼻液。胸部听诊肺泡呼吸音增强或有断续性呼吸音以及干性、湿性啰音（多为大中水泡音），体温正常或稍高。

②中期。可引起细支气管炎。病牛全身症状加剧，呼吸迫促。结膜发绀有弱痛性咳嗽，但很少有痰咳出。听诊，肺泡呼吸音增强，有干性、湿性啰音（小水泡音）。

③后期。后期可引起腐败性支气管炎。病牛全身症状加剧，呼出气体有腐败性恶臭，两侧鼻孔有污秽不洁或腐败臭味的鼻液流出。X 线检查肺部有较粗纹理的支气管阴影。

（2）慢性支气管炎。受寒感冒，长期顽固性干咳，采食霉变饲料等原因导致。病牛精神萎靡，食欲不振，被毛逆立；咳嗽，喘息，鼻液少而黏稠，病情时轻时重，以剧烈运动后、采食间以及夜间和早晚气温较低时更甚；胸部听诊，肺泡呼吸音增强，长期有啰音；并发肺气肿时，叩诊肺界后移并呈过清音，表现呼吸困难；全身症状不明显。X 线检查肺部，支气管阴影加重，肺部纹理增多、增粗，阴影变浓。

（3）腐败性支气管炎。病牛呼吸困难，呼出气体有腐败性恶臭，两侧鼻孔流出污秽不洁和有腐败臭味的鼻液。肺部听诊，有空瓮性呼吸音。

（二）治疗

将病牛单独喂养在温暖通风但无贼风、透光好的舍内，给予优质青干草、青贮饲料，保持舍内空气清新，清洁卫生，湿度适宜，无尘埃，无刺激性气味，自由饮水。而后，根据情况，推荐使用下列处方治疗。

1. 西医治疗

处方 1：①氯化铵 20 g、人工盐 100 g、复方樟脑酊 50 mL［病牛用药量按 500 kg（体重）计］，混合，一次灌服。痰液黏稠且不易咳出时，效果好。复方樟脑酊 50 mL 也可用远志酊 20 g 替代。② 5% 葡萄糖盐水 1000 mL，25% 葡萄糖注射液 500 mL，20% 安钠咖注射液 20 mL。混合一次静脉注射，每天 1 次，连用 3 ～ 5 天。

处方 2；①青霉素 1.5 万单位 /kg（体重），链霉素 1 万单位 /kg（体重）。一次肌内注射，每天 2 次，连用 3 ～ 5 天。② 10% 磺胺嘧啶钠 0.1 g/kg 体重。静脉注射，每天 2 次。③四环素 5 mg/kg（体重），5% 葡萄糖注射液 500 mL。静脉注射，每天 2 次。体温恢复正常后，不要立即停药，继续用药 3 天，以巩固疗效。

处方 3：①硫酸卡那覆素 1 万单位 /kg（体重），鱼腥草注射液 0.1 mL/kg（体重）。1 次肌内注射，1 次 / 天，连用 2 天。②咳喘定 0.1 mL/kg（体重）。1 次肌内注射，每天 1 次，连用 3 天。

2. 中医治疗

中医治疗该病时，应以止咳化痰，疏风解表为主要治则。推荐处方如下。

处方 1：炒杏仁 45 g、炙麻黄 30 g、荆芥 60 g、前胡 60 g、紫苏 60 g、五味子 45 g、桔梗 45 g、甘草 45 g。共研细末，开水冲调，候温灌服。每天 1 剂，连用 3 ～ 5 剂。本方祛风散寒、宣肺化痰，主治咳嗽，痰白而稀薄，舌苔薄白之风寒束肺。

处方 2：桑叶 60 g、前胡 60 g、连翘 60 g、黄芩 60 g、杏仁 50 g、牛蒡子 50 g、桔梗 45 g、芦根 45 g、薄荷 25 g。水煎灌服，每天 1 剂，连用 3 ～ 5 剂。或炙麻黄 25 g、炒杏仁 25 g、半夏 25 g、陈皮 30 g、茯苓 25 g、炙紫菀 30 g、炙百部 30 g、前胡 30 g、桔梗 25 g、知母 30 g、黄芩 35 g、苏子 30 g、五味子 20 g、甘草 20 g。水煎灌服，每天 1 剂，连用 3 ～ 5 剂；也可用沙参 60 g，麦冬、半夏、杏仁各 45 g，白芍、丹皮、贝母、陈皮、茯苓、甘草各 30 g。共研细末，开水冲调，待凉后加入氢化铵 10 g，一次灌服。以上三方宣肺解表、止咳泄热，主治证见病牛干咳少痰，不易咳出或咳痰黄黏，舌尖红，舌苔薄白之风热袭肺。

处方 3：半夏 60 g、杏仁 60 g、茯苓 60 g、苍术 60 g、白术 60 g、紫菀 45 g、白前 45 g、陈皮 40 g、枳壳 30 g、白芥子 30 g、甘草 30 g。水煎灌服，每天 1 剂，连用 3 ～ 5 剂。本方燥湿化痰，主治咳嗽，痰多色白而黏之痰湿翻飞。

处方 4：百合 100 g、熟地 50 g、山药 60 g、黄芪 60 g、玄参 55 g、麦冬 45 g、白术 55 g、茯苓 40 g、陈皮 50 g、半夏 45 g、白芍 40 g、甘草 40 g。共研细末，开水冲调，候温分次灌服。每天 1 剂，连用 3 ～ 5 剂。本方补肾健脾、润肺止咳，主治证见病牛咳嗽喘息，痰多色白，或稀或稠，咳喘缠绵不愈，遇寒即发，脾肾两虚。

处方 5：阿胶 50 g、党参 50 g、百合 50 g、贝母 50 g、紫菀 50 g、杏仁 50 g、黄芩 50 g、桔梗 50 g、当归 50 g、知母 50 g、五味子 50 g、麦冬 50 g、甘草 25 g。共研为末，开水冲服。本方是固肺散加减，可补肺理气，润肺止咳，主治内伤型支气管炎患牛。因饲喂失调，或久咳不息，患病时间过长，长期无力咳嗽，体质虚弱，呼吸短促，口色淡白，脉象细沉，可用此方。

处方 6：桑叶 40 g、菊花 40 g、金银花 40 g、连翘 40 g、川贝 40 g、蝉蜕 40 g、牛蒡子 40 g、苦杏仁 30 g、佃蚕 30 g、荆芥 30 g、薄荷 30 g、淡豆豉 25 g、桔梗 25 g、淡竹叶 25 g、芦根 25 g、滑石 40 g、绿豆 200 g 甘草 40 g。共研为末，开水冲服。本方辛凉透表，宣肺止咳，清热解毒，急性支气管炎病轻时可用。

处方 7：款冬花 30 g、知母 30 g、桑叶（焙）30 g、制半夏 60 g、麻黄（去根、节）60 g、阿胶 60 g、炒杏仁 60 g、贝母（去心，麸炒）60 g、炙甘草 60 g。共为细末，开水冲服。本方辛凉透表，宣肺止咳，清热解毒，急性支气管炎病重时可用。

处方 8：百合 45 g、白芍 25 g、当归 25 g、桔梗 25 g、玄参 30 g、川贝 30 g、生地 30 g、熟地 30 g、麦冬 30 g、甘草 20 g。加水共煎 2 次，混合后候温灌服，可用于各种慢性支气管炎，缓解各种呼吸道疾病引起的呼吸道症状。

第三节　常见寄生虫病的防治

一、泰勒焦虫病

（一）诊断要点

1. 发病特点

寄生于反刍动物的巨噬细胞、淋巴细胞和红细胞内。环形泰勒虫传播者残缘璃眼蜱生活在牛圈内，故环形泰勒虫病在舍饲条件下发生于 6 ～ 8 月，7 月为高峰；瑟氏泰勒虫传播者长角血蜱生活在山野或农区，故瑟氏泰勒虫病在放牧条件下发生于 5 ～ 10 月，6 ～ 7 月为高峰。

2. 临床症状与病理变化

体温 40℃以上，结膜和全身可视黏膜贫血、黄染及有粟粒到高粱粒大的出血点，异食癖，尤以体表淋巴结肿胀为本病特征。

剖检可见血液稀薄，全身性出血，脾、肝、肾肿大；全身淋巴结肿大，切面多汁，有暗红色病灶和灰白色结节；真胃黏膜充血、肿胀，有帽针头至黄豆大，黄白色或暗红色的结节，结节部上皮细胞坏死后形成糜烂或溃疡，具有诊断意义。

（二）防治

1. 预防

根据环形泰勒虫传播者残缘璃眼蜱的生活习性，12 月至来年 1 月用杀虫剂消灭在牛体越冬的若蜱，4 ～ 5 月用泥土堵塞牛圈墙缝，闷死在其中蜕皮的饱血若蜱，6 ～ 7 月用杀虫剂消灭寄生在牛体的成蜱，8 ～ 9 月可再用堵塞墙洞的方法消灭在其中产卵的雌蜱和新孵出的幼蜱。瑟氏泰勒虫传播者长角血蜱生长于山地农区，可参阅牛巴贝斯虫病防治措施。

环形泰勒虫病可应用环形泰勒虫裂殖体胶冻细胞苗，接种后 20 天即产生免疫力，但该虫苗对瑟氏泰勒虫病无交叉免疫保护作用。瑟氏泰勒虫病在发病季节可应用三氮脒进行药物预防，每千克体重 3 mg，配成 7% 溶液深部肌内注射；也可应用咪唑苯脲，每千克体重 2 mg，肌内注射。

2. 治疗

可用磷酸伯氨喹啉，按每千克体重 3 mg，口服，1 次 / 天，连续给药 3 次为 1 疗程。

对重危病例应根据临床症状给以强心、补液、止血、补血、健胃、缓泻、疏肝、利胆等对症治疗。

二、牛皮蝇蛆病

（一）诊断要点

幼虫出现于背部皮下时易于确诊。最初可在背部摸到长圆形的硬结，过一段时间后可以摸到瘤状肿，瘤状肿中间有1小孔，可挤压出幼虫。此外，剖检时在食道浆膜下、皮下和脊椎管内可发现第一、第二期幼虫。

（二）防治

1. 预防

消灭寄生于牛体的幼虫，尤其是一二期幼虫，在防治牛皮蝇蛆病上具有极重要的作用。为此，必须了解和掌握皮蝇生物学特性，例如成蝇的产卵和活动季节、各期幼虫的寄生部位和寄生时间等，在此基础上有计划地采取大面积的防治措施，才能取得较好的效果。

2. 治疗

可选用下述药物杀虫：

（1）倍硫磷。每千克体重5～7 mg，肌内注射，以11～12月用药为好（对一二期幼虫杀虫率为95%以上，注射2次可达100%），或按每千克体重4～10 mg泼背（自肩后至尾根，沿脊背倾泼于皮肤上）。

（2）伊维菌素。每千克体重200 μg，皮下注射。

（3）皮蝇磷。每千克体重100 mg，制成丸剂内服。

（4）乐果。用酒精配成50%溶液，成年牛4～5 mL，育成牛2～3 mL，犊牛1～2 mL，在2～3月肌内注射，对二三期幼虫有良好的杀灭作用。

（5）敌百虫。用温水（20℃）配成20%溶液，在牛背穿孔处涂擦，300 mL/头。涂擦前应剪毛露出穿孔处。一般从3月中旬至5月底，每隔30天处理1次，共处理2～3次。

（6）亚胺硫磷乳油。每千克体重30 mg，泼洒或滴于病牛背部皮肤，杀虫效果比敌百虫好。

三、肝片吸虫病

（一）诊断要点

1. 发病情况

寄生于牛、羊、鹿、骆驼等的肝脏和胆管。其发生与中间宿主——椎实螺密切相关，多发于低洼地、湖浸草滩、沼泽地带。干旱年份流行轻，多雨年份流行重，夏季为主要感染季节。

2. 临床症状

轻度感染往往不显症状，而幼畜即使寄生很少虫体也能呈现有害作用。急性型多见于羊，多发生于夏末和秋季，由于幼小虫体大量集中侵入而引起腹膜炎和创伤性肝炎，精神沉郁，体温升高，食欲减退，偶有腹泻现象，有时突然死亡。慢性型最多见，此时虫体已寄居于胆管内，临床上表现为贫血和水肿，食欲不振，体态消瘦，衰弱，步行缓慢，产乳量显著减少，孕畜流产，严重时极度消瘦而死亡。

3. 病理变化

病理剖检，急性病例肝肿大、质软，包膜有纤维素沉积，有 2 ～ 5 mm 长的暗红色虫道，虫道有凝固的血液和很小的幼虫；腹腔中有血色的液体，有腹膜炎病变。慢性病例肝实质萎缩、褪色、变硬，胆管肥厚、扩张呈绳索样突出于肝表面，胆管内壁粗糙，内含大量血性黏液和虫体及黑褐色或黄褐色磷酸盐结石。

4. 实验室检查

生前诊断常采用水洗沉淀法检查虫卵。也可采用皮内变态反应、间接血凝试验或酶联免疫吸附试验等方法诊断。

（二）防治

1. 预防

疫区每年春、秋各驱虫 1 次，常用药品有：碘醚柳胺（重碘柳胺），对肝片形吸虫 6 周龄以上的幼虫和成虫有较好效果，每千克体重 7.5 mg，灌服；三氯苯唑，对肝片形吸虫 1 周龄幼虫和成虫有效，牛每千克体重 12 mg，羊每千克体重 10 mg，灌服；溴酚磷每千克体重 12 mg，1 次口服，对肝片形吸虫幼虫及成虫均有效；5% 氯氰碘柳胺钠注射液，牛每千克体重 2.5 ～ 5 mg，羊每千克体重 5 ～ 10 mg，皮下或肌内注射；5% 氯氰碘柳胺钠悬浮液，牛 5 mg，羊每千克体重 10 mg，口服；双乙酰胺苯氧醚，黄牛每千克体重 75 ～ 100 mg，绵羊每千克体重 80 ～ 120 mg，1 次口服，对幼虫效果较好，伴随虫龄的增长，药效降低；硝氯酚，牛每千克体重 5 ～ 8 mg，羊每千克体重 4 ～ 6 mg，1 次口服对成虫有效；丙硫苯脒唑每千克体重 20 mg，口服，对成虫有效。

粪便发酵处理，杀死虫卵，对驱虫后排出的粪便尤应严格处理。

2. 治疗

（1）中药治疗。贯仲 12 g、槟榔 30 g、龙胆 12 g、泽泻 12 g，共研末用水冲服。

（2）西药治疗。口服硫双二氯酚（别丁），按每千克体重 40 ～ 60 mg 或口服硝氮酚（拜耳 9015），每千克体重 5 ～ 8 mg；或口服血防 846，每千克体重 125 mg；或口服六氯乙烷，每千克体重 200 ～ 400 mg；或口服丙硫脒唑，剂量为每千克体重 20 mg。

四、牛蛔虫病

（一）诊断要点

1. 发病情况

主要寄生于肠道内，流行于我国南方各省、自治区，主要危害 2 ～ 5 月龄犊牛。

2. 临床症状

出生后 2 周的犊牛症状严重，表现精神沉郁、嗜睡，吮乳无力或停止吮乳，腹胀，排稀糊样、灰白色腥臭粪便，有时腹痛、血便，口腔发出刺鼻的酸味。

3. 实验室检查

采用饱和盐水浮集法，可检出粪便中的犊牛弓首蛔虫卵。

（二）防治

1. 预防

在本病疫区，对出生 10 天的犊牛全部进行 1 次预防性驱虫；对 6 月龄以内的犊牛，全部进行普查，粪检发现蛔虫卵的犊牛全部进行 1 次驱虫。

搞好环境卫生，及时清除粪便并堆肥发酵。

2. 治疗

左脒唑每千克体重 8 mg，混入饲料或饮水中给药；或丙硫苯咪唑每千克体重 5 ～ 10 mg，混入饲料或配成混悬液给药。

五、犊牛隐孢子虫病

（一）诊断要点

1. 发病情况

主要寄生于犊牛的回肠，其次是十二指肠和大肠。

2. 临床症状

大量感染时可引起犊牛腹泻，食欲缺乏，精神委顿，虚弱无力，体重下降。一般病程为 6 ～ 14 天，有的可复发。本病常可合并感染其他肠道病原体，使病情趋于复杂化。

3. 实验室检查

采用饱和盐水或食糖溶液浮集法收集粪便中的卵囊，由于卵囊极小，多采用涂片染色在 1000 倍显微镜下检查。常用的染色方法为抗酸染色法或沙黄 - 美蓝染色法。

（二）防治

目前尚无特效药物，螺旋霉素、盐霉素、多黏菌素、呋喃西林对犊牛隐孢子虫病有一定疗效。5% 氨水及 10% 福尔马林有杀灭卵囊的作用，可用于牛舍消毒。

六、牛球虫病

（一）诊断要点

1. 发病情况

牛球虫病是由艾美耳属的几种球虫寄生于牛肠道引起的以急性肠炎、血痢等为特征的寄生虫病。牛球虫病多发生于犊牛。

2. 临床症状

主要寄生于小肠、盲肠和结肠内。临床多取急性经过，病初主要表现为沉郁，减食，粪便表面附有数量不等的鲜红血液和血凝块，在肛门周围还残留有新鲜血液。约 1 周后表现消瘦，食欲废绝，反刍停止，排恶臭带血稀便，其中混有纤维素性薄膜样物。末期高度贫血，粪便黑色，几乎全为血液，最后因高度衰弱死亡。慢性型一般在发病后 3 ～ 5 天逐渐好转，下痢和贫血症状可能持续数月，粪便中常带少量血液，如饲养管理不良，可逐渐衰弱死亡。

3. 病理变化

剖检可见小肠和大肠广泛性卡他性炎症，小肠后段、盲肠和结肠内充满半流动性的血样内容物，肠黏膜肥厚，有广泛性出血性炎症，淋巴滤泡肿大突出，有白色和灰白色的小病灶，同时常常可见直径 4 ～ 15 mm 的溃疡，其表面覆有凝乳样薄膜。直肠内容物呈褐色，恶臭，有纤维素性薄膜和黏膜碎片。

4. 实验室检查

在病变部刮取物中发现有大量裂殖体、裂殖子或卵囊，具有诊断意义。仅根据粪便检查有无卵囊做出判断是不确切的。急性球虫病一般发生在球虫的无性繁殖阶段，此时尚无卵囊形成，反之粪便中存在少量卵囊，常常是隐性感染带虫者的特征。

（二）防治

1. 预防

圈舍应保持干燥、通风，消除积水，勤于打扫，定期消毒。饲料和饮水应保持清洁，严防粪便污染。及时发现、隔离、治疗病牛。犊牛应与成年牛分开饲养，哺乳母牛的乳房要经常擦洗。

2. 治疗

可内服磺胺二甲嘧啶，犊牛每天每千克体重 100 mg，连用 2 天，也可配合使用酞酰磺胺噻唑；或氨丙啉内服，每天每千克体重 25 mg，连用 19 天，预防量每天每千克体重 5 mg，连用 21 天；林古霉素，每头犊牛每天 1 g 饮水，连用 21 天。

七、牛绦虫病

（一）诊断要点

绦虫寄生于肉牛小肠中引起，对犊牛危害较大。由于绦虫体很长，常结成团块阻塞肠道。虫体生长很快，能大量吸取牛的营养并产生毒素，所以，患病肉牛变瘦、贫血、下痢等，粪便中常见到白色米粒状或面条状的虫体节片。

（二）防治

1. 预防

绦虫病为牛羊共患病，生产上应防止羊对牛的感染。

2. 治疗

一次口服 1% 硫酸铜溶液 120 ～ 150 mg；或口服砷酸铅 0.5 ～ 1 g，用后给予蓖麻油 500 ～ 800 mL；或口服灭绦灵，每千克体重 60 ～ 70 mg；或口服硫双二氨酚，每千克体重 40 ～ 60 mg。

八、多头蚴病（脑包虫病）

（一）诊断要点

多头蚴病（脑包虫病）由寄生于狗肠道的多头绦虫的幼虫，转寄生在牛的脑组织中引起。病牛除消瘦、沉郁、减食外，还有神经症状。常卧地不起，反应迟钝，一侧眼睛失明或视力减退，将头转向一侧，并做旋转运动，步伐不稳，或垂头走路，直到碰到物体时止。脑包虫寄生部位头骨变软。

（二）防治

主要预防措施是给狗口服 3 ～ 6 g 槟榔驱除绦虫；或捕杀野狗，以防止此病的传染。牛发病后，主要措施是进行头颅手术，将脑包虫囊体从大脑中取出。

九、肺丝虫病

（一）诊断要点

肺丝虫病由牛肺中寄生的网尾线虫引起。患牛抵抗力弱时，出现咳嗽，呼吸困难，消瘦，贫血，食欲减退，肺部有啰音等症状。化验粪便，可见到肺线虫的幼虫。

（二）防治

1. 预防

加强饲养管理，增强牛的抵抗力，要定期驱虫。

2. 治疗

病牛可口服驱虫净，按每千克体重 15 mg；或口服氰乙酰肼，每千克体重 17 mg；也可按每千克体重 15 mg，配成溶液皮下注射，每日 1 次，连用 3 ～ 5 天；或口服海群生，每千克体重 0.2 g。

十、蜱病

（一）诊断要点

又称扁虱、草爬子，常在草地、墙缝中隐藏而在牛体外寄生。体形为扁平的椭圆形，呈红褐色，腹部有四对足。小的如虱子般大小，雌体吸血后似蓖麻子大小。蜱对肉牛的主要危害是吸血和分泌毒素，同时还能引起疫病传播，使肉牛不安、贫血、清瘦。

（二）防治

牛体寄生数量少时，可人工捉除并消灭；如数量较多，可喷洒敌百虫溶液杀灭。对厩舍内躲藏的蜱，可用敌百虫溶液喷洒并堵塞墙缝。

十一、螨病

（一）诊断要点

螨病是由螨寄生在肉牛体表引起的皮肤病，也称癣或癞。肉牛疥螨病多发生在眼眶、咬肌及颈等部位。发病部位为不规则的小斑秃，表面为灰白色，奇痒。后期有痂块，皮肤变厚。病变也可发展到胸腹部位，使牛不安，在物体上擦身。取患部皮屑镜检可见到虫体。

（二）防治

发现病牛，应及时与健康牛隔离分群，彻底清扫厩舍。治疗时，可将患部被毛剪去，用肥皂水洗净皮肤，然后用 0.5% 敌百虫溶液洗擦患部，洗的范围要大一些，隔 2 ～ 3 天洗 1 次，连续 2 ～ 3 次，也可在 1000 mL 水中加入特敌克（双甲脒乳化剂）药液 4 mL，涂擦患部。用烟叶或烟梗 1 份，加水 20 份，浸泡 1 天后煮 1 小时，取煎煮液清洗患部，每天 2 ～ 3 次，也有较好的疗效。

十二、皮肤真菌病

（一）诊断要点

皮肤真菌病由真菌引起。真菌多发生在头部，特别是眼的周围、颈等部位，不久就遍及全身。病初被毛成片脱落，区域如小硬币大小，有时保留一些残毛，随着病情的发展，脱毛显著，脱毛部位出现无毛圆斑，皮肤则隆起、变厚，似灰褐色的石棉状，病初不痒，逐渐开始出现发痒表现，常靠近墙壁、树木、栏杆、草垛摩擦脱毛部位。

（二）防治

1. 预防

健康牛只饮用添加灰黄霉素原粉的水，每头每次 4 g，每天 2 次；适量饲喂优质青贮饲料和多汁饲料，每天中午 12：00 至下午 4：00 进行日光浴；平时注意牛舍消毒。

2. 治疗

隔离病牛，对所有牛只逐头保定检查，有临床症状的牛只全部转群集中在同一牛舍内，病、健牛只固定专人饲养，饲养员禁止串舍。严格消毒，牛舍每天清扫两次，清扫后喷水冲洗，用来苏尔、百毒杀更替消毒，用具、器械、场地每天进行一次清洗和消毒，饲养员进出牛舍都要消毒，从病牛身体上擦掉的痂皮要集中清理后烧掉，保定牛只用具、场地消毒处理。

药物治疗，内部用药可选用灰黄霉素原粉饮水，每头 5 克 / 次，每天 2 次，7 天为 1 个疗程，连用 3 个疗程；外部用药可选用达克宁，先用经温热的来苏尔溶液浸泡过的毛巾浸润患部，然后用牙刷擦掉患部痂皮，再用 5% ～ 10% 碘酊涂擦患部，最后涂抹达克宁。

第四部分

畜禽养殖场生物安全

第十章　养殖场生物安全规划与管理

第一节　畜禽养殖场生物安全知识概述

一、生物安全与养殖场生物安全体系

（一）生物安全

生物安全是指生物的正常生存、发展以及人类的生命和健康不受人类开发利用活动侵害和损害的状态，或者说，生物安全是各种生物不受外来不利因素侵害和损害的状态。其中，外来因素包括现代生物技术的开发和应用如转基因技术，外来有害生物如害虫、真菌、细菌、线虫、病毒和杂草等的引进和扩散，以及对人类生产和健康造成不利影响的各种传染病等。生物安全的概念有狭义和广义之分。狭义的生物安全是指防范现代生物技术的开发和应用所产生的负面影响，即对生物多样性、生态环境及人体健康可能造成的风险。广义的生物安全还包括重大新突发传染病、动植物疫情、外来生物入侵、生物遗传资源和人类遗传资源的流失、实验室生物安全、微生物耐药性、生物恐怖袭击、生物武器威胁等。因此，生物安全中的“安全”二字，从广义上理解，不仅包含安全的意思，也含有安全保护、安全防范的意思。本书所指生物安全可分为养殖场生物安全和实验室生物安全两种。

养殖场生物安全是指为了阻断各种具有致病性的细菌、病毒、真菌等微生物及寄生虫、有害生物等侵入养殖场动物群并进行增殖而采取的各种动物保护措施和病原侵入防范措施。这里的“阻断”措施即“切断传播途径”的措施，从空间上来说包含三层意思，一是切断养殖场间传播，构建养殖场的生物安全屏障，阻断病原在养殖场之间传播；二是切断养殖场内舍间传播，即通过实施场内的环境消毒，阻断病原在场内各生产单元之间的传播；三是阻断舍内畜禽间传播，即通过对动物消毒、免疫，阻断病原在某个生产单元内动物个体间的传播。动物保护措施，包括给动物提供安全全价的饲料与清洁的饮水，创造干净、整洁、卫生、通风、透光的生活生产环境，及时消灭养殖场内环境中人体、物体携带的病原微生物及场舍内可见有害生物，通过免疫接种将易感动物群转化为非易感动物群等。病原侵入防范措施，包括引进动物的隔离检疫，饲养动物的常规生产性检疫，采取措施阻断病原的水平传播与垂直传播，强化饲料原料、

人员、车辆、用具等的流通管控等。

实验室生物安全是避免危险生物因子造成实验室人员暴露、向实验室外扩散并导致危害的措施，涉及为防止病原体的任何泄漏和意外释放而采取的防护措施的各个方面，即如何保证实验室的生物安全条件和状态不低于允许水平，可避免实验室人员、来访人员、社区及环境受到不可接受的损害，并符合相关法规、标准等对实验室生物安全责任的要求；而生物安全保障是为防止病原体的偷盗、误用或故意释放而采取的保障措施。安全处理传染性病原体不仅需要良好的生物安全程序，而且要有生物安全保障计划。实验室生物安全的重点任务是实验室感染的控制、实验室对周围环境影响的控制以及对实验室和感染性实验材料的管理控制。

（二）养殖场生物安全体系

养殖场生物安全体系是指现代畜禽养殖中为阻断病原微生物侵入畜禽机体，保证畜禽养殖全程健康的一项系统工程，即对养殖场的选址、设计、建筑到生产、管理进行全程标准化控制，从而保证动物本身及其产品肉、蛋、奶在生产环节的安全健康。生物安全体系的建立需要观念层面的重视、建设层面的投入、操作层面的规范。生物安全的所有措施都要围绕消灭传染源、切断传播途径、降低易感动物这三个方面展开。生物安全体系的内涵可以简单概括为：所有在动物体外杀灭病原微生物、降低机体感染病原微生物的机会和切断病原微生物传播途径的措施组合。

养殖场生物安全体系作为国际公认的防控动物疫病的有效手段，是世界畜牧业发达国家兽医专家学者和动物养殖企业经过数十年科学研究和对生产实践经验不断总结，提出的最优化的全面的畜牧生产和动物疫病防治系统工程。动物养殖场生物安全体系是预防临床或亚临床疾病的总规划及措施，重点强调环境因素在保证动物健康中所起的决定性作用，同时充分考虑了动物福利和动物养殖对周围环境的影响因素，即：使动物生长处于最佳状态的生产体系中，发挥其最佳的生产性能，并最大限度地减少对环境的不利影响，实现企业利益与社会责任的和谐统一。不同畜牧生产类型对生物安全的需要不同，其生物安全体系中各组成要素的作用和重要性也不一样，但各种生物安全体系的基本构成要素是一致的。概括而言，生物安全体系一般包括如下几个方面：环境控制包括养殖场选址、规划、布局与环境消毒等、人员控制包括生物安全培训教育、消毒、个人防护与健康管理等、畜禽生产群控制包括养殖方式、免疫、驱虫、药物预防等、饲料控制、饮水控制、物品设施控制、车辆用具的清洁与消毒、废弃物与污物处理、虫鼠鸟兽等生物危害控制、患病动物隔离与处理、病死动物无害化处理、免疫抗体监测与垂直传播性疫病净化、常规动物生产性检疫、动物标识佩戴与养殖档案管理以及与之配套的生物安全管理制度建设等。

二、养殖场生物安全体系建设的意义

养殖场生物安全体系建设是贯彻落实《国家中长期动物疫病防治规划 2012—2020 年》的迫切要求，是养殖企业降低防控成本、提高防控质量和增强企业竞争力的有效手段，是促进畜牧业健康发展、维护动物性产品质量安全和公共卫生安全的重要保障，是保障动物疫病防控或净化效果的重要措施，是建立生物安全隔离区的核心内容，是评价生物安全隔离区建设是否合格的重要依据。

（一）建立生物安全体系可以有效降低我国养殖业疫病风险

作为当今世界快速发展的新兴经济体和生物多样性大国，我国面临的生物安全形势十分严峻。当前，我国生物安全防控面临的巨大挑战，在养殖业主要表现为新突发传染病，如 2007 年小反刍兽疫首次侵入我国，随后在我国多省份出现小反刍兽疫疫情，对我国的养羊业产生了较大的影响；2018 年非洲猪瘟侵入我国东北地区，并引发全国性的非洲猪瘟疫情，不仅给我国养猪业造成难以估量的经济损失，对城乡居民的肉食品供应也产生了巨大的影响。2020 年 2 月 14 日，在中央全面深化改革委员会会议上，习近平总书记指出，要把生物安全纳入国家安全体系，系统规划国家生物安全风险防控和治理体系建设，全面提高国家生物安全治理能力。研究表明，非洲猪瘟的防控关键是猪场生物安全体系建设，体系建设好的猪场，非洲猪瘟疫情发生概率大大降低。

（二）建立生物安全体系可以有效提高养殖场动物防疫水平

畜禽生产尤其是集约化饲养的畜禽，经常面临着各种各样疾病的侵袭。疾病可来自多种病原，如病毒、细菌、双孢子球虫或真菌。然而，疾病的来源和扩散都是通过可识别的、携带病菌的带菌者，这些带菌者包括动物本身、饲养管理动物的人、污染的水和饲料、饲养动物的畜舍和设备，甚至空气等。虽然药物和疫苗一直以来都对治疗疾病起着重要的作用，但目前普遍接受的观点是它们不能完全防止由疾病带来的损失。现代化的养殖场需要对此进行全面的考虑。如果病原微生物存在的环境不能得到完全控制，良好的饲养管理也不能严格地执行，单纯依靠药物和疫苗无法有效地保护畜禽不受到感染。畜禽必须处于病原体和传播途径都被控制的环境中，在这样的环境下疫苗和药物才能有效发挥作用。在疾病控制的三个主要方面中，生物安全是一个关键的因素。在维护畜禽健康中，三个方面中的任何一个都是必不可少的，而且每方面都与其他两个方面具有相关性。通常所见到的情况是，大多数养殖场由于实施较差的消毒标准或规范削弱了药物治疗和免疫程序的功效，或者因为不够重视生物安全而导致了大量疾病的暴发，从而体现不出良好饲养管理的优势。无论补救措施怎样，其结果必然都是造成生产效率的下降和经济效益的损失。

（三）建立生物安全体系可以为动物疫病净化提供技术保障

生物安全管理体系是阻断病原体传入畜禽养殖场、在场内传播并向场外扩散所采取的各种措施。通过采取适当的生物安全措施，可大幅减少甚至消灭场区环境中的病原微生物、虫卵，避免畜禽早期感染，提高免疫成功率，降低动物疫病发病概率，为实现《国家中长期动物疫病防治规划 2012—2020 年》中动物疫病防治以及消灭计划提供重要支撑。生物安全管理措施落实情况是评估动物疫病净化创建场和动物疫病净化示范场的重要依据，养殖场可依据生物安全管理体系的具体要求做好疫病净化的软硬件改造，保障净化期间采样、检测、阳性群淘汰清群、无害化处理等措施顺利实施，同时健全生物安全防护设施设备、加强饲养管理、严格消毒、规范无害化处理，以保障动物疫病净化创建场和动物疫病净化示范场的净化效果的后续维持。

（四）建立生物安全体系可以促进动物及动物产品的国际贸易

随着经济的高速发展，全球经济一体化进程的不断加快，动物及动物产品国际贸易日趋频繁，导致部分疫病突破地域、地理隔离等因素在全球范围内传播流行。例如，禽流感、疯牛病等均引发过严重的公共卫生和食品安全危机。在动物及动物产品国际贸易过程中，为保护本国的公共卫生和食品安全，进口国往往对发生疫情的国家进行贸易限制，严重阻碍了动物及动物产品在国际的贸易。生物安全管理体系是生物安全隔离区建设的重要内容，其根本目的是在更小的范围内维持无疫状态，有利于生物安全管理措施落实到位的企业在周边区域有疫情暴发时，正常开展国际贸易，避免因贸易壁垒造成企业损失，有利于促进更多的畜禽养殖企业朝着标准化、集约化的方向转变生产方式，从而提高企业核心竞争力，进而在目前动物疫病威胁日趋严峻的情况下保障动物及动物产品在国际贸易中的正常开展。

第二节　养殖场生物安全设施规划

一、养殖场的选址要求

畜禽养殖工作开展第一步就是畜禽养殖场址的选择，科学合理的场址不仅要考虑生产的需要、饲养管理模式、养殖规模化水平、地方法律法规的要求等，还要考虑居民的消费观念、消费水平、地方资源的综合利用、地方畜牧发展特点等因素，同时还要兼顾地势、地形、水源、土壤、环保、防疫和道路等方面影响。

1. 地势和地形

地势较高平、干燥、背风开阔、向阳通风，近 20 年内无水灾记录；尽量利用废弃地、空闲地、生荒地等非耕地建设。地形指的是养殖舍的场地形状、大小面积以及周边的树林、河流、桥梁等情况。作为牧场场地，要求地形整齐、开阔、有足够面积，便于合理布置牧场建筑和各种设施，并有利于充分利用场地。

2. 土壤和水源

畜牧场场地的土壤情况对畜禽舍影响很大。透气性和渗水性差的熟土，一般持水力强，降水后易潮湿、泥泞，场区空气湿度较大；砂土透气透水性好，降水后不易潮湿、易干燥，自净作用好，但其导热性强，热容量小。土壤介于砂土和熟土之间，透气性和渗水性适中，场区空气卫生状况较好，抗压能力较大，不易发生冻土，建筑物也不易受潮，是畜牧场最理想的土壤。水源一定要清洁卫生，畜禽养殖舍选址所需水资源至少要满足以下条件：周边水源要充足，至少能够保证养殖场内正常的用水需要；水质要保证良好，至少得保证达到生活饮用水的水质标准；便于卫生防护，避免被污染；取用方便，保证水资源处理技术简单易行。

3. 环保要求

符合环保法律法规，建设相应的粪污贮存、雨污分流等污染防治配套设施以及综合利用和无害化处理设施并保障其正常运行。每头存栏猪按 0.5 m^2 的粪浆或沼液贮存池消纳土地，以存栏 50 头种母猪计，需要 6.67 hm^2 土地消纳粪污，100 头则需要 13.34 hm^2 土地消纳粪污。

4. 防疫要求

养殖场选址应坚持“不对周围环境造成污染、也不受周围环境污染”的原则，选址必须通过风险评估。《动物防疫条件合格证》发证机关要组织开展兴办畜禽养殖场选址风险评估，依据场所周边的天然屏障、人工屏障、行政区划、饲养环境、动物分布等情况，以及动物疫病的发生、流行状况等因素实施风险评估，根据评估结果确认选址。一般而言，建议选址距离生活饮用水水源地、动物屠宰加工场所、动物和动物产品集贸市场 500 m 以上；距离种畜禽场 1 km 以上；距离动物诊疗场所 200 m 以上；动物饲养场养殖小区之间距离不少于 500 m；距离动物隔离场所、无害化处理场所 3 km 以上；距离城镇居民区、文化教育科研等人口集中区域及公路、铁路等主要交通干线 500 m 以上。

5. 地理位置要求

养殖场选择要严格遵守社会公共卫生准则，保证养殖场不污染周边环境，同时，也不被周边环境所污染。符合当地养殖业规划布局的总体要求，建在规定的非禁养区内，符合环境保护和动物防疫要求。新建、改建和扩建养殖场、养殖小区按照《中华人民共和国环境影响评价法》的有关规定进行环境影响评价，并提出切实、可行的污染物治理和综合利用方案。符合当地土地利用总体规划和城乡发展规划，建设永久性养殖场、养殖小区和加工区，不得占用基本农田，充分利用空闲地和未利用土地。坚持农牧结合、生态养殖，既要充分考虑饲草料供给、运输方便，又要注重公共卫生。建在地势平坦、场地干燥、水源充足、水质良好、排污方便、交通便利、供电稳定、通风向阳、无污染、无疫源的地方，处于村庄常年主导风向的下风向。

6. 交通条件

畜禽养殖舍所处地要保证交通方便，尤其是那些大型的、规模化的商品畜禽养殖场，由于其每天运输的产品、饲料等量大，由此，必须要有便捷的交通运输条件来维持其日常工作的正常开展。但是，如果选址在交通干道，又容易感染各种疾病。所以，在选址时一定要保证与交通干道有适当的距离，且交通方便。建议距离铁路和一二级公路不少于 500 m、距离地方三级公路不少于 200 m、距离四级公路不少于 100 m；条件允许的，可考虑与地方主干道间修建一条专用运输道路。

7. 供料和供电条件

饲料是畜禽养殖最为重要的物质基础，这部分费用所占的比例占到了总成本的 70% 左右。由此，选址时一定要综合考虑饲料供应问题。现在集团化养殖场都有自己的饲料场，配送方便。规模化养殖场或就近选择饲料供货商，或在养猪场内自建小型饲料场。为了维持正常的生产需要，缩减成本支出，养殖舍应该建在靠近供电线路的地方，最好是采用工业电、民用电双路供电，同时配备小型发电房，以备万一。

二、养殖场的规划布局

（一）畜禽养殖场的规划布局

场址的选择及场内布局是建立畜禽养殖场的关键，如场址选择不符合动物防疫条件的要求，即使场内规划再好，总体也不符合动物防疫条件的要求。畜禽养殖场布局合理是建立良好畜牧场环境和组织高效率生产的基础和可靠保证，有利于减少畜禽疫病的传播，促进畜禽的健康生产。养殖场总体规划布局事关养殖场规划设计，既关系到投资效益，又关系到公共卫生安全，是养殖场建设的前期工作。只有周密规划、科学设计，才能保证养殖场的长远发展，减少养殖建设投资，最大限度节约养殖成本。

1. 规划和布局原则

合理利用地形、风向和光照，有效利用土地，分区规划布局，为畜禽创造适宜的环境，充分发挥畜禽的生产潜力；有利于兽医卫生制度的执行，防止和减少疫病发生。规划布局要符合生产工艺要求，保证生产的顺利进行和各项技术措施的实施。各类建筑物的布局和建设必须与本场生产工艺相结合，否则必将给生产造成不便，甚至使生产无法进行。合理确定各类建筑物的数量和位置，做到方便生产管理，有效发挥各类建筑物的作用，有利于整体工作效率的提高。因地制宜，就地取材，尽量降低工程造价和设备投资。总体上要做到：因地制宜、科学合理，便于疫病防控、保障公共卫生安全，有利于饲养管理，利于环保。另外需考虑今后发展，应留有余地；场地建筑物的配置应做到紧凑整齐。

2. 各区规划

（1）场地规划。在所选定的场地上进行分区规划，确定各区生产、建筑物的合理布局，达到分区合理、协调发展。在满足生产的前提下尽量节约用地，要利用地形地势解决挡风防寒、通风隔热、采光等问题。规模化养殖场一般分为生活区、管理区、生产区、隔离区等。生活区包括办公室、接待室、财务室、食堂、宿舍等，是管理人员和家属日常生活的地方，应单独设立，一般设在生产区的上风向，或与风向平行的一侧。管理区包括饲料加工车间、饲料仓库、修理车间、车库、药房、兽医室、消毒室更衣、洗澡、消毒、配电室，锅炉房、水泵房等，它们和日常的饲养工作有密切的关系，所以这个区应该与生产区毗邻建立。生产区是养殖场的核心，主要包括各种畜舍，应根据不同用途、类型、畜禽不同发育阶段来确定不同类型畜舍的位置。种畜和幼畜应放在防疫比较安全的地方，外来人员不得入内，一般要求上风向；大规模的养殖场应进一步划分为种畜、幼畜、育成畜、商品畜等不同类型畜舍。隔离区应设在生产区的下风向和养殖场地势最低处，主要用来设置病畜隔离间及粪便、污水集中处理设施，属于养殖场卫生防疫和环境保护工作的重点区域。场地规划还应做到：场区出入口处设置与门同宽的消毒池，消毒液必须保证其有效性；生产区与生活办公区分开，并有隔离设施；生产区入口处设置更衣消毒室，各养殖畜舍出入口设置消毒池或者消毒垫。

（2）场内道路。根据功能决定宽度，路面要求硬化，污道、净道严格分开，勿交叉使用。硬化的道路有利于清扫、消毒，污道为淘汰畜禽、畜禽粪污出场的通道。

（3）排水设施。实行“雨污分流”原则，排雨雪水设施和排污水设施两者要分开。

（4）绿化设施。养殖场绿化对改善场区小气候作用很大，包括防风林、隔离林、行道绿化、遮阳绿化等。现阶段随着防疫压力的不断加大，养殖场现在一般不栽树，以防招来野鸟受其威胁。因为野鸟迁徙距离远，其抵抗力很强，带毒不发病，但可以传染给畜禽，引起烈性传染病的发生。

4. 建筑物布局

（1）建筑物的排列。建筑物长度一般不能超过 120 m，避免过长而造成饲料、粪污运输距离加大，管理和工作不便。

（2）建筑物的位置。根据生产功能，畜舍之间，畜舍与饲料库，畜舍与粪便、污水处理区相互联系，应合理安排；根据防疫要求，先是种幼畜，再次为生产群，病畜和粪污处理在最下风向和地势最低处。

（3）建筑物的朝向。畜舍要求尽可能东西走向，坐北朝南，这样可以做到冬暖夏凉。

（4）建筑物的间距。根据畜舍的采光、通风、防疫、防火和占地面积；幢舍间距应为 2 ～ 3 倍幢舍高，可满足各种要求。畜舍的排列、布置要考虑进风方向和排风方向，不让一些幢舍排出的污浊空气被另一些幢舍吸入舍内，还要考虑利用自然光照。畜舍到生活区距离至少为 100 m，畜舍到围墙的距离至少为 50 m，畜舍间的距离至少为 30 m。

总之，为了更好地解决养殖场及其周边环境日益突出问题，防止环境污染，保障人畜健康，促进畜牧业的可持续发展，必须遵循畜禽养殖场选址和布局的原则：一是依照国家法规，考虑当地条件；二是采用科学的饲养管理工艺；三是经济上合理，技术上可行；四是为畜禽和管理人员创造良好的环境。

（二）楼房养猪的规划布局

我国是人口大国、也是养猪大国。近 20 年来，养猪业在不断发展壮大，随着养猪业的科技发展，养猪也走进空中，楼房养猪已落地变成现实。

1. 楼房养猪优势

（1）集约用地。建一个万头规模猪场即 24 头基本公猪，600 头基本母猪，每年提供万头左右仔猪或肉猪，按传统方式建需要 4.67 hm^2 用地，按现代工厂化养猪也需要 2.0 hm^2 用地；而楼房养猪，只需要 0.7 hm^2 用地，节省用地 60% 左右。

（2）缓解环保压力。楼层之间有落差，可方便排污和集中处理污水，而且排污沟暴露面较小，大大减轻了污染程度。

（3）高楼通风和采光好。能有效防止病菌传播。在夏季，门窗全开，高层通风、透光，空气清新、凉爽。在北方，冬季门窗封闭、薄膜扣严，及时清粪并控制冲水，顶棚防寒，加强保暖，比不采暖平房要好很多。

（4）有利环保人工清粪、控制冲水。在楼内管道行程短，及时排放，与过滤池、沉降池、鱼池、稻田等有机结合起来，就可建成一个防治污染、保护环境、有益人体健康的生态养殖场。

（5）动物福利最大化。基于猪的生长需求对楼房猪场进行了大量研究，从栏舍宽度、营养摄入到温度高低等均充分考虑了动物福利，给猪群提供了安全舒适的生长环境，并在设计上把生物安全放在第一位，通过闭锁繁育、空气过滤、全周期全进全出和多层防护的结构化生物安全体系建设等实现全方位立体化的高强度猪场生物安全。同时实现对人员、车辆和物资出入的管控，阻隔外部细菌病毒。通过内部层层分级，形成各层独立空间，有效防止不同层级间的交叉，最大限度地控制和减少疾病传播隐患。

2. 楼房养猪选址要求

交通方便，远离交通要道，距公路 1000 m 以上。距铁路、交通干线、居民点、其他牧场 2000 m 以上，不要在旅游地区、畜禽疫病污染区域、屠宰加工场地和工业污染严重地区建场。工程地质条件良好。一般应选择地基的地耐力 $R>12\ t/m^2$ 以上的地质，以防止滑坡、断层。地势干燥，通风良好。水源充足，水质良好。符合中华人民共和国农业行业标准《无公害食品畜禽饮用水水质标准》NY 5027—2001。电源较近，电力充足。

3. 楼房养猪设计要求

根据尽量节省土地的原则，楼层就高不就低，尽量建 5 ～ 6 层的高楼，少建或不建 3 层以下的猪舍。楼房猪舍的朝向主要考虑日照和通风效果，宜使畜舍纵墙和屋顶在冬季多接受日照、夏季少接受日照，以改善舍内温度状况，取得冬暖夏凉的效果。楼房上下空间要对温度、湿度、光照和环境卫生等进行有效控制，创造舒适的小环境，更好、更合理地满足和保证所养阶段猪群的生理及生长要求，提高生长率和出栏率。楼房猪舍的高度：南方防暑地区 2.8 ～ 3.2 m，防寒兼防暑 2.7 ～ 3.0 m，北方防寒 2.5 ～ 2.7 m。楼层之间的生产流程考虑到养猪生产流程的需要，合理利用空间，减少空间浪费，同时又要最大限度满足生产的需要。楼房养猪，是一次投资、多年受益，在设计上既要经济实用，又要能保证长期利用。楼房的基础、墙、屋顶和立柱要根据载荷、地基承载力、地下水位、生产流程等进行合理安排，保证坚固耐用，抗震、抗暴风雨和暴风雪。排粪和排尿等相关设施关系到猪舍的干燥、温度和湿度，二楼以上的设施还将考验高层地面的结构设计是否合理安全。猪舍地面要求坚实、不透水、不滑、易清洗消毒、平坦且有一定坡度和一定保温隔热性能和弹性。

第三节　畜禽养殖中的生物安全管理

一、养殖场人流与物流的安全管理

（一）养殖场人员的防疫管理

随着国内非洲猪瘟等疫情的严峻，猪场应该采取最严格的养殖场人员防疫管理制度，参照养猪场非洲猪瘟防疫等级，非洲猪瘟防控期间启动封场管理，猪场员工两个月休假一次，休假人员统一进场，每月两次。对于所有新入职员工，需提前做好工作背景调查，家有屠宰场或家中饲养猪只的人员禁止录用，来自疫情场的人员需要有足够的隔离期。除手机 SIM 卡外，不得携带其他物品入场。若需要携带的，请兽医出具处置方案，最好使用消毒药浸泡，擦拭后带进养猪场。如是临时检查人员需要进入猪场，禁止携带任何物品，包括手机，洗澡换衣服后方可进入。

1. 集团化猪场入场审批流程

规模化猪场可以参照执行集团化猪场入场审批流程。

（1）进入公猪站、原种场和扩繁场的入场审批流程。休假人员返场前，场外隔离点隔离两天三夜后，检测结果合格方可入内。场内员工入场，由场长发起提交申请，注明所有进场人姓名以及近期接触过猪只的时间、地点，经主管领导审核后，按照生物安全规定的流程进场。非场内员工，如职能部门、维修人员等，因工作需要入场的，要严格确认是否来源于疫点，经主管领导审核同意后，按照生物安全规定的流程进场。禁止上述情况以外的其他与公司无关人员到核心场拜访，尤其是业务拜访人员、种猪销售人员、肥猪销售人员等高危险人员。发现一起必须严肃处理一起。人员在从隔离点入场途中，不得在猪场外围如淘汰猪中转台、污水处理场所、病死猪处理场所等危险区域逗留。人员入场后，在生活区隔离 48 小时以上，并经场长批准后，再次消毒方可进入生产区。

（2）进入商品场、培育场、大型家庭农场的入场审批流程。场外隔离点隔离一天两夜后，并检测结果合格。场内员工入场，由场长发起申请，注明所有进场人姓名以及近期接触过猪只的时间、地点，经主管领导审核同意后，按照生物安全规定的流程进场。非场内员工，如职能部门、维修人员等，因工作需要入场的，要严格确认是否来源于疫点，经审批后，按照生物安全规定流程进场。人员在从隔离点入场途中，不得在猪场外围如淘汰猪中转台、污水处理场所、病死猪处理场所等危险区域逗留。人员入场后，在生活区隔离 24 小时以上，并经场长批准后，再次消毒后方可进入生产区。

（3）特殊人员入场审批。原则上猪场防疫期间，所有人员必须经过严格的入场流程方可进场，特殊人员，如政府人员、集团高管、国外服务专家、管理 / 技术干部以及紧急维修工人，当无法执行场外隔离，不符合生物安全隔离、检测条件，但需要进场的，需要通过特殊人员入场审批流程，方可按照入场程序进入。

2. 人员入场操作流程

（1）入场登记。入场之前踩踏门口的脚踏消毒垫，场外生物安全管理员负责每天更换新的消毒液，必须如实填写《进出场登记表》。填写姓名、入场时间、入场原因、未接触猪的时间长度、最近一次接触猪场名称、证明人及联系电话等信息。

（2）浴室管理。此淋浴程序适用于紧靠养殖场大门的入场淋浴更衣室，俗称门卫浴室及生产区浴室。洗澡间划分“脏区”“灰区”“净区”，以隔板或高于地面的隔断作为标识，隔断以外为脏区，淋浴区为灰区，隔断以内为净区，门口设换鞋凳。所有人员每次入场必须进行淋浴，浴室出口和入口配备监控摄像头。浴室必须提供完善的洗浴条件，包括干净的大浴巾、护肤品、吹风机等；门卫浴室还需要额外配备经过消毒烘干处理的毛巾、脸盆、拖鞋、一次性内衣裤。猪场应提前了解来访人员的体型并准备好合身的衣服、腰带、袜子等。洗澡间应保持清洁卫生，天冷时提供保暖设施 20℃以上。场长负责安排人员每天使用消毒药对浴室进行喷雾消毒。

（3）淋浴程序。浴室门口放置换鞋凳，人员坐在上面脱鞋后双脚不着地面，直接转到浴室一侧。人员进入浴室，所有外部的衣服必须脱在洗澡间的脏区，眼镜在洗澡的同时必须进行清洗、浸泡消毒。彻底淋浴，首先全身用洗发水和沐浴露进行沐浴，淋浴时间不得少于 5 分钟，洗手时间不少于 15 秒，特别注意手指、指甲、鼻孔和耳道的清洗。淋浴结束，在净区把身体擦干，穿上猪场内部提供的工作服，进入生活区。

（4）人员出场管理。猪场人员必须按照猪场制定的休假制度执行休假申请，如遇到特殊情况，可及时申报场长，由场长向主管领导审核同意后汇报执行。猪场人员所有私人物品一旦带出猪场，不得再次带回猪场，手机 SIM 卡除外。人员进入淋浴间，必须将生活区穿的衣服脱在淋浴间净区一侧的更衣间或者清洗筐中，由专人负责收集。人员一旦进入灰区或脏区，需要经过洗澡、消毒才能再次返回到净区。在脏区穿好场外隔离场的衣服，如隔离点位置较远，统一由猪场安排专车离开猪场，赶到场外隔离地点。到达场外隔离点后，换上个人的衣物、鞋子；脱下的衣物、鞋靴由隔离点负责人进行清洗、消毒。

（二）养殖场车辆及用具的防疫管理

现代化防疫制度的建立，都离不开车辆洗消中心，目前集团化猪场都有独立运营的洗消中心和完善的洗消制度，而规模化养殖场也配备了相对简单的洗消设备，在距离养殖场 3 ～ 5 km 范围内设置洗消点。

1. 养殖场的车辆管理

养猪场的车辆，外围车辆管理是防疫的重中之重，包括运猪车、运料车、售猪车等，必须严格遵守《车辆生物安全管控流程》。优先选择公司自有车辆，特殊状况需要租赁车辆时，必须符合农业农村部第 79 号公告规定的生猪运输车辆条件，同时保证全车的独立密封性，具体可参照物流公司车辆选择标准。车辆背景审查，包括驾驶员司机采样检查，租赁车辆建议使用专业的养殖运输公司车辆，专业的物流队伍对于车辆管理和司机管理相对成熟，方便管理和监控，车辆洗消分为三级。一级洗消点，距离洗消中心 5 ～ 10 km，车辆外部初清洗，车辆清洁整理，清洗要求干净无粪便、泥垢等，冲洗干净目视检查合格即可进入洗消中心。二级洗消中心清洗，为核心洗消点，洗消中心负责人对车辆清洗的过程和结果进行检查监督。生物安全管理员负责对来洗车辆、驾驶员进行登记，检查等。车辆驾驶人员将车辆停至冲洗区域后，由人工通道进入洗澡间洗澡并穿上隔离服。车辆洗消工作人员进入洗消车间开始作业，首先预浸湿待洗车辆，然后使用泡沫喷枪将泡沫清洗剂打成泡沫，对车辆车轮、车轮框、挡泥板、保险杠等部位进行消毒，原地静置 15 ～ 20 分钟后，冲洗掉泡沫清洗剂后，然后使用消毒剂进行消毒，消毒时间大致 30 分钟，保证车辆充分消毒，消毒晾干后进入烘干房 65℃烘干 30 分钟，并填写消毒记录。车辆进入待检区，由实验室人员采样检测检查车辆洗消结果，检测合格后放行，检测不合格则进行第二次洗消，直至实验室检测合格。

冬天注意在消毒剂中添加防冻剂，选用耐低温的消毒剂，三级洗消点，建立在离养殖场 1 ～ 3 km 范围内，进入养猪场防疫的核心区，饲料车、运猪车、售猪车需要进行再一次消毒后，方可进入防疫核心区。饲料车不进场，场外料塔直接打料，售猪车达到售猪台前，有必要再进行一次消毒。所有员工车辆全部放置在场外隔离点，进出场由隔离点统一安排车辆接送，隔离点接送员工的车辆，只能专用，不可用作他用。

2. 养殖场的物资防疫管理

猪场配备两名场外生物安全管理员，负责物资入场的管理工作，入场物资均由场外生物安全管理员严格开包仔细检查，尽可能降低物资入场频次每月不超过 3 次，场长提前做好规划。

（1）一般物资防疫管理。一般物资的消毒方式首选烘干，不能烘干的使用甲醛熏蒸，如果前两者都不能使用如食品、疫苗等，则使用消毒药消毒；注意避免物资堆叠。烘干房和熏蒸间使用必须批次间全进全出，全部配置镂空货架、货筐。各场固定熏蒸间开启时间，并做记录备查。

（2）人员物品防疫管理。人员进入猪场时，场外使用的手机不允许携带进场，只能将手机卡擦拭消毒后带入场内，猪场给员工配备手机，满足员工场内、场外手机使用需求。员工休假时手提电脑带回家后不许再次带入场内，猪场访问人员职能部门、维修人员不允许带电脑进场，使用场内电脑进行办公。人员进场时，原则上禁止携带任何物品，特别是已使用过的物品。对于新购买未拆封的必需物品如药物、香烟、化妆品等，必须经过消毒后带入，或者养殖场生活区设置生活购物中心，满足员工基本生活所需即可，猪场不接受直接到场的私人快递，必须到公司设立的中转库消毒后进入猪场，不允许私下购买相关猪肉制品，如火腿、肉松等。

（3）动保产品防疫管理。一般动保产品，养殖生产需要做好动保产品计划，提前一个月通知供应商通过物流发送至各养猪场场外隔离地点的中转仓库避免堆叠，中转库管理人员做好登记和分类，拆除外包装，以药品最小存放单位搁置熏蒸间消毒，甲醛熏蒸 24 小时以上后，隔离 30 天，再按照入场流程进场。疫苗，由中转库管理人员，首先使用消毒药给外包装泡沫箱喷洒消毒，然后再用消毒药擦干净外包装泡沫箱，静置 15 分钟，待晾干后，拆除外泡沫箱和疫苗外包装，再用消毒药浸泡或者擦拭瓶装外表面，换上猪场专用的泡沫箱和冰袋，用疫苗专用车送至养殖场。疫苗的消毒和擦拭、换包装尽量在较短的时间内完成，如果工作量大，疫苗数量多，可以在中转站设置疫苗中转仓库，或者阴凉库。

（4）食堂食材的防疫管理。鼓励养殖场在生活区空阔地开拓蔬菜种植，满足自给自足即可。不得从外部购买猪肉及偶蹄类动物相关产品，蔬菜由场内自给自足，猪肉由场内自己屠宰供应，其他食材在场外中央厨房煮熟后入场。猪场内无法做到蔬菜自给自足供应的，成立场外中央厨房，蔬菜与肉类等食材不得进入猪场生活区，食材煮熟后经高温灭菌传递窗入场。

二、养殖场饲料与饮用水安全管理

（一）养殖场饲料生产与使用安全

我国的食品安全现状十分严峻，尤其是畜产品，追根溯源，问题的源头出在动物饲料上。基于此，介绍动物饲料对食品安全的重要影响，以及动物饲料的安全问题导致的食品安全问题，并针对这些问题进行分析，找出具体的解决办法，旨在增强人们的饲料安全意识，提高动物饲料安全性能指标，从源头上保证食品安全。

饲料安全既涉及动物源食品安全，也影响到环境生态安全。为此，我国国家标准《饲料工业术语》GB/T 10647—2008 中，对饲料作了如下定义："能提供饲养动物所需营养素，促进动物生长、生产和健康，且在合理使用下安全、有效的可饲物质”；同时明确“饲料中所含有的直接或间接影响动物机体健康、动物产品质量、危害人体健康及污染环境的物质”为“有毒有害物质”，并对饲料的“卫生指标”作了定义，即“为保证动物健康和动物产品对人的安全性及避免环境污染，对饲料中有毒、有害物质及病原微生物等规定的允许量”。

从安全饲料的广义定义看，它又可称为生态饲料。所谓生态饲料是指具有最佳的营养物利用率和最佳的动物生产性能，能最大限度地注重饲料对饲养动物、生产者、动物食品消费者和环境的安全性，促进生态和谐的饲料。然而就安全饲料与生态饲料的词性相比，生态饲料表现出更积极、更主动的意义。而饲料的生物安全则介于两者之间，宗旨和目标是确保饲料在入口前的生物安全，也即吃得健康，无毒无害。

1. 饲料原料及组成的生物安全

（1）饲料原料的生物安全。饲料生产原料的安全对饲料的安全有着重要的影响，所以要从源头着手，在饲料加工之前，就对加工饲料的原料进行严格的检验和检测，以保证饲料原料的质量。饲料原料的优质与安全是保证畜产品食品安全的关键和首要条件。在实际生产操作过程中，很多因素都直接或间接地影响着天然饲料的安全与质量。因此，在饲料加工中，要有一套科学严谨的质量监督与检验手段。影响动物饲料安全最主要的一个原因就是饲料本身的原料有问题，主要有以下几个方面：一是饲料原料中微生物毒素和致病菌超过国家标准限量，如微生物毒素、大肠杆菌等；二是饲料原料中化学杀虫剂、除草剂等农药超标；三是饲料原料中重金属含量超标，如铅、汞、砷、氟和铜等超标。

（2）饲料添加剂的生物安全。影响动物饲料安全的另一个比较常见的问题就是添加剂问题，如今我国国内这一现象非常严重，各种饲养场所添加剂使用泛滥，国家也在加大力度制止这一现象的发生，合理使用添加剂，规范添加剂的使用剂量，严格按照规定实施，严禁超量。

（3）饲料配方设计的生物安全。饲料配方的安全科学设计是生产安全饲料的设计控制点：第一，首要任务就是拿到生产产品所用原料和添加剂安全卫生指标的准确检测数据；第二，要严格执行国家对各项卫生指标的规定，使产品所用安全指标符合国家规定，特别是坚决不使用禁用的添加剂，对允许使用的药物添加剂和其他添加剂等要严格执行安全允许使用量。对于污染物如霉菌毒素等已经超过国家规定的饲料原料坚决不用；第三，对污染物如霉菌毒素等含量低于但接近国家规定的允许量的原料可以采用加霉菌毒素吸附剂等脱毒手段来处理，也可将污染物如霉菌毒素等含量超标的原料先行进行脱毒处理，使卫生指标符合要求后再行使用；第四，要采取复检审查措施，避免设计计算错误的发生，确保产品安全。

（4）饲料原料的检测监控。加强对饲料原料中霉菌毒素、有害化学物如三聚氰胺、重金属等的检测，以确保产品的安全。但中小型饲料企业由于检测设备、技术投入不足，对卫生指标的检测只做某些抽检，导致饲料产品的安全事件屡有发生，一些企业由于内部管理制度混乱，将明知有害物超标或霉变的饲料仍然用于饲料产品生产中，导致饲料变质。

2. 饲料加工的生物安全

饲料加工主要是指饲料原料和添加剂在经过优化设计配伍后，在饲料厂的机械工艺生产线上执行配方至完成饲料成品的过程。

（1）配料过程安全。控制配料过程中对安全性有影响的是饲料添加剂的计量投料，对此控制点要做到物料名称准确，计量精确，投料批次、时间正确，并经复核无误，结果有记录查询。

（2）混合过程安全。控制对混合过程的安全控制要做到确保混合机的混合性能正常，保证混合加工参数得到正确的控制，使产品混合均匀度达到规定的要求，并有混合操作记录和检验结果记录。

（3）清洁饲料工厂工艺设计。随着饲料卫生要求的不断强化，清洁饲料厂设计成为国际趋势。这类工厂的设计从整个厂区规划，原料储存、运输、处理，饲料的配料、混合、制粒，成品包装均考虑了防止交叉污染、饲料加热杀菌和饲料设备的自动清扫等要求，保证生产的产品能满足卫生标准的要求。

（4）饲料厂的排序生产与冲洗技术。排序生产是按照药物添加剂的性质，饲喂对象的要求和发生非预期混入其他动物饲料时所造成的安全影响程度，而对不同饲料产品的生产、储存和发放预先排出顺序，以最大限度地减小或消除前后批次之间药物的交叉污染，降低饲料安全风险。生产排序中常常伴随冲洗、清理等作业。冲洗在前一批加药饲料生产之后，于下一批饲料生产之前，使用特定数量的某种原料流通过生产线或特定设备，以降低生产线或特定设备内的药物残留量，消除或减小交叉污染。用作冲洗后的物料通常要单独包装、标记和处理。

3. 饲料厂的生物安全

（1）饲料厂环境的生物安全。饲料厂周围应设置围墙和大门，以便能有效阻止其他动物进入厂区，门口设有警卫，并在门前较明显的地方张挂“禁止入内”警示标志。外界与入厂区域中间设置消毒安全通道。通道包括人员进出通道和车辆进出通道，其中车辆进出通道要求单线流动，进出大门要区分，一门进另一门出。进厂车辆和人员须符合饲料厂相关防疫及消毒制度的规定，并按照技术人员的安排在严格实施消毒处理后方可入厂。饲料厂应划分功能区管理，厂内生活区和生产区必须分开，并建立隔离围墙，生活区自成一院，位于生产区的上风向。厂内外环境定期清洗消毒，正常可设立每周两次清扫消毒制度，在生产停工间隙可对全厂的设备进行维护，并清洗消毒，做整厂的全面卫生；疫情期间可加强消毒频率。

（2）人流控制。谢绝任何无关人员外来参观生产区。生产区和生活区的衣服严格分开，常规时期进入生产区人员更换工作服，佩戴安全帽进厂即可，疫情时期减少人员进出，要求进厂人员严格执行进出洗澡换装制度，不得把病原带入到生产区。厂内办公人员进厂办事，须经过消毒，且只能在生活区办公室内办理业务。

（3）物流控制。禁止携带任何与畜禽有关的产品进入饲料厂，如鲜畜禽肉，卤畜禽肉、畜禽肉罐头等。常规时期外来车辆做好车身消毒即可进厂，疫情时期原料车辆和成品车辆必须经过洗消中心，严格清洗消毒，抽样检测合格后方可进厂，外来的原料车要求有原料商的洗车消毒证明，并检测合格后方可进厂。疫情时期进场的物资要确保没有受到病原微生物的污染，进厂前拆除外包装，进行严格的消毒处理后，方可进厂。

（4）鸟类、老鼠和昆虫等的控制

①鸟类控制：清除厂内的所有树木，防止鸟类停留和休息，清扫所有室外的残留饲料，仓库等办公场所都加上纱窗，防止鸟类进入。

②鼠类控制：仓库的下沿、门缝等有缝之处增加硬件防护设施，定期做设施的检查维护工作，并定期检查是否有老鼠漏网进厂，与灭鼠公司签订合同或自己制定灭鼠方案计划，开展集中的灭鼠工作，不仅可减少饲料的浪费，又可防止老鼠携带病原在饲料厂内传播。

③昆虫控制：控制苍蝇、蚊子等节肢动物对饲料厂的影响，定期经常地在厂内喷洒灭蚊灭蝇的药剂，也可在饲料中添加合法的添加剂以达到目的。

④其他动物的控制：饲料厂内部严禁养殖猫、犬及其他动物。

4. 档案记录管理

（1）认真进行档案记录。饲料生产厂都应形成系统的档案记录制度，档案记录包括生产记录、消毒记录、员工培训记录、灭鼠记录等，管理人员要加强档案记录的检查与操作监管，记录要详细、全面、规范，在疫情期通过查询档案查找生产漏洞，避免以后出现类似问题。

（2）定期进行回查追溯。组织人员定期对档案记录和员工的日常生产操作进行回查追溯，对生产中出现的问题及漏洞查找原因，并商定解决方案及整改措施，完善生物安全及管理制度，不断地将厂内的生物安全及生产水平向前推进。

饲料生产厂的生物安全相对养殖场来说要简单得多，关键是控制原料的生物安全和物流的生物安全，剩下的就是修炼自己的内功，完善生产流程制度和操作体系，生产安全健康的饲料不是难事。安全健康的饲料也必将奠定企业的龙头地位，推动畜禽业绿色发展，为人类提供健康安全的肉食品。

（二）养殖场饮用水生物安全

水是生命之源，对大部分动物来说，体内水含量是健康动物体重的60%～65%，正常人类体重的60%都是水，作为畜牧从业者，从最原始的粗放的饲养模式到现在的集约化工厂化的流水线生产，水是生产中的重要环节，但是往往又是被我们所忽视的环节，我们总是无意识地认为，水是干净的，不会影响畜禽健康，可是现实生产中，对饮水系统的管理是最缺乏的，饮水的水源容易受到污染，水线饮水管道中容易生成生物膜，最终导致饮水中的微生物含量严重超标，产生一系列疾病。因此，畜牧生产中我们首先应该抓好饮水管理，确保饮水的生物安全。

1. 影响饮水生物安全的主要因素

（1）饮水不足。畜禽饮水不足的情况时有发生，主要是因为在使用过程中，长时间不清理，会有水锈，添加药物营养剂等大颗粒将饮水器堵塞，水压不稳定等情况。畜禽饮水不足将直接导致身体生理机能失调，体质下降，并将导致更严重的后果。

（2）水源污染。规模化养殖场的水源主要来自地下水和自来水，现在除了少部分山区外，几乎大部分养殖场都不再使用地表水。自来水是以饮用水的价格计算，长时间使用单位成本较高，但随着非洲猪瘟的压力，规模化养猪场使用自来水的比例越来越高；地下水是使用比例较高的，但是深层地下水虽然水质稳定，但是存在硬度偏大，部分矿物质含量超标等问题，而且一般地下水都是在场内打井，养殖场自身的污水很容易渗入地下，对深井水造成再污染的现象，甚至有不少深井水中检测出病原微生物严重超标的情况，这也严重威胁了畜禽的健康。

（3）水线污染。水线的二次污染，是所有饲养者和养殖场都极易忽视的问题，由于水线往往都是密闭的，没有人去专门检测。一般污染分为两部分：一是水塔和室外水线，水塔一般都是有缝隙或者存在空气，长时间的裸露水面很容易滋生青苔，并且会有大量的小昆虫进入污染水源；二是室内饮水管道的污染，养殖场的生产过程中经常添加维生素、保健剂等营养性添加剂，在水管内部很容易生成生物膜，滋生大量的病原微生物，在适宜的温度下饮水中的细菌每20分钟繁殖1次，造成终端饮水受到污染。

2. 保障饮水生物安全的控制方案

（1）树立正确的饮水管理理念。一般养殖场都有饮水管理制度，但是执行得很少。作为一个养殖场首先要思想上重视饮水卫生，从场长到员工，每人都必须把饮水卫生作为第一关心的要素，“宁可三日无粮，不可一日无水”，可见水在生活中的地位。其次建立管理检查制度，每天上班的第一件事就是花3～5分钟检查管道压力和饮水情况，每月定期对水源和水线进行抽检，确保水源水线健康。

（2）水源的控制方案。水源的选择至关重要，有利于从根本上保障饮水安全。建议首先选择自来水，这是所有水源中最安全卫生的；其次是深井水，深井水应该远离污染源，微生物和理化指标都达到饮用水卫生标准，并做到水源水线等密闭循环，不易受到外源污染。当养殖场深井水源受到污染时，第一时间全部排空，再按照比例投入饮水消毒剂处理，检测合格后方可再次使用，若问题严重则需要重新再打一口井。

（3）重视饮水设备选择、安装与保养。每次畜禽舍清空后，应该对相关的设备进行检修与保养，将破损的设备及时进行维修和更换，养殖舍可以设定时间定期进行维修，确保设备的正常运转。

（4）保证充足的饮水。养殖场的水塔、水线安装电子警报器，避免缺水；并定期对外源水塔和水线进行人工检查，舍内养成每天检查的习惯。

3. 水源水线受污染后控制方案

养殖场水源水线一旦确定用于生产后，不易修改。水源水线在生产过程中经常被养殖场存在的病原微生物和藻类污染，危害畜禽健康，对此，一般有以下几种控制方案：

（1）化学控制方案。饮用水的化学消毒，就是使用饮用水消毒剂对水进行消毒。化学消毒剂的选择首先是正规厂家生产的、有国家批文的产品；其次产品要确保安全、无毒、无刺激性，对畜禽没有伤害；此外，产品要能够广谱地杀灭水中的病原微生物，达到净化饮水中病原微生物的目的。目前常用的化学消毒剂包括氯制剂、二氧化氯、配方消毒剂、酸化剂等。

①氯制剂。在饮水消毒中，氯制剂是最常用的消毒剂。含氯消毒剂的突出优点就是成本较低、效果可靠、使用方便，缺点是与水中有机物反应产生多种有害物质，如三氯甲烷、氯乙酸及其他副产物，而且氯制剂的使用浓度和作用时间，水的酸碱度和水质、环境和水的温度、水中有机物等都可影响氨制剂的消毒效果。

②二氧化氯消毒剂。二氧化氯是目前消毒饮用水最为理想的消毒剂，已经得到国际社会的一致认可，是世界卫生组织推荐的消毒剂之一，有着安全、高效、广谱、无残留、无污染等特点。二氧化氯是一种很强的氧化剂，杀菌机理是二氧化氯与病原微生物接触后可穿过细胞壁，与病原微生物的硫基、羟基、氨基等基团进行反应，破坏蛋白结构及其合成，杀灭病原微生物。

③配方消毒剂。配方消毒剂是近 20 年来出现的新型消毒剂，其中卫可 Vikon'S 作为其代表，是一种过硫酸氢钾复合消毒剂，也是国际公认的可用于饮水消毒的理想消毒剂，大量的研究试验结果表明，卫可是安全无毒、可杀灭大量病原微生物的消毒剂产品。空舍期间，先排净饮水系统的存水，使用 0.5% 卫可消毒剂溶液充满饮水系统，浸泡 60 分钟再冲洗；饲养期间，可使用 0.1% 卫可消毒剂溶液定期消毒饮水并清洁管道。

④饮水酸化剂。水中适量添加酸化剂，采用酸化原理降低水的 pH，抑制病原菌的繁殖和生长，清除藻类等污染物，净化水线。其中酸化剂必须选择在溶于水形成溶液后的 pH 比较稳定，即基本确保都在 4 以下，对大部分的病原微生物都有抑制和限制作用，赛可新 Selko-pH 就是一个很好的选择。

（2）物理控制方案

①紫外线消毒方案。紫外线消毒也是得到验证并公认的，数据验证对多种病原微生物有杀灭作用，但是紫外线同样存在穿透性差的特点，只能做水表层消毒，深层无法消毒，这就无法做到彻底消毒，虽然操作简单，不应作为水体消毒的首选。

②机械过滤控制方案。高科技的发展，诞生了一系列的饮水过滤设备，包括滤膜和滤芯两种，滤膜是以纳米孔过滤为主要功能，滤芯是以吸附加过滤复合功效为主。无论是滤膜还是滤芯都要进行定期检查和清洗，防止有害物的沉积造成二次污染。

4. 定期进行水质监测

养殖场应充分重视饮水质量对畜禽生产成绩的影响，要定期检测，包括水源和饮水终端处，一般要求每 mL 饮用水中细菌总数不超过 1000 个，大肠杆菌数不超过 10 个，否则需要消毒处理，硬度指标通常是指水中钙、镁等矿物元素的含量，如果水中含有 90 mg/L 以上的钙镁，或者含有 0.05 mg/L 以上的锰、0.3 mg/L 以上的钙和 0.5 mg/L 以上的镁，有必要选取除垢剂或酸化剂溶解水线及其配件中的矿物质沉积物。

大部分公司、单位都有自己的实验室，可设定每月检测一次水质，中小规模场可根据自己场内的实际情况，安排检测时间和频率，发现不合格要及时采取处理措施，保证饮水质量长期稳定合格。雨水季节，需要加强检测的频率，防止地下水受到污染，确保水源和水线安全卫生。

三、 养殖场粪污的安全处理、养殖场粪便的处理与利用

近年来，国家对养殖业的重视与扶持力度逐年加大，畜禽养殖业已成为农业经济发展中的重要组成部分，随着畜禽场养殖规模的不断发展，畜禽场粪便污染问题和畜禽业发展之间的矛盾越来越突出，在合理发展畜禽养殖规模，调整养殖产业结构与布局的同时，治理养殖污染，有效解决养殖污染问题已迫在眉睫。发展畜禽养殖业必须要在提高生产效益、经济效益的同时，保证畜禽场周边养殖环境的干净、卫生，走畜禽业的可持续发展道路。国家发展和改革委员会会同农业农村部制定了《全国畜禽粪污资源化利用整县推进项目工作方案 2018—2020 年》，推广了以下几种畜禽粪污处理和利用技术模式。

（一）种养结合

1. 粪污全量还田模式

遵循种养结合生态循环农业的模式，对养殖场产生的粪便、粪水和污水集中收集，全部进入氧化塘贮存，氧化塘分为敞开式和覆膜式两类，粪污通过氧化塘贮存进行无害化处理，在施肥季节进行农田利用。主要优点：粪污收集、处理、贮存设施建设成本低，处理利用费用也较低；粪便、粪水和污水全量收集，养分利用率高。主要不足：粪污贮存周期一般要达到半年以上，需要足够的土地建设氧化塘贮存设施；施肥期较集中，需配套专业化的搅拌设备、施肥机械、农田施用管网等；粪污长距离运输费用高，只能在一定范围内施用。适用范围：适用于猪场水泡粪工艺或奶牛场的自动刮粪回冲工艺，粪污的总固体含量小于 15%；需要与粪污养分量相配套的农田。

2. 粪便堆肥利用模式

以生猪、肉牛、蛋鸡、肉鸡和羊规模养殖场的固体粪便为主，经好氧堆肥无害化处理后，就地农田利用或生产有机肥。主要优点；好氧发酵温度高，粪便无害化

处理较彻底，发酵周期短；堆肥处理提高粪便的附加值。主要不足；好氧堆肥过程易产生大量的臭气。适用范围：适用于只有固体粪便、无污水产生的家禽养殖场或羊场等。

3. 粪水肥料化利用模式

养殖场产生的粪水经氧化塘处理储存后，在农田需肥和灌溉期间，将无害化处理的粪水与灌溉用水按照一定的比例混合，进行水肥一体化施用。主要优点：粪水进行氧化塘无害化处理后，为农田提供有机肥水资源，解决粪水处理压力。主要不足：要有一定容积的贮存设施，周边配套一定农田面积；需配套建设粪水输送管网或购置粪水运输车辆。适用范围：适用于周围配套有一定面积农田的畜禽养殖场，在农田作物灌溉施肥期间进行水肥一体化施用。

4. 粪污能源化利用模式

以专业生产可再生能源为主要目的，依托专门的畜禽粪污处理企业，收集周边养殖场粪便和粪水，投资建设大型沼气工程，进行厌氧发酵，沼气发电上网或提纯生物天然气，沼渣生产有机肥农田利用，沼液农田利用或深度处理达标排放。主要优点：对养殖场的粪便和粪水集中统一处理，减少小规模养殖场粪污处理设施的投资；专业化运行，能源化利用效率高。主要不足：一次性投资高；能源产品利用难度大；沼液产生量大、集中，处理成本较高，需配套后续处理利用工艺。适用范围：适用于大型规模养殖场或养殖密集区，具备沼气发电上网或生物天然气进入管网条件，需要地方政府配套政策予以保障。

（二）清洁利用

1. 粪便基质化利用模式

以畜禽粪污、菌渣及农作物秸秆等为原料，进行堆肥发酵，生产基质盘和基质土应用于栽培果菜。主要优点：畜禽粪污、食用菌废弃菌渣、农作物秸秆三者结合，科学循环利用，实现农业生产链零废弃、零污染的生态循环生产，形成一个有机循环农业综合经济体系，提高资源综合利用率。主要不足：生产链较长，精细化技术程度高，要求生产者的整体素质高，培训期、实习期较长。适用范围：该模式既适用大中型生态农业企业，又适合小型农村家庭生态农场，同时适合小型农村家庭农场分工、联合经营。

2. 粪便垫料化利用模式

基于奶牛粪便纤维素含量高、质地松软的特点，将奶牛粪污固液分离后，固体粪便进行好氧发酵无害化处理后回用作为牛床垫料，污水贮存后作为肥料进行农田利用。主要优点：牛粪替代沙子和土作为垫料，减少粪污后续处理难度。主要不足：作为垫料如无害化处理不彻底，可能存在一定的生物安全风险。适用范围：适用于规模奶牛场。

3. 粪便饲料化利用模式

畜禽养殖过程中的干清粪与蚯蚓、蝇蛆及黑水虻等动物蛋白进行堆肥发酵，生产有机肥用于农业种植，发酵后的蚯蚓、蝇蛆及黑水虻等动物蛋白用于制作饲料等。主要优点：改变了传统利用微生物进行粪便处理的理念，可以实现集约化管理，成本低、资源化效率高，无二次排放及污染，实现生态养殖。主要不足：动物蛋白饲养对温度、湿度、养殖环境的透气性要求高，要防止鸟类等天敌的偷食。适用范围：适用于远离城镇，养殖场有闲置地，周边有农田，农副产品较丰富的中、大规模养殖场。

4. 粪便燃料化利用模式

畜禽粪便经过搅拌后脱水加工，进行挤压造粒，生产生物质燃料棒。主要优点：畜禽粪便制成生物质环保燃料，作为替代燃煤生产用燃料，成本比燃煤价格低，减少二氧化碳和二氧化硫排放量。主要不足：粪便脱水干燥能耗较高。适用范围：适用于城市和工业燃煤需求量较大的地区。

（三）粪水达标排放模式

养殖场产生的粪水进行厌氧发酵 + 好氧处理等组合工艺进行深度处理，粪水达到《畜禽养殖业污染物排放标准》GB 18596—2001，其中 COD 低于 400 mg/L，NHg-N 低于 80 mg/L，TP 低于 8 mg/L 或地方标准后直接排放，固体粪便进行堆肥发酵就近肥料化利用或委托他人进行集中处理。主要优点：粪水深度处理后，实现达标排放；不需要建设大型粪水贮存池，可减少粪污贮存设施的用地。主要不足：粪水处理成本高，大多养殖场难承受。适用范围：适用于养殖场周围没有配套农田的规模化猪场或奶牛场。

（四）养殖场污染物的无害化处理技术

目前我国仍然是发展中国家，畜禽养殖业在发展过程中，污染问题日益严重，有段时间内通过强有力的环境保护方案，强制关闭了很多畜禽养殖场，但是污染问题仍是制约畜禽发展的最主要问题。畜禽养殖污染问题与我国建立生态友好型国家战略严重不符，养殖污染已成为制约现代畜牧业发展的瓶颈，规模养殖场污染物的无害化处理成了影响畜牧业健康持续发展的重中之重。畜禽养殖业对生态环境的污染主要包括粪便污染、水质污染、食品药物残留、空气污染和蚊蝇虫、老鼠等危害，尤其是难闻气味的传播，给周围居民生活带来了严重的困扰。畜禽场用水直接排放会影响周边生态环境，打破原有的生态平衡。因此必须利用现代化技术工艺对养殖污染物进行无害化处理。无害化处理指的是利用高温、好氧、厌氧发酵或消毒等技术使畜禽粪便达到卫生学要求的过程，走可持续发展的战略道路。畜禽养殖场应当实行雨污分离，建雨水沟，减少沼气池废物处理量，雨水沟的坡度为 1.5%，分流的雨水直接外排。

1. 畜禽养殖场粪便的无害化处理

（1）自然沉淀渗漏。对于小规模猪场和农户个人猪场，最常见的方法是把猪粪用水冲到大粪坑中，让它沉淀，一部分粪水就渗入地下，粪渣就沉淀到坑底，到冬季猪圈停止清理时，把大粪坑中的上部粪水抽走，流到大田或自然流失，再把沉淀挖出来，直接施到大田中。这种方式的优点是对农民卫生养猪，减少猪的病害发生有好处，同时省工省力。缺陷在于贮存过程中粪水下渗污染地下水，粪坑暴露在外，滋生蚊蝇，传播病害，污染环境。

（2）沼气发酵模式。实行发酵处理，建厌氧池对粪便、尿液及污水进行厌氧发酵处理，产生的沼气可满足场内生活及部分生产能源，降低生产成本。厌氧池大小视发酵温度和养殖场规模而定。常温发酵，厌氧池每 5 头猪 1 m^3；中温发酵，厌氧池每 10 头猪 1 m^3。这种方式的优势是节约能源，沼气池投资大，成本高。在北方外界温度低，沼气发酵越冬有困难，而且沼气罐易老化，发酵效果降低。

（3）固液分离模式。在大规模的猪场，把清出的粪便冲到大粪池中，然后用固液分离机把粪便从粪池中抽出，分离出固体和液体，固体粪渣直接施入大田，液体用管道输入到大田。缺点是大粪池中的粪水会下渗污染地下水。分离后的粪水体积大，没有进行处理，输入大田也会污染地下水环境。分离的粪渣直接施入大田，没有再处理，会在大田进行二次发酵。最有效的方法就是粪便直接生产有机肥，既可以解决大量粪污问题，又可以变废为宝，生产出大量绿色生态肥料，给企业进一步创造经济效益和社会效益。

2. 畜禽养殖场病死畜禽、废弃物的无害化处理

（1）病死畜禽的无害化处理。病残死畜禽的处理也是很关键的，因为病残死畜禽是最容易携带病菌的，如果处理不当，可能会导致畜禽养殖场大规模暴发疾病。根据动物防疫法规定，发病、病死或死因不明的动物及其产品，必须进行无害化处理。对非动物疫病引起死亡的动物，应当在当地动物卫生监督机构指导下进行处理，不得随意处理，不得随意丢弃，禁止屠宰、生产、经营，加工、贮藏、运输病死或者死因不明、染疫或者疑似染疫、检疫不合格等动物及动物产品。对病死但不能确定死亡病因的，应立即采样进行实验室确诊，动物尸体应当在当地动物卫生监督机构监督下进行无害化处理，无害化处理结束后，对病害产品污染的地方进行彻底消毒。发生重大动物疫情，按照国家有关规定进行处置。无害化处理应按农业农村部发布的《病死及病害动物无害化处理技术规范》要求，采取深埋、焚烧、化制、生物降解等措施，确保病原及时消灭，防止病原扩散蔓延。

（2）废弃物的无害化处理。畜禽养殖场在养殖的时候，也会产生许多废弃物。如过期的兽药、疫苗、饲料，玉米使用后的包装袋、兽药包装袋、疫苗包装瓶，精液瓶、输精管，手术刀、剪、注射器、针头等。这些废弃物严禁乱丢乱弃。要根据废弃物的不同情况采取不同的处理方法，如煮沸、焚烧、深埋等都是属于无害化处理措施，而且处理之后还要做好记录。

第十一章 畜禽养殖场消毒

第一节 养猪场的消毒

消毒是养猪场的基础工作，部分养殖企业虽有相应的管理制度，但缺乏相应的监管与检查，致使消毒效果无法真正落实，甚至一些企业质疑养猪场消毒工作的意义，导致猪病发生的因素很复杂，消毒也不可能完全解决猪场的所有疾病，但是这些现象至少可反映出两个问题：一是人们对消毒的认识不足，二是有些猪场的消毒方法不对，效果不佳。

一、猪场消毒的基本原则

（一）消毒剂的选择

猪场在选择化学消毒剂时，应根据消毒的目的，选择对相应病原体的消毒力强，对人、畜毒性小，不损害被消毒物体，易溶于水，不污染环境，价廉易得且使用方便的消毒剂。碱类消毒剂包括氢氧化钠、生石灰和草木灰等。其中氢氧化钠不能用作猪体消毒，3% ～ 5% 的氢氧化钠溶液作用 30 分钟以上可杀灭各种病原体。10% ～ 20% 石灰水可涂于床面、围栏、墙壁，对细菌、病毒有杀灭作用，但对芽孢无效。双季铵盐类消毒剂，如双季铵盐、双季铵盐络合碘，此类药物安全性好、无色、无味、无毒，应用范围广，对各种病原均有强大的杀灭作用。醛类消毒剂，如甲醛溶液，仅用于空舍消毒。使用方法是放于舍内中间，按每立方米空间用甲醛 30 mL、高锰酸钾 15 g，再加等量水，密闭熏蒸 12 小时，开窗换气后待用。氧化剂，如过氧乙酸，可用于载猪工具、猪体等消毒，配成 0.2% ～ 0.4% 的溶液喷雾。近年来一些安全、高效、环保的复方消毒剂广泛用于猪场。

（二）消毒目标

按疫病类型确定消毒重点。如防控经消化道传播的疾病，工作人员应保持环境卫生，加强饲料、饮水和用具的消毒；防控经呼吸道传播的疾病应重点做好猪舍空气和猪体消毒。一般温度相对高时消毒效果更加显著，舍温在 10 ～ 30℃时，消毒 30 分钟即可取得良好效果。所以每天上午 9：30 ～ 11：30 或下午 3：30 ～ 5：00 进行消毒较好。湿度在 60% ～ 70% 时进行消毒，效果更好。微生物正常生长繁殖的 pH 是 6 ～ 8。当 pH 大于 7 时，细菌带的负电荷增多，控制好环境酸碱度有利于杀灭细菌。掌握好消毒剂的浓度，如酒精浓度在 70% 时消毒效果最好。不同消毒药品不能轻易混合使用。

（三）猪体喷雾消毒

猪体喷雾消毒是猪病防控工作中的重要环节，近年来已引起广大养殖人员的重视并被推广应用，在养猪生产中取得了较好的效果。以往的消毒只是限于对猪舍及其他场所的消毒，忽略了对猪体的消毒，给猪病防控留下了隐患。猪体携带的病原微生物，可随时污染已经消毒了的圈舍，由圈舍再传染给猪，形成恶性循环，使一些疫病反复发生。猪体喷雾消毒既净化了猪体，也净化了圈舍。对防控非洲猪瘟、口蹄疫、猪瘟、猪支原体肺炎、猪传染性萎缩性鼻炎、猪链球菌病、猪痢疾等有很好的效果。

1. 用于猪体喷雾消毒的药物应具备的条件

猪体喷雾消毒是往猪身上喷洒消毒液，因此，要求所使用的消毒剂应与用于猪舍、猪床、运动场等的消毒药物有所区别，要考虑消毒药物的有效性和安全性。适合猪体喷雾消毒的药物应具备以下条件：具有较强的杀菌与杀病毒效力，特别是对非洲猪瘟病毒、猪瘟病毒、口蹄疫病毒、猪繁殖与呼吸综合征蓝耳病病毒等致病病原体具有较强的杀灭效力。选用安全性好、毒性和刺激性低的消毒产品。安全性差的消毒剂通常用于场地、空闲畜禽舍、饲养用具、运动场及车辆等的消毒，而对动物喷雾消毒要考虑到皮肤和呼吸道黏膜的安全性，不得用氢氧化钠、石炭酸、来苏儿以及碘剂等进行猪体喷雾消毒。如氢氧化钠具有强的腐蚀性；石炭酸和碘剂等消毒药能被皮肤吸收，进入体内，造成慢性中毒，给肝脏与肾脏带来危害。此外，石炭酸还能移行残留于肌肉和内脏组织中，影响食品卫生。用带有臭味的消毒剂进行猪体喷雾消毒，臭味可移行至肌肉组织中，影响食品卫生。故带有臭味的来苏儿、石炭酸等一般不用作猪体消毒。可选择不移行臭味、安全性好的季铵盐类、过氧乙酸等消毒剂。猪体喷雾消毒的效果与消毒剂的黏性有关，尤其是舍内除尘的效果，常受消毒剂的黏性所影响。因为喷雾的雾粒在空中能黏附悬浮的病原微生物和尘埃，使之沉降。用有黏性的消毒液进行喷雾，除可杀灭悬浮的病原微生物，还能将空中的尘埃黏裹起来，在落地干燥后不再飞扬。如双链季铵盐类消毒剂不但杀菌、杀病毒的效力强，而且具有黏性，其溶液喷成雾粒后在物体表面可形成一层带有黏性的薄膜，能将尘埃包裹起来，大大降低圈舍内尘埃与病原微生物的污染。

2. 猪体喷雾消毒的设备

对动物喷雾所使用的设备，可根据畜禽舍大小、资金条件、畜禽数量等进行选择。农村的养殖户所经营的小型养猪场，一般可选择园艺用手压式喷雾器。中型养猪场可选用动力喷雾机，将之连同药液罐用小型敞篷货车或拖拉机搭载，在猪舍之间移动喷雾。大型养猪场为节省劳动力，提高喷雾作业效率，可设大型药液罐和自动喷雾装置。现介绍几种常见的自动喷雾装置：

固定式自动喷雾装置。在猪舍顶棚下方，装一个药液输送管，管长可根据猪舍的长度而定。将管的末端堵死，在管上每隔 1 ～ 2 m 处焊装喷雾用的喷嘴 1 个，如 500 m^2 的猪舍，约装 150 个喷嘴。管的起始端连接在液泵上，由电机带动液泵，借液泵压力导液进行喷雾。

移动式自动喷雾装置。在猪舍顶棚下方，架设一条带滑轮的小轨道，在小轨道上装设 1 个带 8 ～ 10 个喷嘴的自动装置。将输液软管的一端连接在移动装置上，管的另一端连接在液泵上，由液泵导液，涡轮机带动移动装置边移动边喷雾。移动距离可随猪舍长度而延伸，喷雾幅度可达 7 ～ 8 m。

旋转式自动喷雾装置。在猪舍顶棚下方，架设药液输送管，在管上每隔 10 ～ 12 m 安装旋转喷雾机 1 个，每次旋转 360° 进行喷雾，喷射距离为 5 ～ 6 m，旋转 1 次喷雾直径可达 10 ～ 12 m，喷雾的面积可达 100 ～ 110 m^2。旋转的动力是利用水在喷出时的反作用力来推动，无需在喷雾机上设电动机。此型喷雾机的自动化程度比较高，喷雾的面积广，适合大型养猪场进行猪体喷雾。此外，大型养猪场可安装电脑控制的自动化喷雾装置，定时定量地进行喷雾，自动化程度高，喷雾质量好，可节省劳动力，方便管理。

3. 喷雾消毒的方法

猪体喷雾消毒即用消毒液直接向猪的体表喷雾，每 1 ～ 2 天喷雾 1 次。使用无毒、无刺激性，或者毒性和刺激性低、安全性好的消毒剂，如 0.5% 的卫可、0.5% 的过氧乙酸溶液。喷雾量以达到猪体潮湿为宜，大约每平方米喷洒消毒液 60 ～ 100 mL。

4. 喷雾粒子的大小

喷雾粒子雾粒的大小，可直接影响消毒效果。粒子大的多用于圈舍、床面等的消毒，若用于猪体喷雾消毒，不仅过湿，而且粒子在空中停留的时间短，接触空气少，不利于杀灭空气中悬浮的细菌和病毒。反之，粒子过小，则容易飘浮，不易沉落。如直径 10 μm 的粒子，在风速 1. 3 m/s 的情况下，可飘浮约 1500 m；相同的风速，直径 100 m 的粒子，只能飘浮 15 m。因此，在消毒工作中，应根据消毒对象，选用直径大小适当的喷嘴。市售喷雾器械的喷嘴，按喷孔直径的大小分类，大体可分为 50 μm 以下的微粒子型喷嘴、80 μm 的中微粒子型喷嘴、100 μm 的中粒子型喷嘴、150 μm 以上的大粒子型喷嘴。粒子重量与降落速度成正比，两者对消毒距离和消毒效果都有影响。因此，在消毒工作中，应根据消毒对象的不同，选用不同粒子型的喷嘴进行消毒。实践证明，中微粒子型喷嘴与中粒子型喷嘴，最适合用于圈舍和猪体喷雾消毒。此外，粒子的大小，也能带来另一方面的问题，粒子过小直径 10 μm 以下可被猪吸入，达到支气管深部进入肺泡。消毒剂进入肺泡后，大部分可和血液接触，若是毒性较强的消毒剂，能引起卡他性支气管炎或肺炎，进而可能诱发猪支原体肺炎、猪传染性萎缩性鼻炎或猪传染性胸膜肺炎等呼吸道疾病。

综上所述，在消毒工作中，要有针对性地选用喷嘴。用于圈舍和防暑降温等的喷雾消毒，使用 100 μm 的中粒子型喷嘴，猪体喷雾消毒使用 80 ～ 100 μm 的中微粒子型或中粒子型喷嘴最为合适。面积小的圈舍及仔猪保温箱等的喷雾消毒，使用 50 μm 的微粒子型喷嘴最为合适。

二、现代猪场消毒管理

（一）门卫工作管理

管控所有靠近、进出农场的人员、车辆和物资。外围生物安全的日常运转。有权利和义务制止有悖于生物安全的操作并及时向猪场管理者反馈任何异常情况。定期巡查猪场周围的防疫沟，或者河流、塘口等，看看是否有病死猪并及时处理。在到场人员下车之前及时提供鞋套；提醒并要求入场人员登记进场记录，否则不得入场；询问入场人员是否有感冒发热或者其他不适，有这些症状人员不能入场；检查并消毒入场人员所携带的物品，对于不符合生物安全规定的物品坚决不允许进入农场；尤其是禁止入场者携带肉制品，如水饺、火腿肠、腊肉、咸肉等，并提示洗澡之前先洗手和剪指甲。对料车，物资车、中转拉猪车等靠近甚至进入农场的车辆进行彻底消毒，包括轮胎、车厢、底盘、车头、驾驶室等。消毒时需要站在高梯上，车顶部也要消毒到位。车辆使用卫可 1 ： 200 消毒后原地等待 30 分钟晾干，才允许进行下一步操作。对中途需下车的司机，农场提供干净的防护服和鞋套。原则上禁止司机下车。车辆消毒池使用卫可浩普 1 ： 400，5 ～ 7 天更换一次，勤检查车辆消毒池的 pH，保证车辆消毒池消毒药有效。员工车辆消毒后统一停在场外停车场。按照检查列表，检查驾驶人姓名、车牌号、来场原因、消毒记录、入场通行证等。对入场拉猪车的清洗干燥情况进行二次检查。对检查结果不合格的车辆及时上报猪场管理者并拒绝车辆入场。严格按照卖猪生物安全流程转猪，提前清洗消毒好卖猪所需要的工具，准备好防护服、手套、口罩等。为驾驶员准备好 1 ： 200 的卫可溶液洗手，全程监督拉猪车司机装猪过程中的生物安全操作，一旦出现有不符合规定的操作立即进行制止和纠正。转猪结束后，及时使用卫可 1 ： 200 清洗和消毒出猪台、吊桥、转猪工具、衣服等。物资消毒前，需去掉最外层包装；物资消毒采取烘干、熏蒸消毒方案。详见物资消毒。从场外隔离屋回场人员的衣物，及时消毒、清洗干净后用塑料袋密封好。每天使用卫可 1 ： 200 对门卫室地面进行消毒，每周至少对浴室脏区一侧使用卫可 1 ： 200 清洁消毒一次。

（二）场外隔离点管理

猪场员工返场前必须在场外隔离点隔离至少 1 个晚上，并且将入场申请提交主管领导审批，猪场员工返场前须告知猪场管理者回场日期，是否接触活猪或者死猪，是否接触过猪场区域，是否接触过牲畜拍卖市场、屠宰场、畜禽装卸码头，是否接触有猪的动物园，是否接触过生猪交易场所，是否进入过兽医实验室，是否接触过任何可能被猪污染的物质包括在家中准备食用或新鲜猪肉食品，是否与其他从事猪的运输、屠宰、加工等工作的相关工作人员合租或者共享房间，是否与其他畜牧企业雇员有频繁接触。主管领导应予批复是否准许申请人员进入隔离点进行隔离。隔离人员禁止携带任何猪肉制品进入隔离点。隔离人员从进入隔离点到第二天回场期间，禁止食用猪肉制品除非本猪场提供，一经发现，立即开除。每次进入隔离点之前，需要使用1 ∶ 200卫可清洗消毒鞋底或者更换在隔离屋内使用的拖鞋。隔离人员在隔离当晚，对隔离房间地面进行清扫和采用1 ∶ 200卫可消毒。进入隔离场时，只准携带个人电脑、手机、钱包，并使用1 ∶ 200卫可进行擦拭或喷洒，并使用薄膜包裹好后再次喷洒擦拭，其他个人物品全部留在场外隔离室的储存间内并贴上便签，每次有新的物品进入储藏间均需要使用1 ∶ 200卫可擦拭或者浸泡。隔离人员在隔离第二天上午测量体温，并进行记录，体温超过37.3℃者不允许返场。隔离人员在回场出发前，彻底沐浴后立即换上猪场提供的干净衣服和鞋子，并直接上公司车辆。沐浴完后，门卫进行监督，若发现未按要求沐浴，立即汇报场长并责令其重新沐浴。隔离点应有专门的生物安全专员管理。配套完善的热水器、洗衣机、烘干机、取暖器、空调、隔离服装。对于隔离人员留下来的私人物品贴好标签放置保存好，隔离人员换下来衣服、鞋子，洗净后使用1 ∶ 200卫可再次浸泡5～10分钟，然后清水过滤晾晒。

（三）人员入场管理

人员经检测点检测非洲猪瘟病毒阴性，方可到达猪场。下车时换上猪场提供的干净鞋子。入场记录表登记后，将入场的物品交给门卫，由门卫放入熏蒸室消毒。人员进入生活区需沐浴，从生活区进入生产区需再沐浴。沐浴之前，先用1 ∶ 200卫可清洗双手，之后用刷子刷洗指甲盖下容易藏污的地方，并用指甲刀剪去过长的部分，只能保留0.5～1 mm。沐浴间划分为脏区、灰区、净区，以隔断或者板凳作为标识。在胜区坐在板凳上，脱去衣服鞋子后转动身子进入淋浴灰区，期间双脚不得接触脏区地面。沐浴至少5分钟，头发使用洗发液，全身使用沐浴露进行彻底沐浴，淋浴期间用力喷鼻，清理鼻腔，脏区的衣服、鞋子，由门卫使用1 ∶ 200卫可清洗晾晒然后整理好。冲洗结束后，进入浴室净区，用净区毛巾擦干身体，换上净区的衣服。避免再次返回脏区。净区的用品包括毛巾等留在净区。一旦带出净区，只能停留在脏区，不能送回净区。期间一旦返回浴室脏区，则需要按照洗澡流程再次彻底清洗后才能进入净区。生活区、生产区都有专门配套的服装。入场淋浴间、生活区转生产区淋浴间，都要求配套浴巾、毛巾、吹风机、专门的服装、保暖施舍和空调。配套1 ∶ 200卫可洗手盆。由专人每周使用1 ∶ 200卫可对洗澡房的淋浴室、储物柜、收纳箱、鞋架进行喷雾消毒。沐浴完后需要经过指定人员的检查。非场内人员进场：设备维修人员、职能部门、政府人员、技术专家培训人员、管理干部，当天没有办法隔离检测的，必须通报猪场第一责任人，得到其允许后通过门卫淋浴室沐浴更衣后才能进入。所有携带物品，必须经过 1 ∶ 200 卫可擦拭消毒后带入。

（四）物资入场管理

熏蒸室通常设立在门卫处或生活区和生产区的交接处。可以根据不同的物质状态采取臭氧熏蒸、甲醛熏蒸、高温烘干、卫可消毒等方式进行消毒。手机、电脑、充电器等电子产品，用 1 ∶ 200 卫可溶液仔细擦拭后，放入熏蒸室静置 1 小时可带入生活区。疫苗：去掉所有外包装，用 1 ∶ 200 卫可消毒剂擦拭彻底后，放入带冰袋的泡沫盒中在臭氧熏蒸室静置 1 小时可带入。冰袋由生活区提供。动保产品；平时由场长、兽医提前申请计划，采购部门统一采购，要求供货商在一周内把采购的动保产品送到仓库中转站，有专人接待验收，待验收合格后，拆掉外包装，密闭中转站臭氧熏蒸 48 小时后，待所有物品齐全后，找专车送往猪场门卫处进行二次消毒。饲料：母猪场、大型家庭农场、自繁自养场原则上不建议使用自配料和袋装饲料，尽可能使用全价颗粒料，使用料塔料线传输，减少外来车辆带来的污染风险。条件不成熟的家庭农场，每次有大型原料进入时，要对原料进行检查，车辆经过清洁消毒后进入厂区卸货。卸料员工要穿干净的隔离服、胶鞋，当天不得返回生产区。卸好的饲料、原料在仓库密闭熏蒸 24 小时。蔬菜、水果等在进入门卫熏蒸室之前需要在洗菜机中使用 2% 柠檬酸清洗 5 ～ 10 分钟，并确保食品与柠檬酸接触至少 30 分钟后，再冲洗一次，去除柠檬酸。因体积过大无法进入熏蒸室消毒的物品，先用 1 ∶ 200 卫可消毒剂进行彻底清洗，再放到靠近净脏区分界线的脏侧静置 30 分钟。之后用 1 ∶ 200 卫可消毒剂喷洒消毒，门卫站在脏侧将物品推入净区，物品隔离干燥一晚后才能在生活区使用。如果无法保证一晚上的隔离，则用 1 ∶ 100 卫可消毒剂消毒后至少放置 1 小时才可使用。猪场所需办公物品、劳保产品和生活必需品，由猪场安排专人定期统一申报采购，必须经过严格的烘干，熏蒸，或者 1 ∶ 200 卫可喷洒擦拭消毒后进入场区。猪场原则上不接收私人快递。

（五）熏蒸室管理

门卫处熏蒸室由门卫人员负责，生活区熏蒸室由办公室后勤人员或各部门主管负责。物资在放入熏蒸室之前，检查表面是否存在有机物污染，如果表面附着有机物，则使用 1 ∶ 200 的卫可擦洗干净。进入生活区的物品只需去掉最外层包装，其他生产物资则需打开全部包装；进入生产区的物资需要去除所有外包装。只有固定人员可以进入熏蒸室。在放物品进入熏蒸室之前检查是否有农场禁止带入的物品，如果发现有违禁品，则不允许放入熏蒸。进入熏蒸室需换上专用鞋。待熏蒸的物品单层放在镂空的货架上或者镂空的框子中，禁止堆放多层。烘干，采用温度记录仪监控烘干温度和时间，打开加热器，温度达到 65℃后开始计时，加热 1 小时以上，烘干完成后，从净区一侧取出物品，烘干也要保证全进全出。甲醛熏蒸要格外注意，甲醛遇高热会引起爆炸，根据熏蒸物品数量，设置 1 ～ 2 个熏蒸点，从脏区一侧将物品放置到镂空熏蒸架上，甲醛熏蒸开始后，人员立即撤离，密闭 24 小时，严禁使用不锈钢盆在电磁炉上加热甲醛，防止起火爆炸。熏蒸完以后，先排风后从净区一侧取出物品。打开臭氧熏蒸机时，需要开启熏蒸室的吊扇或者放置一台电扇，开启摇头功能，由净区向脏区持续送风观察熏蒸机是否能正常工作、出气口是否对着货架，观察熏蒸室是否有良好的密闭性。如果一切正常，在熏蒸记录本上记录熏蒸开始的时间、熏蒸物品的名称、操作人等信息，并且通知取货人熏蒸结束的时间。从场外进入生活区的物资至少熏蒸 2 小时；从生活区进入生产区的物资需要用 1% 卫可喷洒后静置 1 小时，再臭氧熏蒸 2 小时。熏蒸期间一旦有人员闯入，则重新熏蒸 2 小时。每周至少一次使用臭氧检测仪，检测臭氧熏蒸室臭氧浓度，确保熏蒸室最边缘区域在开机 30 分钟内达到 42.86 mg/m^3。熏蒸室在工作期间一定要设立工作标识，防止熏蒸被干扰、打断。熏蒸室要配备排气扇，每次熏蒸完以后，及时通风排气，避免熏蒸室空气对员工呼吸道的刺激。熏蒸室的地面需要保持干净，一旦有污物需及时清理走。平时定期使用 1 ： 200 卫可喷洒地面，保持通风干燥。每个季度由实验室部门评估熏蒸室的消毒效果。

（六）厨房生物安全管理

有条件的农场，首选食堂外迁，由单位指定的中央厨房为农场提供就餐。除厨师外，猪场员工和访问者不允许进入厨房和食物储藏间。当厨师休完假回农场时，临时指定的厨房代班人员需要在生活区隔离两个晚上才可返回生产区。厨师进入厨房后需要穿着专门的衣服、鞋子和帽子；离开厨房时应使用 1 ： 200 卫可洗手消毒，清洗双手和指甲，换上生活区的衣、鞋。员工和访问者使用过的餐具需要在厨房外由员工自己清洗和干燥。厨房实际上定义为脏区。厨师垃圾需要装在塑料袋中，由厨师移至门卫消毒间脏区，然后由门卫立即转移至场外。猪场员工不得与厨师住在同一个房间内，如果必须住在同一个房间内，则另外一人不得在生产区工作。所有肉食品都需要加热到至少 70℃，如果肉类没有经过加热处理过，需要在用餐前加热到 70℃。食物不允许带入生产区。肉丸、火腿肠等制品禁止采购。食品和蔬菜需要与其他物资分开单独熏蒸。不允许散装零食进入农场；禁止牛、猪、鹿、羊等偶蹄动物的制品进入农场。水果入蔬菜也可以用泰洁净二氧化氯泡腾片、2% 柠檬酸浸泡后再清水洗净后使用。

（七）车辆管理、清洗与消毒

平时固定好每天生产线的专业运猪车辆，使用转猪车前，用 1 ： 200 卫可擦拭驾驶室。使用 1 ： 400 卫可浩普对车体进行喷洒消毒，等待 10 分钟后使用。对车辆车轮、车轮框、挡泥板、保险杠、轮胎等部位重点清洗。每天生产线的车辆使用不交叉，使用以后，再次使用 1 ： 400 卫可浩普消毒后晾干，在停止场内由车辆管理处统一管理。

饲料车到场区 10 km 以内，设立 2 个消毒点，使用全清 1 ：100 泡沫喷洒后，用清水冲干净，再用 1 ：400 的卫可浩普消毒，前往下一个消毒点。车辆到达猪场后，由门卫再一次使用 1 ：400 的卫可浩普对车辆消毒。确保无污后，再进入场区。驾驶员严禁下车，或者直接到场外料塔处由门卫负责打料。所有的猪场饲料车，必须是正规车辆，正规饲料厂家提供运输证明和驾驶员资质证明。饲料车在饲料厂运输前后，必须到饲料厂指定地方进行车辆清洗和消毒，进入猪场前提供饲料厂洗消证明和消毒点洗消证明。有放养公司的集团畜牧场，饲料车要专场专用，母猪场、家庭农场使用的饲料车要分开不能交叉。发生疫情时，将疫情猪场和健康猪场的车辆分开，平时车辆管理交由车辆管理中心统一调度洗消。放养户饲料车运输过程中必须使用干净的遮阳布遮盖。对于散装饲料的送货，最好要有自己的卸料装置，因为许多车载卸料装置的输送臂都横跨猪场建筑的空地，且由于怕污染饲料和延误饲料的运送，它们很少消毒。使用卫可 1 ：200 对散装饲料车进行彻底消毒。运输淘汰猪车辆首先要到临近猪场的洗消点清洗消毒，检测车厢、车体、驾驶室有无粪便、猪毛等，然后检测合格后，才能到猪场中转车拉猪，每个猪场配备淘汰猪中转车。有的母猪场将苗猪赶至公司专用的苗猪销售车，由场内人员穿防护服、可消毒胶靴上车卸猪，卸猪后脱掉防护服并烧毁，当天不允许进入猪舍内。驾驶人员全程不参与。所有的卖猪车，都要提前一天到猪场附近，先到邻近的消毒点清洁冲洗，晾干后，再由销售人员登记车辆信息、车牌、驾驶员信息，由检测人员对驾驶员车辆进行采样检测，检测合格后通知猪场准备次日卖猪，通知猪场门卫准备到售猪台前进行第二次清洗消毒。猪场应在场外配置用于装卸猪、饲料和其他物料的设施。运送 / 收货的车辆，包括销售人员的车辆，甚至是内部兽医和场长的车辆，不应进入猪场的生产区，或者只允许进入设有独立进出口并配置附属清洁消毒设施的生物安全区域。凡进入生活区的车辆均须经过清洁与消毒：首先要用清水冲洗车的外表面，并使用底盘专业机器对底盘进行冲洗，在清水浸湿后使用全清 1 ：（50 ～ 100）泡沫喷洒 100 mL/m^2，10 ～ 15 分钟后用清水将表面冲洗干净，注意轮胎挡泥板等死角的清洁；如果车辆近期内曾运输过动物或车上有动物的排泄物，如木条、垫草等防滑物品则需要在别处清洗消毒完才能进入；将配制好的 1 ：200 卫可 / 卫可浩普溶液自下而上、自内而外，按 100 mL/m^2 用冲洗机均匀喷洒到车辆表面进行消毒，必须彻底消毒底盘及轮毂，运猪车辆车厢内部用 1 ：200 的卫可溶液喷洒内表面（100 mL/m^2）；司机需下车时必须进行彻底消毒，驾驶室内使用超低容量喷雾器将配制好的 1 ：200 的卫可溶液均匀喷雾，用量 30 mL/m^2，车门窗密闭 3 ～ 5 分钟。以上步骤完成后方可让车辆慢速 <10 km/h 通过装满卫可浩普溶液的消毒池 [采用卫可浩普 1 ：（200 ～ 400）配制溶液，5 ～ 7 天更换一次] 进入场区。

（八）引种管理

种猪群体的优化，猪场的有效运转都离不开优秀种猪的引入。很多猪场选留三元母猪作为后备母猪使用，达到减少非洲猪瘟感染的目的，但是三元母猪的繁殖性能、育种情况都不容乐观。也有的猪场通过引入公猪精液进行基因改良，或者直接配套原种，配套扩繁群，解决场外引种问题。引种前首先要派专人对供种场的猪群进行健康状态评估，进行健康状态排查，包括血清学检测、临床症状、生产记录等。血清学检测包括猪瘟、猪繁殖与呼吸综合征、伪狂犬病、猪流行性腹泻、非洲猪瘟，要求检测结果为阴性。安排引种专员驻场，检测合格的种猪，严格执行生物安全隔离制度，跟进待引进种猪群的饲养管理。隔离舍相对隔离，远离村庄、马路，要求有独立的建设围墙，有独立的浴室、宿舍、环形通道。生活区和生产区分开。全面检查隔离舍排污管道密封性，实现隔离期间污水直接到达污水处理系统，引种前一周完成对隔离舍的彻底清洗、消毒、干燥，进猪前3天完成二次消毒和熏蒸工作。引种前应做好物资药物、疫苗、器械、饲料、清洁用具、生活物资、生产用具等提前一周以上到达隔离舍，并进行彻底消毒。引种运猪前，必须找熟悉路线的专业司机沿运猪路线进行模拟演练，派引种专员跟车监控，运输考察因素有：路线距离、道路环境、天气、补水、补料，道路周边猪场、屠宰场、批发市场等，尽可能避免与生猪运输有交叉感染的风险。除了派引种专员跟车监控外，还可以派专车跟车，处理运输过程中突发状况，确保司机和跟车的引种专员不与外界环境交叉，做好自身的生物安全，同时可以起到监督的作用。引种专员必须是在后备母猪饲养管理方面有丰富经验的技术员或者兽医。不仅引种当天对后备母猪状态做一个临时评估，也能在运输过程中解决突发事件。同时引种专员必须要做好自身的生物安全，引种前对引种专员进行隔离、检测，进出隔离舍必须遵守严格的洗澡流程，降低感染风险。

隔离期需制定严格的人员防疫管理制度，隔离舍相关人员、后备种猪隔离饲养不低于28天，隔离期执行全进全出制度，不同批次后备猪尽量单独饲养，批次饲养人员、技术人员不交叉。做到每日汇报，每日登记健康状况，引种后14天更要注意观察猪群的临床状态，必要时采样检测非洲猪瘟病原，防止运输途中被感染。后备种猪转群前，有条件的还可以进行抽血检测，各病原检测合格后，可调入生产线。一旦出现异常，进行封锁隔离，尽快处置。隔离期间尽量减少淘汰，待隔离期结束后，做一次性处理，减少淘汰频次，严格按淘汰猪处理要求进行。

（九）全进全出管理

全进全出是为了防止不同批次、不同日龄猪只之间的交叉感染，是阻断场内疾病传播的有效措施。母猪舍、隔离舍、保育舍、育肥舍，尤其是产房必须严格执行批次间的全进全出。产房转保育舍，转群通道提前消毒，提前一天选定转群人员，准备好挡猪板、赶猪棒等工具，需要苗猪运输的，要专人专车专用，弱仔猪及时淘汰或者寄群饲养，必须保证全进全出。出苗流程要合理，确保单向流动，严禁转群人员与其他人员交叉接触。转群后，人员清洗胶鞋和更换工作服，尤其是要进入不同的栋舍前，要在栋舍门口放置脚踏盆、洗手盆，进出栋舍前要进行消毒。转群后要对栋舍进行彻底的清洁、消毒、干燥、空置、水线清洁等操作。

（十）生产区人员和物品的清洁与消毒

所有进入生产区的人员均要淋浴、完全更换生活区和生产区工作服、防疫胶鞋都要有明显的颜色区分。更衣后经过生产区消毒通道，通道使用1 ：200的卫可直通喷雾，保证通过时间不少于30秒，通道内采取S形弯道，通道内脚踏池使用1 ：400的卫可浩普，然后进入生产区。所有栋舍门口放置洗手盆、脚踏盆，进出栋舍时使用1 ：200的卫可洗手，并在盛有1 ：400的卫可浩普溶液的脚踏盆中消毒1分钟，每个脚踏盆旁需配一把硬毛刷，用于清理胶鞋鞋底。卫可和卫可浩普溶液勤更换，尤其是夏天阳光直射和下雨后，以保证消毒药的效果。舍外环境、道路消毒：正常情况每周对舍外环境、道路彻底消毒2～3次，使用卫可浩普1 ：400进行喷雾消毒，喷雾雾滴在100～150 mg/kg。带猪喷雾消毒：采用卫可1 ：200，每周2次，消毒中、大猪时，雾滴控制在40～60 mg/kg，消毒哺乳仔猪时雾滴控制在60～80 mg/kg；冬季使用温水稀释消毒剂效果更佳，减少应激。周围环境或场内感染压力较大时，根据目标病原确定卫可稀释比例，加大消毒频率至每天1～2次。产前将母猪的后躯及乳房用温水清洗干净，并将母猪的外阴翻开彻底清洗干净。然后再用1 ：200的卫可溶液喷雾消毒；产后等到母猪的胎衣完全排出，迅速将胎衣转移到舍外，并对刚才放置胎衣的地方使用卫可1 ：200喷雾消毒躯体及分娩区域环境；产后3天每天用1 ：200的卫可溶液清洗母猪后躯3～4次，预防产道炎症的发生，每天用1 ：200卫可溶液清洗母猪乳房3～4次以防仔猪间的交叉感染。

当妊娠母猪转入产房，需要对母猪进行彻底清洗、消毒。使用卫可1 ：200喷雾母猪全身，配合使用针剂驱虫药效果更佳。哺乳仔猪、育仔猪在转群、混群前后各用卫可1 ：200喷雾消毒一次，以防打架。空舍的清洁与消毒：先移除舍内可移动的设备和杂物，清扫一遍，首先预浸润，使用低压水枪将舍内表面完全浸湿，再使用1 ：100的全清溶液，使用泡沫设备，将泡沫均匀喷洒至器械表面、墙壁表面以及地面。喷洒完毕后停留15～30分钟，根据温度判断时间，不能让表面全干，然后用高压水枪自上而下将泡沫冲洗干净，晾干待消毒。晾干后使用1 ：400的卫可浩普喷雾消毒，或者以1 ：5 ：20的比例混合卫可粉剂、熏蒸稳定增强混合液和水，进行熏蒸消毒，然后将猪舍封闭，进猪前打开门窗后即可通风进猪。如果熏蒸消毒后要经过一段时间才进猪，则应于进猪前2～3天采用1 ：400卫可再次消毒，干后保持通风至进猪，进猪后立即使用1 ：200卫可带猪喷雾消毒一次。

（十一）解剖室的清洁、消毒

原则上不在生产区解剖死猪，解剖猪应当在远离猪舍的下风向区域、专门隔离的地方进行；解剖结束后，将尸体深埋或进行化尸处理，并将解剖时残留的血液、皮毛等污物清理干净，每次使用全清 1 ： 50 泡沫清洗一次，使用卫可 1 ： 200 进行一次喷洒消毒。各种医用器具用完后立即进行清洁，使用 1 ： 100 全清溶液浸泡 15 ～ 30 分钟后清水冲洗干净，而后进行消毒，使用卫可 1 ： 200 浸泡 30 分钟以上，取出晾干待用，尤其是针头、注射器、缝合针等手术器械，每次使用后均需清洁、消毒，或者用热水蒸煮。明确标识未消毒物品、用具和已消毒物品、用具，并按规定贮存于相对隔离的区域，可以使用红绿黄颜色标签表示消毒与否。

（十二）装猪台的清洁与消毒

每次装猪前 30 分钟使用 1 ： 200 卫可 100 mL/m^2 将装猪台及通道进行喷雾消毒。每次装猪完毕后，首先将装猪通道与外界接触的地方用清水冲洗干净，如果污垢过多，用 1 ： 100 的全清溶液进行浸泡冲洗，然后使用卫可 1 ： 200 进行消毒后将门关闭；将装猪台以及通道的粪便清理干净，然后用清水将环境表面浸湿，采用全清 1 ： 100 泡沫喷涂，待 10 ～ 15 分钟后用清水彻底冲洗干净，然后用 1 ： 200 卫可溶液彻底消毒。凡是参与装猪的人员必须经过彻底消毒后才可返回生活区，当天禁止进入生产区。

（十三）饮水系统的消毒

批次间的终末消毒，排空水线，用 1 ： 40 泰洁净浸泡水线 3 小时以上后排空水线，再使用 1 ： 100 卫可溶液灌注管道，浸泡 4 小时以上排空水线，使用自来水冲刷水线移除生物膜，备好待用。饲养期使用，一般应用 1 ： 1000 卫可溶液用于水箱或加药器上，在疫苗免疫前 1 天、免疫当天、免疫后 2 天不能使用；在饲料变换前 2 天使用 1 ： 1000 卫可溶液饮水，可以有效缓解营养性腹泻症状；当连续使用抗生素 3 天以上，未见治愈的腹泻，可以使用 1 ： 800 ～ 1000 卫可饮水，连续使用 3 天。饮水消毒时确保饮水系统不堵塞，饮水器无严重漏水，饲养期饮水系统消毒时，要知道每只水箱的容积，计算好卫可的使用量，为慎重起见可用稀释试纸检查浓度。饮水消毒时不能与饮水用药品混合使用，使用卫可饮水消毒时不能与碱性药品同时饮用。如果使用水箱饮水，需要在上水箱加盖，防止灰尘、昆虫等。对饮水要定期进行细菌检测。

（十四）死猪、淘汰猪的搬运处理

按照《动物防疫法》第十六条第二款关于病死或死因不明的动物尸体不得随意处置的规定，凡是病死猪或死因不明的猪应按下列方法处置：严格按动物防疫监督部门指定的地点，严密运送作无害化处理；焚烧掩埋，选距人畜、农舍、水源、饲养场所较远的空闲地点，挖坑深埋，深埋后向周围喷洒消毒液，有条件的猪场可建设两个出猪台，实现后备猪引种，猪苗、淘汰猪销售与死猪运输分开使用。死猪处理必须在 24 小时内从猪栏中搬运出来，员工每天做好死猪、淘汰猪登记汇报，搬运死猪前要对场内运输死猪车辆消毒，用防渗透膜垫底，运输完以后要清洗消毒后才能继续使用。病死猪不允许出售和解剖，必须严格遵守国家无害化处理的相关规定。最大限度降低运输频次和淘汰频率；运输死猪、淘汰猪的车辆和无害化处理车辆，避免与销售车辆直接接触，可以通过售猪台转运，或者将病死猪集中，用铲车等工具将病死猪运出至无害化处理车辆处，避免接触。场内出售猪只人员与场外淘汰猪中转人员、销售人员，必须避免交叉。运输车辆要经过严格的清洁、消毒、干燥、检测后才能到售猪台附近。司机人员、销售人员、记录人员要做好个人防护和生物安全工作。出猪流程要合理，只能单向流动，称重后淘汰猪包括死亡猪只一律不得回流；淘汰猪销售完成后指定专人做好出猪台外广场和出猪台彻底消毒；运输完毕后，淘汰猪中转车在中转站清洗消毒后，经猪场洗消 / 消毒中心烘干后定点停放。

（十五）鸟类、老鼠、蚊蝇、犬猫的控制管理

减少鸟类、老鼠，苍蝇蚊虫是控制传染病传播的重要途径。首先猪场的选址，远离树林，村庄，避开候鸟迁徙的路线，避免鸟类停歇，可以在猪场周围装超声波驱鸟器。猪场内环境保持干净，定期清理圈舍周围的杂草、垃圾、饲料袋等。定期派人巡查猪场周边环境，尤其是河流、围墙，发现病死猪及时处理。围墙有老鼠洞、鸟洞的应及时堵塞。严加防控老鼠、苍蝇蚊虫。猪场禁止饲养犬猫，猪场周边有野猫野犬活动的，及时驱赶清除，厨房保证干净清洁卫生，剩余饭菜要及时处理干净，猪场周围要设立警示，提醒场外人员勿携带犬猫靠近场区。

三、夏季猪场消毒

由于夏季高温高湿，大多数病毒在外环境较易失活，而细菌则容易大量繁殖，所以在选择消毒剂时，可选择一些针对细菌性价比较高的消毒剂，如季铵盐类消毒剂。而在目前非洲猪瘟病毒污染压力较大的情况下，由于该病毒对热的耐受性较强，仍需重视选择针对该病毒的有效消毒剂，而对一些舍外消毒池的消毒剂，要选择不易被光和热分解、化学性质稳定的消毒剂，同时也要及时补充被蒸发消耗的消毒液。消毒时机选择也要注意，如舍外环境消毒可以选早晚较凉爽时间进行，避免消毒剂被过快蒸发而影响消毒效果，而带猪消毒则可选择较热时进行，同时起到防暑降温作用，在带猪消毒时要暂时关闭风机 5 ～ 10 分钟，以免消毒剂被风机快速吹出舍外而影响消毒效果，而进行空舍消毒时则应停用风机。在夏季猪舍消毒时，要特别注意湿帘的消毒，因大多数湿帘及其用水均为循环使用，较易被绿藻及细菌污染，从而影响舍内环境，而对循环水及湿帘进行有效消毒，可以保持湿帘的吸水性与透风性，保证湿帘的降温效果，同时也对舍内环境进行了有效消毒。在连续阴雨天湿度过大时，则要暂停液体消毒剂消毒，必须进行时，可适当加大浓度，减少用水量，或选择一些干粉类消毒剂，

起到消毒和干燥的作用。

四、冬季猪场消毒

在寒冷的冬季，为了保温，人们将猪舍的门窗紧闭，如果猪群密集，舍内空气流通不畅，可使各种有害气体和病原微生物污染猪舍，给猪带来危害，特别是呼吸系统的传染病明显增加，为此，对改善猪舍的消毒卫生工作提出如下要点；冬季对猪舍进行增温、保暖的同时，要重视检疫，将病猪和可疑病猪及时剔除或隔离到病猪舍内饲养，目的为消除传染源，避免病原微生物污染空气。要注意疏通猪舍内的排粪便和污水的渠道，及时清理粪便，同时要安装天窗和排气管道，尽量避免或减少氨气和二氧化碳等有害气体的危害。在寒冷低温的环境下，许多微生物都处于休眠状态，对外界环境和消毒剂都有较强的抵抗力，因此在消毒猪圈时，要提高猪舍的温度，至少20℃，或者选择在低温下仍能有效发挥消毒作用的消毒剂。常用的消毒剂中，有许多消毒剂要求在温度较高的溶液中才能完全溶解，同时消毒剂也需在较高的温度下，才能充分发挥其消毒功效。所以配制消毒剂的水需要较高的温度。在寒冷的冬季猪舍内有猪的情况下进行空气消毒十分重要，为此要求消毒剂无异味、无刺激、对猪无毒、无害，对于猪舍内的空气消毒可选用复方化学消毒剂类，这类消毒剂同时还具有除臭、降尘和净化空气等作用。为了防止进出猪场消毒池中的消毒药液冰冻，可在其中加入适量的丙二醇。如果室外已是冰天雪地，消毒效果极差，可以暂缓消毒。

第二节　养禽场的消毒

一、家禽场消毒的基本原则

家禽场狭义的生物安全，指切断传染病的传播途径所采取的一切措施，主要包括饲养场与外界的隔离，卫生与消毒，杀虫、灭鼠，人员、物品出入控制等，也就是我们日常管理工作的消毒层面。这么多年来家禽场多种疫病尤其是烈性疾病如禽流感H5的发生表明，有生物安全意识并管理良好的家禽场很少造成严重的损失，说明良好的生物安全措施对家禽传染性疾病的控制是非常有效的。这里简述一下家禽场疾病的控制思路：上策高效、低成本：生物安全措施，重点是隔离和消毒。这是最简单的习惯，成本也比较低，而且是非特异的有效手段，对所有病原微生物都有效，尤其是对疫苗毒株方面存在变异可能性的疾病如禽流感等有效。因为可以切断传播途径，又可减少传染源。

中策中效、成本相对高：疫苗免疫和药物保健。这是特异的手段，大部分病毒性疾病都有有效的疫苗，大多数细菌性疾病也有敏感的药物；购买药物，疫苗要谨慎选择购买途径，切莫贪图便宜。

下策低效甚至无效、成本很高：治疗。这是以前大家普遍关注的策略，疾病越急越舍得花钱，甚至病急乱投医，结果药费花了一大堆，有时效果还不好，损失很大。

消毒既是规模化家禽场疫病综合防控中的关键环节，也是确保家禽健康以及能够正常生产所必需的主要措施。家禽场使用合理的消毒剂，能够将外界环境中存在的多种病原微生物及时杀灭，使疫病传播途径被切断，减少发病，为家禽营造一个舒适的饲养环境。

（一）消毒剂的选择原则

在选择化学消毒剂时应该选择对病原体具有广谱性，对人、禽安全，不损害被消毒物体，易溶于水，耐有机物、不污染环境、不易受水质影响，使用方便的消毒剂。

（二）养禽场消毒程序设计

环境消毒包括对车辆消毒、道路消毒；经常打扫卫生，及时消除家禽粪便、杂草等，凡堆放过的地方及时清洁消毒。进场人员及物资的消毒：工作人员是将病原带入场区的主要媒介。让工作人员和外来人员进入生产区前先消毒、淋浴、更换防疫服或工作服等。在家禽场和每栋禽舍门口应分设消毒池和脚踏盆，禽舍内设立洗手盆等。禽舍的空舍消毒包括清理、冲洗，待干燥后选择合适的化学消毒剂喷洒，再用熏蒸法或火焰法等进行消毒。带禽消毒是当代集约化饲养家禽综合防疫的重要组成部分，可有效降低舍内病原微生物数量等。病死禽及废弃物的无害化处理坑埋、焚烧等：病死家禽应该在家禽场处理，可采取堆积发酵或焚烧等处理方法。饲养者不允许把死亡的家禽扔到家禽场外的垃圾场，因为这样做可以引起某些疾病的暴发或者是某些疾病不能根治。死于传染病的家禽宜在远离家禽场深埋或焚烧，死于非传染病的家禽宜高温处理，家禽粪便应堆积发酵或入化粪池，也可采取禽舍内使用发酵床方式处理。应用焚烧炉或堆积发酵的家禽场，必须保护这些死淘家禽不被其他家畜或野生动物接触。放在焚烧炉里的尸体必须盖上盖子。现在较多公司通常的做法：病死家禽经有效消毒后密闭装袋，运到公司或政府定点无害化处理中心集中处理。

二、空舍消毒

（一）空舍消毒的意义

为了在饲养过程中给新人家禽创造一个良好的干净舒适的环境，清除以往禽群和外界环境中的病原体，必须做好空舍消毒工作，每批家禽才能有一个干净的开始，才能杜绝各种疾病的循环传播。种禽场空舍期不应少于8周，肉禽场空舍期不应少于14天，否则就不能切断传染链。空舍以后，是清除病原体最好的时机，要经过彻底清洗、消毒 3 ～ 5 遍，做到禽舍内无粉尘、无蛛网、无粪便、无垫料、无羽毛、无甲虫、无裂缝、无鼠洞，冲洗消毒，经检测合格后方能进禽。

（二）清洁剂与消毒剂的选择原则

清洁剂的选择：对设备腐蚀性低、对生物膜等顽垢的湿润和乳化性强、发泡性好、使用过程中对操作人员安全、清洁后残留液体不影响沼气发酵、残留液体对环境无害。消毒剂的选择：抗污能力强、渗透性强、消毒作用维持时间长、广谱能够杀灭细菌的消毒剂未必能杀灭病毒、安全性高直接接触作用于人员、家禽及饮水系统安全、对设备无腐蚀性、残留液体对环境无害。

（三）舍内清洁消毒的步骤

1. 清扫干净

移走所有养殖动物；尽可能拆除及移走笼具、网架、料槽、饮水器、垫板、垫网等设备；尽可能移走所有物品；彻底清除排泄物、垫料和剩余饲料，确保清扫干净。

2. 清洁

使用冲洗机采用合适压力，防止产生气溶胶将舍内残留污渍等冲掉，同时将舍内表面完全浸润湿透，再使用发泡设备将清洁剂，如全清 1 ∶ 100 浓度稀释，配制好全清溶液，按 200 ～ 300 mL/m^2 的全清溶液自下而上均匀喷洒至器械、墙壁表面以及地面注：平养 / 网养按地面面积计算配制一栋舍所需溶液，笼养按地面面积 ×2.5 计算配制一栋舍所需溶液，喷洒完毕后停留 10 ～ 20 分钟，具体时间用手粘一下，形成拉丝即可冲洗，然后再用冲洗机自上而下将泡沫冲洗干净，晾干待消毒。

3. 清除寄生虫

禽舍冲洗干燥后条件允许下对笼具、地面等耐高温部位进行火焰消毒，重点清理拐角处昆虫、螨虫、甲虫，清理球虫、球虫卵，还需使用菊酯类杀虫剂。

4. 喷雾消毒

使用抗污性强、广谱性强的复合酚类或季铵盐类消毒剂，如普菌杀，按 1 ∶ 400 浓度配制好，按 300 mL/m^2 对器械、墙壁表面以及地面等整个禽舍自下而上进行喷雾消毒。注：平养 / 网养按地面面积计算配制一栋舍所需溶液，笼养按地面面积 ×2.5 计算配制一栋舍所需溶液，消毒后无须清水冲洗，密闭 12 小时以上，打开通风。

5. 熏蒸消毒

传统熏蒸消毒为“福尔马林＋高锰酸钾”，缺点是成本高，高锰酸钾难采购，也可采用福尔马林加热的方法熏蒸，或使用卫可做熏蒸消毒，即卫可：发烟剂：水（1 ∶ 5 ∶ 20），15 ～ 20 mL/m^3，密闭 12 小时以上，如空舍时间比较紧张，熏蒸完第二天进禽的必须使用卫可熏蒸。

6. 二次喷雾消毒

使用抗污性强、渗透性强、消毒作用维持时间长的消毒剂，复合醛制剂、复合酚、复方酚等复方消毒剂效果较好，如卫可浩普低温不影响消毒效果 1 ∶ 200 浓度配制好，按 300 mL/m^3 对器械、墙壁表面以及地面等整个禽舍自下而上进行喷雾消毒。注：平养 / 网养按地面面积计算配制一栋舍所需溶液，笼养按地面面积 ×2.5 计算配制一栋舍所需溶液，消毒后无须清水冲洗，密闭 12 小时以上，打开通风。

7. 进禽前喷雾消毒

进禽前 24 小时消毒，采用安全性高的消毒剂，可使用碘制剂或过硫酸氢钾复合物类，如聚维酮碘或卫可对整个禽舍进行喷雾消毒，1 ∶ 200 进行配制，用量为 80 ～ 100 mL/m^2。

（四）水线管道的清洁消毒

排空水线，清除水箱、水管内的污物及藻类。配制 1 ∶ 200 卫可溶液或含银离子的水线清洁消毒剂，灌注水线，浸泡 4 小时以上，自来水或清水冲刷水线。配制好酸化剂如赛可新按 1 ∶ 500 配制灌注水线，直至进禽前排空，自来水或清水冲刷水线。

（五）舍内生产设施及设备的清洁消毒

将舍内移除出来的垫网、料盘、饮水器等小型设备，先集中清除冲洗粪便、毛屑、粉尘等可视有机物。使用泡沫清洁剂，如全清 1 ∶（50 ～ 100）视污染程度定使用比例溶液喷洒或浸泡，0.5 小时后，清水冲洗，晾干待消毒。使用作用速度快、抗污能力强的消毒剂消毒，可使用季铵盐类消毒剂如普菌杀，复方酚类消毒剂如卫可浩普 1 ∶ 200 喷雾消毒。

生产区路面及附属设施的消毒，如粪便、毛屑等，可使用季铵盐类如普菌杀 1 ∶ 400，200 mL/m^2，也可使用复合酚类，或复方酚，如“卫可浩普”1 ∶ 200，200 mL/m^2 喷洒，或使用 3% ～ 5% 配制氢氧化钠溶液进行路面喷洒 200 mL/m^2，注意人员和易腐蚀设备的防护。

（七）生活区路面、宿舍、食堂等附属设施的消毒

生活区路面，可使用耐有机物的卫可浩普按照 1 ∶ 200 配制，也可使用 3% ～ 5% 氢氧化钠溶液路面喷洒，200 mL/m^2。食堂、宿舍、办公区域，按照 1 ∶ 200 配制卫可溶液，100 mL/m^2 氢氧化钠溶液喷雾消毒为宜，如果场区设备条件具备可以选择卫可按 1 ∶ 25 配制 15 ～ 20 mL/m^2 雾化消毒。场区浴室安排专人每日打扫，保持整洁，每日安排在中午气温最高时消毒一次，按照 1 ∶ 200 配制卫可，100 mL/m^2 喷雾消毒为宜。

（八）化粪池、污道及附属设施的清洁消毒

清除可视污物，采用抗污能力强、渗透性强、不影响沼气发酵的消毒剂进行消毒，如卫可浩普，可按 1 ∶ 200 浓度配制，按 200 mL/m^2 对化粪池、污道及附属设施表面进行喷雾消毒。

（九）空舍期杀灭寄生虫、苍蝇、蚱、鼠的操作系统的害虫管理方案

采用机械的、化学的、文化的、行为上的控制方法来有效控制不同害虫。与专业灭鼠公司合作，定期灭鼠，种禽淘汰前一个月联系灭鼠队进行灭鼠，肉禽空舍期请灭鼠公司人员检查灭鼠设施是否需要维修新增等。进禽前在板条地下、墙根等缝隙处撒杀虫剂控制黑甲虫。空舍期使用杀虫剂做好禽舍的灭蝇工作。

三、种禽淘汰期生物安全控制

淘汰场地的选择原则：选择围墙外 2 km 作为中转地点，禁止收禽车进入场区。淘汰禽、销售禽中转地点清洁后采用卫可浩普 1 ∶ 200 喷雾消毒。条件允许的情况下选择场内人员抓禽，需要场外人员进入场内抓禽的情况，必须遵守外来人员消毒程序，人工通道消毒后进入淋浴间淋浴，换场内工作服和雨靴。抓禽结束由内部车辆运送到围墙外 2 km 中转点，到达卸禽地点后再通知外部车辆到中转点进行禽的装运。若外部车辆要进入场区内装运，也须遵守外来车辆消毒管理程序，清洗消毒晾干后方可通过消毒池进场。

四、生产期间场区消毒

（一）生活区消毒

门卫室及人员消毒通道安排专人每日打扫，地面和物品保持洁净。门卫室放置脚踏盆或者海绵垫，盆内放置的消毒液要求每日更换，可以选择卫可浩普按照 1 ∶ 200 配制或者季铵盐类如普菌杀 1 ∶ 400 配制。人员消毒通道喷雾设备保持随时可用，设定消毒时间不低于 5 分钟，消毒液可以选择 1 ∶ 200 卫可溶液或者季铵盐类，如普菌杀 1 ∶ 400 配制；超声波消毒设备要使用纯净水和中性消毒剂，以避免损害消毒设备。门卫室熏蒸柜，主要用于场区员工生活物资、食堂采购等物资的消毒，每立方米使用 21 g 高锰酸钾和 42 mL 福尔马林消毒 30 分钟，或使用 1 ∶ 25 的卫可溶液 15 ～ 20 mL/m^3 熏蒸 30 分钟，如果高锰酸钾不好购买，也可以选择福尔马林加热熏蒸。门卫消毒喷壶，主要用于进入场区人员手部和随身物品表面消毒，可以使用 75% 医用酒精或卫可按照 1 ∶ 200 配制。

（二）生产区消毒

生产区路面及附属设施每周消毒两次，使用卫可浩普按照 1 ：（200 ～ 400）配制，按 20 mL/m^2 喷洒，也可使用氢氧化钠按 3% ～ 5% 配制，200 mL/m^2 喷洒注意人员和易腐蚀设备的防护。场区蛋库、禽舍等区域需设置洗手盆，可以选择作用迅速且无害的卫可按 1 ： 200 配制。场区门卫、蛋库、禽舍等区域需设置脚踏盆，可以选择耐有机物的卫可浩普按 1 ： 200 配制。

（三）饮水消毒

在养殖场中确保家禽饮用洁净水，是保证家禽健康、阻断有害病原体通过饮用水传播的重要方法，也是实现最佳养殖经济效益的必要条件。选择一种能有效地溶解水线中的生物膜或黏液的清洗消毒剂显得尤为重要。选用的产品要具有消毒、杀菌、灭藻、清除生物膜，同时具有抑菌功能、高效，以及对人、畜无害，不会造成环境危害。禽舍熄灯后选用酸化剂如赛可新按照 1 ： 250 配制浸泡一夜或卫可按照 1 ： 100 配制，灌满水线，浸泡 4 小时之后排空水线，用清水冲洗干净。水线经清洗消毒后，保持水线洁净至关重要。应为养殖场制定一个规范的日常消毒规程，如选择酸化剂赛可新，可按 1 ： 500 加入饮水中，每周连用 3 天，每天让鸡自由饮水 8 小时，其余时间供应常水；或者选用卫可按 1 ： 1 000 加入饮水中，每周 1 ～ 2 次，每次让鸡自由饮水 4 ～ 6 小时，其余时间供应常水。夏季高温时节使用水帘，水帘第一次使用的三步处理法：第一步，将水帘开启循环 10 分钟左右，确保整体达到湿透状态并将底下水池脏水抽掉；第二步，重新放满底下水池水，然后可在酸化剂、泡腾片或卫可中选择一种加入，如用酸化剂可选择赛可新按 1 ： 250 配制，如用泡腾片，可选择泰洁净，按每栋室 6 片放入水中，如选用卫可按 1 ： 200 配制；第三步，用自来水分别向水帘内、外细致冲洗即可。

（四）舍内带禽消毒

1. 舍内带禽消毒的意义

定期用消毒药液对禽舍的空间、笼具、家禽进行喷雾消毒，是养殖成功的关键。几乎所有饲养家禽的人员都了解带禽消毒技术，但消毒执行情况存在差异，消毒是否彻底直接关系到禽舍中污染病原体的数量、空气的质量等，直接关系到家禽受到疾病威胁的程度，也决定了饲养能否成功。创造良好的禽舍环境，对保障家禽健康至关重要。带禽消毒虽不能使禽舍环境达到百分之百的洁净，但由于这是项经常性的工作，环境中的细菌，病毒含量会越来越少，比起不消毒的禽舍，家禽的发病机会就会低很多。带禽喷雾消毒主要往家禽身上喷洒，因此要求所使用的消毒剂应与用于设施、设备、运动场等的消毒药物有所区别，要考虑消毒药物的有效性和安全性。适合家禽喷雾消毒的药物应具备以下条件：具有较强的杀菌与杀病毒效力且作用迅速。特别是对禽流感、新城疫、传染性支气管炎等致病病原体具有较强的杀灭效力，如卫可、季铵盐、过氧乙酸等。安全性好、毒性和刺激性低，同时带禽喷雾消毒要考虑到皮肤和呼吸道黏膜的安全性，不得用氢氧化钠、石炭酸、来苏儿以及碘剂等进行带禽喷雾消毒。

2. 带禽喷雾消毒

消毒的设备可参考猪体消毒设备。

3. 喷雾消毒的方法

带禽喷雾消毒，每周消毒的频率参考生物安全评定等级。使用安全无刺激性、广谱高效的消毒剂，如 1 ：200 卫可或者季铵盐类比如普菌杀 1 ：400 配制溶液，喷雾量以达到 80 ～ 100 mL/m^2 为宜。

4. 喷雾粒子的大小可参考养猪场的消毒

5. 喷雾雾滴的选择

在消毒工作中要有针对性地选用喷嘴。用于禽舍和防暑降温等的喷雾消毒，使用 100 μm 的中粒子型喷嘴，带禽喷雾消毒使用 80 ～ 100 μm 的中微粒子型或中粒子型喷嘴最为合适。针对 2 周龄内的雏苗，雾滴直径控制在 100 μm，育成和产蛋舍的家禽雾滴控制在 40 ～ 80 μm，时间不少于 3 分钟。

6. 注意事项

带禽消毒需避开活苗免疫的前 2 天、免疫当天、免疫后 2 天，以免影响免疫效果；冬季和育雏舍进行带禽消毒时需要适当提高温度 2 ～ 3℃，或直接用 40℃左右的温水配制消毒剂进行喷雾消毒。夏季高温带禽消毒需适当关闭部分风机以免雾滴被吹走，待消毒完再打开风机。带禽消毒时间尽量选择中午气温最高的时间段，提高消毒效果。

针对不同消毒药的消毒作用、特性、成分、原理，选择适宜的消毒药。对于易产生耐药性的消毒剂可适当配合不同类型的消毒剂，以防病原微生物对消毒药产生耐药性，影响消毒效果；随着时代进步，现在部分配方消毒剂如卫可不需要轮换使用。根据消毒剂特性，有的选择现配现用如过氧乙酸类，有的需要提前配制，例如，卫可按 1 ：200 配制，夏季需要提前 10 分钟，冬季需提前 15 分钟。

（五）种蛋消毒

禽场每次收集完种蛋应立即在禽舍消毒室或孵化厂消毒室进行消毒，越早消毒越有利于降低种蛋带菌率。如在孵化厂消毒室进行消毒，则应要求禽舍统一时间送蛋，减少种蛋的消毒等待时间。种蛋在运入种蛋库前一般采用熏蒸消毒。种蛋熏蒸时，消毒室温度不能低于 15℃。消毒室内要配备能够标示体积和消毒药用量的专门量具。种蛋可用福尔马林和高锰酸钾混合熏蒸消毒，甲醛和高锰酸钾存放时必须分开，以免接触起火。具体做法是按每立方米空间用福尔马林 42 mL 加高锰酸钾 21 g 混合熏蒸消毒，必须使用合适的器具如铁桶，严禁使用塑料器具进行熏蒸操作，同时确保熏蒸时反应物不迸溅出来。每次熏蒸完后要将熏蒸残渣清理干净，以保证下次熏蒸时，甲醛和高锰酸钾能够充分反应，确保熏蒸效果。也可选择加热福尔马林熏蒸，或使用卫可按照 15 ～ 20 mL/m^2、使用浓度为 1 ∶ 25 进行 30 分钟熏蒸消毒。种蛋熏蒸时间要求为 30 分钟，熏蒸完毕后如用甲醛则应待甲醛味大致散尽，立即将种蛋搬运到蛋库储存，减少种蛋在蛋库外的停留时间，蛋库需安装摇头扇以利于空气流通。蛋库内紫外线灯要保持无人时开启状态，出现损坏时要及时维修，每三个月更换一次紫外线灯。

种蛋入孵前可以采用熏蒸法、浸泡法和喷雾法消毒。熏蒸法消毒可用福尔马林、过氧乙酸。浸泡法可用 0.1% 新洁尔灭溶液、0.05% 高锰酸钾溶液或 0.02% 季铵盐溶液，浸泡 5 分钟捞出沥干入孵，浸泡时水温控制在 43 ～ 50℃。喷雾法可用 0.1% 新洁尔灭溶液均匀喷洒在种蛋的表面，经 3 ～ 5 分钟，药液干后即可入孵。

（六）种蛋库的消毒

种蛋库需安排专人负责每日清扫，保持整洁。场区蛋库进出口放置脚踏盆，可以选择卫可浩普按 1 ∶（200 ～ 400）配制或者季铵盐类消毒剂如普菌杀 1 ∶ 400 配制。每日蛋库种蛋送到孵化场后，开始清扫蛋库地面，清扫完毕后使用 1 ∶ 200 的卫可浩普或者季铵盐类消毒剂如普菌杀 1 ∶ 400，200 mL/m^2 喷洒消毒。

五、孵化场消毒管理

（一）孵化场做好生物安全的重要意义

孵化场是极易被污染的场所，许多疾病是通过孵化场被污染的种蛋、雏苗而传播、扩散的，而有效的生物安全措施可以减少甚至消灭污染种蛋、雏苗的病原微生物，从而提高孵化率和雏苗质量。所以说，孵化场生物安全措施的好坏直接影响到孵化率、健雏率和雏苗成活率的高低。严格而科学的生物安全措施是提高孵化成绩的重要措施之一，也是孵化场能够长期稳定发展的前提。

（二）孵化场生物安全控制点

1. 门卫及生活区大门口地面消毒

大门口地面必须保持干净，每天用 1 ∶ 200 ～ 400 卫可浩普或 3% ～ 5% 的氢氧化钠溶液喷洒消毒 1 次，出雏日消毒 2 次，200 mL/m^2。

2. 人员消毒

孵化厂谢绝参观，尽量限制一切非必要人员进场，确需进入者，须经主管批准，所有进入人员必须经过门卫消毒房喷雾消毒，用 1 ∶ 200 卫可或季铵盐消毒剂如 1 ∶ 400 普菌杀配制喷雾消毒 5 分钟，并使用 1 ∶ 200 卫可浩普脚踏消毒，进入场区人员的手部和随身物品要进行表面消毒，可使用 75% 医用酒精或 1 ∶ 200 卫可。

3. 车辆消毒

外部车辆严禁入内，进入车辆由门卫负责将车身、底盘，车轮彻底喷洗消毒，司机及其他人员须经门卫消毒房消毒。车辆先使用泡沫清洁剂 [如 1 ： 50 ～ 100 全清] 进行全面的清洁，再用 1 ： 400 卫可浩普或季铵盐，如 1 ： 400 普菌杀冲洗消毒，车辆消毒池用 1 ： 400 卫可浩普或 3% ～ 5% 的氢氧化钠溶液定期更换。

4. 生活区道路及环境消毒

用 1 ： 400 卫可浩普或者季铵盐类消毒剂，如普菌杀 1 ： 400 配制或 3% ～ 5% 的氢氧化钠溶液喷洒消毒，200 mL/m^2，每周消毒 2 次。发苗处消毒：出雏日用 1 ： 400 卫可浩普或季铵盐如 1 ： 400 普菌杀喷洒消毒 2 次，200 mL/m^2。附属建筑物，如宿舍、餐厅及办公区域等，须保持干净卫生，每周消毒 2 次，按照 1 ： 200 配制卫可溶液，100 mL/m^2 雾化消毒为宜。

（三）孵化厅和生产区消毒管理

1. 人员消毒

所有员工进入须经过喷雾消毒、淋浴、更衣后，方可进入。用 1 ： 200 卫可喷雾消毒，脚踏盆使用 1 ： 200 卫可浩普或季铵盐类消毒剂，如 1 ： 400 普菌杀消毒，手部使用 75% 医用酒精或 1 ： 200 卫可消毒。

2. 种蛋熏蒸间消毒

每次接收种蛋后，按每立方米空间福尔马林 42 mL 加高锰酸钾 21 g 熏蒸消毒或 1 ： 25 卫可熏蒸消毒 30 分钟。每天工作结束后用 1 ： 200 卫可浩普或季铵盐类消毒剂，如 1 ： 400 普菌杀泼洒消毒。种蛋熏蒸间需安装摇头扇以利于空气流通。

3. 种蛋库消毒

进入蛋库前需脚踏含有 1 ： 200 卫可浩普或季铵盐类消毒剂如普菌杀 1 ： 400 的消毒盆，并用 75% 医用酒精或 1 ： 200 卫可溶液喷雾消毒手部。当地面出现破损蛋时，立即进行清洗、消毒；每天工作完毕将工作区域打扫干净并消毒；每周 2 次对蛋库进行全面喷雾消毒，墙壁、天花板应定期擦拭消毒；空调过滤网每周清理 1 ～ 2 次，加湿器每周清理 2 次，并添加 1 ： 200 卫可或季铵盐类消毒药如 1 ： 400 普菌杀。坏蛋盘、垫底盘及时清理并消毒；淘汰蛋及时运走，不能存放在蛋库里。地面消毒采用 1 ： 200 ～ 400 卫可浩普或季铵盐类消毒剂如 1 ： 400 普菌杀，按照 200 mL/m^2 喷洒，蛋库需安装摇头扇以利于空气流通。

4. 孵化设施消毒

孵化机消毒：空机消毒按每立方米空间福尔马林 42 mL 加高锰酸钾 21 g 熏蒸消毒或 1 ： 25 卫可熏蒸消毒 30 分钟。使用中，机器内部每周用甲醛或 1 ： 25 卫可熏蒸消毒 1 次，机器表面每周用季铵盐类消毒剂如普菌杀 1 ： 400 配制擦拭消毒 1 次。

出雏器消毒：每次使用前，按每立方米空间福尔马林 42 mL 加高锰酸钾 21 g 熏蒸消毒或1 ∶ 25卫可熏蒸消毒30分钟。每次落盘后用福尔马林熏蒸消毒1次。每次出雏后，可用高效泡沫清洁剂，配制1% ～ 2% 的溶液，使用泡沫喷枪喷洒，20分钟后冲洗干净，然后再熏蒸消毒。

蛋盘：用1 ∶ 200卫可或季铵盐类消毒，剂如普菌杀1 ∶ 400配制浸泡。出雏盘：每次出苗后用全清高效泡沫清洁剂，配制1% ～ 2% 的溶液，使用泡沫喷枪喷洒，20分钟后冲洗干净，然后用1 ∶ 200卫可或者季铵盐类消毒剂，如普菌杀1 ∶ 400配制浸泡消毒。

蛋车每次落盘后、出雏车每次出苗后、雏苗地平车、出雏转盘：先用全清高效泡沫清洁剂，配制1% ～ 2% 的溶液，使用泡沫喷枪喷洒，20分钟后冲洗干净，然后用1 ∶ 200卫可或者季铵盐类消毒剂如普菌杀1 ∶ 400配制浸泡消毒。

（四）各厅、室的卫生消毒

主要是孵化室、出雏室、冲洗间、洗衣房、消毒房、药品储藏室、维修间、办公室、餐厅、卫生间等，每个房门口，放置消毒脚踏盆，供人员进入时进行消毒。

（五）其他

废弃物的处理；垃圾、废物要每天清理、消毒并及时运走。孵化室的卫生消毒结果要派专人检查，通过肉眼看各指标是否达标。再通过采样做细菌培养空气、地面、绒毛、弱雏、中止胚、种蛋、自来水、水盘水等来检测消毒效果。一般每月测1 ～ 2次。如果不能达标，说明消毒效果不佳，要引起注意，追查原因，及时解决，以达到卫生消毒标准。

六、防控外来病原菌进入场区

（一）场区消毒管理的意义

其主要目的是在良好的隔离条件下，确保家禽的健康。在进行生产操作时，不同的区域之间要保证没有外部的污染，人员、物品要严格消毒，避免造成交叉污染。在保证生物安全的前提下，减少或消除病原微生物的存在，只有层层把关才能确保安全。场区消毒主要考虑人和动物的安全，方便家禽进行合适的饲养管理，符合食品安全的要求。

（二）场区消毒管理制度的建立与执行

应根据生产环节需要，划分若干区域，通过建立相应的消毒和保护措施，切断人流、物流、动物流、气流之间的相互交叉感染。执行人员严格落实，绝不姑息。

1. 家禽场功能区划分

为了确保家禽的安全生产，场区应该进行合理的区域划分，根据生产生活需要，分为生活区域、生产区域和废物处置区域。当出现问题时，可以紧急处理，以达到隔离的目的。生活区域主要是吃饭和活动的区域。生产区域相对较高，有利于家禽的饲养管理生产，一般应位于上风向。废物处置区域一般位于地势较低的区域，主要是为了减少污染，保证人和家禽的健康。划分区域是为了促进生产区的隔离效果，以确保安全。

2. 家禽场淋浴更衣系统

由于人员流动性大，且人作为污染源，有很多的消毒设施无法用于人体，只能通过淋浴的方式才能达到人员清洁的目的。为了保证家禽的健康，严禁进入场区或生产区不淋浴。养殖场内有消毒和淋浴设施，淋浴设施包括被污染的更衣室、淋浴间和清洁间隔离间。要求人员进入禽舍时在通道消毒后进入更衣室换下衣服，在淋浴室洗澡，进入清洁间换上干净的专用服装和雨靴后即可进入生产区。尽量减少人为因素造成的感染。

3. 家禽场的围护方式

养殖场外围建立围墙和隔离河道，养殖场的围墙和外围河道主要是对人员、物品和动物起到防御作用。

4. 禽舍周围环境

家禽场不是完全封闭的环境，易受到周围环境的影响，饲料车间或禽舍通风口应设防鸟网，定期派人巡逻场区外环境，发现病死家禽或动物尸体采取焚烧或深埋等无害化处理方式，减少水源等污染风险。

（三）车辆的管理

对于外来车辆，先用清水将车外表面及底盘冲洗干净，尤其要将专用运输车上的动物排泄物及垫草等物品彻底清理干净。先用清水浸湿后再使用 1 ： 50 ～ 100 全清泡沫喷洒 100 mL/m^2 车辆表面，15 分钟后用清水冲洗干净注意轮胎挡水板等死角。将配制好的 1 ： 200 卫可浩普溶液或季铵盐类消毒剂如 1 ： 400 普菌杀，自上而下、自内而外，按 200 mL/m^2 均匀喷洒到车辆表面及底盘、轮毂进行消毒，运输车辆车厢内部用 1 ： 200 的卫可溶液喷洒内表面，100 mL/m^2。司机需下车时必须进行彻底消毒，驾驶室内使用低容量喷雾器均匀喷洒 1 ： 200 的卫可溶液，用量 30 mL/m^2。以上步骤完成后方可让车辆慢速 <10 km/h 通过装满 1 ： 200 ～ 400 卫可浩普或复合酚溶液的消毒池进入场区消毒池里消毒液定期更换。

（四）生活区内人员物资进出管理

场内员工进出生活区走员工消毒淋浴通道，更换衣服鞋子。物品使用高锰酸钾与福尔马林熏蒸消毒，按照每立方米 21 g 高锰酸钾和 42 mL 福尔马林消毒 30 分钟，或 15 ～ 20 mL/m^2 卫可，按照 1 ： 25 熏蒸 25 分钟。

（五）外来人员物资进入场区管理

1. 外来人员管理

凡外来进入场内的人员必须更衣、淋浴、消毒。人员必须通过消毒通道进入，经过 1 ∶ 200 卫可喷雾 5 分钟，雾滴颗粒控制在 40 ～ 60 mg/kg。开包检查，任何人不准将禽肉及其制品带进场区。淋浴更衣，换上场内专用衣服、鞋子。

2. 外来物资进入场区管理

凡是进入生产区药物、物品等都应在门岗进行彻底消毒，有外包装的打开外包装消毒后再进入到场内。药物、物品在场内流动时，需要彻底消毒后再进入其他禽舍。饲料卸车后，应经过熏蒸消毒后才可进入禽舍；饲料袋重复使用的场，须对空袋进行清洗消毒处理。蛋框清水冲洗干净后放在 1 ∶ 200 ～ 400 卫可浩普溶液或季铵盐类消毒剂，如 1 ∶ 400 普菌杀溶液中浸泡 0.5 小时以上晾干方可带入场区。

（六）引种的管理

引进健康种禽，关键是确保没有垂直传播疾病，主要用于阻断白血病、网状内皮细胞增生病、马立克氏病等疾病传播。在引进幼雏的过程中，应要求提供质量检验报告和父母代种禽的垂直传染病的净化情况、周龄和幼雏的健康状况。所有检测结果应以测试报告的形式送到家禽养殖场。如果幼雏患病，即使禽场的生物安全体系是好的，也很难保证家禽的健康和经济利益。

进入禽舍前确保人员已经消毒淋浴更衣，禽舍外设置脚踏盆和鞋刷。用鞋刷去除雨靴上的杂物后在脚踏盆消毒 1 分钟，脚踏盆按卫可浩普 1 ∶ 200 配制。手部和随身物品表面消毒，可以使用 75% 医用酒精或 1 ∶ 200 卫可溶液。

第十二章　畜禽养殖场疫情应急处置

第一节　动物疫情报告、疫情调查与分析

一、动物疫情报告

动物疫情指动物疫病发生、流行的情况。动物疫情涉及家畜家禽以及人工饲养、合法捕获的其他动物的饲养、屠宰、经营、隔离、运输等活动。重大动物疫情是指高致病性禽流感等发病率或者死亡率高的动物疫病突然发生，迅速传播，给养殖业生产安全造成严重威胁、危害，以及可能对公众身体健康与生命安全造成危害的情形，包括特别重大动物疫情。新发动物疫病指由已知病原体演变或变异而引起的动物疫病，或者由未知病原体引发的动物疫病，或者国家已经宣布消灭的动物疫病。外来动物疫病指境外存在但境内尚未发现的动物疫病。为规范动物疫情报告、通报和公布工作，加强动物疫情管理，提升动物疫病防控工作水平，农业农村部根据《中华人民共和国动物防疫法》《重大动物疫情应急条例》等法律法规规定，于 2018 年 6 月发布了《关于做好动物疫情报告等有关工作的通知》，对我国动物疫情报告、通报和公布工作做了明确要求。

（一）疫情报告责任人

《中华人民共和国动物防疫法》第二十六条规定：从事动物疫情监测、检验检疫、疫病研究与诊疗以及动物饲养、屠宰、经营、隔离、运输等活动的单位和个人，发现动物染疫或者疑似染疫的，应当立即向当地兽医主管部门、动物卫生监督机构或者动物疫病预防控制机构报告，并采取隔离等控制措施，防止动物疫情扩散。其他单位和个人发现动物染疫或者疑似染疫的，应当及时报告。接到动物疫情报告的单位，应当及时采取必要的控制处理措施，并按照国家规定的程序上报。

（二）职责分工

农业农村部主管全国动物疫情报告、通报和公布工作。县级以上地方人民政府兽医主管部门主管本行政区域内的动物疫情报告和通报工作。中国动物疫病预防控制中心及县级以上地方人民政府建立的动物疫病预防控制机构，承担动物疫情信息的收集、

分析预警和报告工作。中国动物卫生与流行病学中心负责收集境外动物疫情信息，开展动物疫病预警分析工作。国家兽医参考实验室和专业实验室承担相关动物疫病确诊、分析和报告等工作。

（三）疫情报告

动物疫情报告实行快报、月报和年报。

1. 快报

有下列情形之一，应当进行快报。发生口蹄疫、高致病性禽流感、小反刍兽疫等重大动物疫情。发生新发动物疫病或新传入动物疫病。无规定动物疫病区、无规定动物疫病小区发生规定动物疫病。二三类动物疫病呈暴发流行。动物疫病的寄主范围、致病性以及病原学特征等发生重大变化。动物发生不明原因急性发病、大量死亡。农业农村部规定需要快报的其他情形。符合快报规定情形，县级动物疫病预防控制机构应当在 2 小时内将情况逐级报至省级动物疫病预防控制机构，并同时报所在地人民政府兽医主管部门。省级动物疫病预防控制机构应当在接到报告后 1 小时内，报本级人民政府兽医主管部门确认后报至中国动物疫病预防控制中心。中国动物疫病预防控制中心应当在接到报告后 1 小时内报至农业农村部畜牧兽医局。

快报应当包括基础信息、疫情概况、疫点情况、疫区及受威胁区情况、流行病学信息、控制措施、诊断方法及结果、疫点位置及经纬度、疫情处置进展以及其他需要说明的信息等内容。进行快报后，县级动物疫病预防控制机构应当每周进行后续报告；疫情被排除或解除封锁、撤销疫区，应当进行最终报告。后续报告和最终报告按快报程序上报。

2. 月报和年报

县级以上地方动物疫病预防控制机构应当每月对本行政区域内动物疫情进行汇总，经同级人民政府兽医主管部门审核后，在次月 5 日前通过动物疫情信息管理系统将上月汇总的动物疫情逐级上报至中国动物疫病预防控制中心。中国动物疫病预防控制中心应当在每月 15 日前将上月汇总分析结果报农业农村部畜牧兽医局。中国动物疫病预防控制中心应当于 2 月 15 日前将上年度汇总分析结果报农业农村部畜牧兽医局存栏数、发病数、病死数、扑杀与无害化处理数、急宰数、紧急免疫数、治疗数等内容。

（四）疫病确诊与疫情认定

疑似发生口蹄疫、高致病性禽流感和小反刍兽疫等重大动物疫情的，由县级动物疫病预防控制机构负责采集或接收病料及其相关样品，并按要求将病料样品送至省级动物疫病预防控制机构。省级动物疫病预防控制机构应当按有关防治技术规范进行诊断，无法确诊的，应当将病料样品送相关国家兽医参考实验室进行确诊；能够确诊的，应当将病料样品送相关国家兽医参考实验室作进一步病原分析和研究。

疑似发生新发动物疫病或新传入动物疫病，动物发生不明原因急性发病、大量死亡，省级动物疫病预防控制机构无法确诊的，送中国动物疫病预防控制中心进行确诊，或者由中国动物疫病预防控制中心组织相关兽医实验室进行确诊。

动物疫情由县级以上人民政府兽医主管部门认定，其中重大动物疫情由省级人民政府兽医主管部门认定。新发动物疫病、新传入动物疫病疫情以及省级人民政府兽医主管部门无法认定的动物疫情，由农业农村部认定。

（五）疫情通报与公布

发生口蹄疫、高致病性禽流感、小反刍兽疫、新发动物疫病和新传入动物疫病疫情，农业农村部将及时向国务院有关部门和军队有关部门以及省级人民政府兽医主管部门通报疫情的发生和处理情况；依照我国缔结或参加的条约、协定，向世界动物卫生组织、联合国粮食及农业组织等国际组织及有关贸易方通报动物疫情发生和处理情况。

发生人畜共患传染病疫情，县级以上人民政府兽医主管部门应当按照《中华人民共和国动物防疫法》要求，与同级卫生主管部门及时相互通报。

农业农村部负责向社会公布全国动物疫情，省级人民政府兽医主管部门可以根据农业农村部授权公布本行政区域内的动物疫情。

（六）疫情举报和核查

县级以上地方人民政府兽医主管部门应当向社会公布动物疫情举报电话，并由专门机构受理动物疫情举报。农业农村部在中国动物疫病预防控制中心设立重大动物疫情举报电话，负责受理全国重大动物疫情举报。动物疫情举报受理机构接到举报，应及时向举报人核实其基本信息和举报内容，包括举报人真实姓名、联系电话及详细地址，举报的疑似发病动物种类、发病情况和养殖场户基本信息等；核实举报信息后，应当及时组织有关单位进行核查和处置；核查处置完成后，有关单位应当及时按要求进行疫情报告并向举报受理部门反馈核查结果。

（七）其他规定

中国动物卫生与流行病学中心应当定期将境外动物疫情的汇总分析结果报农业农村部兽医局。国家兽医参考实验室和专业实验室在监测、病原研究等活动中，发现符合快报情形的，应当及时报至中国动物疫病预防控制中心，并抄送样品来源省份的省级动物疫病预防控制机构；国家兽医参考实验室、专业实验室和有关单位应当做好国内外期刊、相关数据库中有关我国动物疫情信息的收集、分析预警，发现符合快报情形的，应当及时报至中国动物疫病预防控制中心。中国动物疫病预防控制中心接到上述报告后，应当在 1 小时内报至农业农村部兽医局。

二、动物疫情调查与分析

通过对动物疫情流行病学调查与分析，以及临诊观察等动物疫情巡查技术的应用，查明病因线索及危害因素，确定疫情可能扩散范围，预测疫情暴发或流行趋势，提出疫情控制措施和建议，并评价其控制措施效果，以达到控制动物疫病的目的，为畜禽安全、健康、生态饲养提供可靠的防控保障。

（一）流行病学调查种类

根据流行病学调查对象和目的的不同，一般分为个例调查、流行或暴发调查、专题调查。

1. 个例调查

个例调查是指疫病发生以后，对每个疫源地所进行的调查，目的是查出传染源、传播途径和传播因素，以便及时采取措施，防止疫病蔓延。个例调查是流行病学调查与分析的基础。

2. 流行或暴发调查

流行调查是指对某一单位或一定地区在短期内突然发生某种疫病很多病例所进行的调查。流行时，由于病畜禽数量较多、疫情紧急，当地动物防疫监督机构接到疫情报告后，应尽快派人赶赴现场，及时进行调查。

3. 专题调查

在流行病学调查中，有时为了阐明某一个流行病学专题需要进行深入调查，以做出明确的结论。如常见病、多发病和自然疫源性疾病的调查、某病带菌率的调查、血清学调查等，均属于专题调查。流行病学调查的方法近来被广泛应用于一些病因未明的非传染病的病因研究，这类调查具有更为明显的科学研究的性质，因此事先要有严密的科研设计。

（二）流行病学调查方法及步骤

调查前，工作人员必须熟悉所要调查的疫病的临床症状和流行病学特征以及预防措施，明确调查的目的，根据调查目的决定调查方法、拟定调查计划，根据计划要求设计合理的调查表。调查的方法与步骤如下：

1. 询问座谈

询问是流行病学调查的一种最简单而又基本的方法，必要时可组织座谈。调查对象主要是畜主。调查结果按照统一的规定和要求记录在调查表上。询问时要耐心细致，态度亲切，边提问边分析，但不要按主观意图作暗示性提问，力求使调查的结果客观真实。询问时要着重问清：疫病从何处传来，怎样传来，病畜是否有可能传染给了其他健畜。

2. 现场调查

现场调查就是对病畜禽周围环境进行实地调查。了解病畜禽发病当时周围环境的卫生状况，以便分析发病原因和传播方式。查看的内容应根据不同疫病的传播途径特点来确定。如当调查肠道疫病时，应着重查看畜禽舍、水源、饲料等场所的卫生状况，以及防蝇灭蝇措施等；调查呼吸道疫病时，应着重查看畜禽舍的卫生条件及接触的密切程度是否拥挤；调查虫媒疫病时，应着重查看媒介昆虫的种类、密度、滋生场所以及防虫灭虫措施等，并分析这些因素对发病的影响。

3. 实验室检查

调查中为了查明可疑的传染源和传播途径，确定病畜禽周围环境的污染情况及接触畜禽的感染情况等，有条件时可对有关标本作细菌培养、病毒分离及血清学检查等。

4. 收集有关流行病学资料

包括以下几方面的资料：①本地区、本单位历年或近几年本病的逐年、逐月发病率；②疫情报告表、门诊登记以及过去防治经验总结等；③本单位周围的畜禽发病情况、卫生习惯、环境卫生状况等；④当地的地理、气候及野生动物、昆虫等。

5. 确定调查范围

普查。即某地区或某单位发生疫病流行时，对其畜禽群包括病畜禽及健康动物普遍进行调查。如果流行范围不大，普查是较为理想的方法，获得资料比较全面。

抽样调查。即从畜禽群中抽取部分畜禽进行调查。通过对部分畜禽的调查了解某病在全群中的发病情况，以部分估计总体。此法节省人力和时间，运用合适，可以得出较准确的结果。抽样调查的原则是：一要保证样本足够大；二要保证样本的代表性，使每个对象都具有同等被抽到的机会，不带任何主观选择性，这样才能使样本具有充分的代表性。其方法是用随机抽样法。最简单的随机抽样法就是抽签或将全体畜禽群按顺序编号，或抽双数或抽单数，或每隔一定数字抽取一个等方法。若为了了解疫病在各种畜禽群中的发病特点，可用分层抽样，即将全群畜禽按不同的标志，如年龄、性别、使役或放牧等分成不同的组别，再在各组畜禽中进行随机抽样。分层抽样调查所获得的结果比较正确，可以相互比较研究各组发病率差异的原因。

6. 拟定流行病学调查表

流行病学调查表是进行流行病学分析的原始资料，必须有统一的格式及内容。表格的项目应根据调查的目的和疫病种类而定。要有重点，不宜烦琐，但必要的内容不可遗漏。项目的内容要明确具体，不致因调查者理解不同造成记录混乱而无法归类整理。流行病学调查表通常包括以下内容：①一般项目：单位、年龄、性别、使役或放牧、引入时间等；②发病日期、症状、剖检变化、化验、诊断等；③既往病史和预防接种史；④传染源及传播途径；⑤接触者及其他可能受感染者包括人在内；⑥疫源地卫生状况；⑦已采取的防疫措施。

（三）流行病学调查资料整理

首先将调查所获得的资料做全面检查，看是否完整、准确。若有遗漏项目尽可能予以补查。对一些没有价值的或错误的材料予以剔除，以保证分析结果不致出现偏差。然后根据所分析的目的，将资料按不同的性质进行分组，如畜禽群可按年龄、性别、使役或放牧、免疫情况等进行分组，时间可按日、周、旬、月、年进行分组；地区可按农区、牧区、多林山区、半农半牧区或单位分组。分组后，计算各组发病率，并制成统计表或统计图进行对比，综合分析。流行病学分析中常用的几种统计指标如下。

1. 发病率

发病率指在一定时间内新发生的某种动物疫病病例数与同期该种动物总头数之比，常以百分率表示。"动物总头数"是对该种疫病具有易感性的动物种的头数，特指者例外。"平均"是指特定期内如 1 月或 1 周存养均数。

2. 感染率

感染率指在特定时间内，某疫病感染动物的总数在被调查检查动物群样本中所占的比例。感染率能比较深入地反映出流行过程，特别是在发生某些慢性传染病，如猪支原体肺炎、结核病、布鲁氏菌病、鸡白痢、鼻疽等时，进行感染率的统计分析，具有重要的实践意义。

3. 患病率

患病率又称现患率，表示特定时间内，某地动物群体中存在某病新老病例的频率。

4. 死亡率

死亡率指某动物群体在一定时间死亡总数与该群同期动物平均总数之比值，常以百分率表示。

5. 病死率

病死率指一定时间内因某病死亡的动物头数与同期确诊为该病的动物总数之比。

6. 流行率

调查时，流行率指特定地区某病新老感染头数占调查头数的百分率。

（四）流行病学调查资料分析

1. 分析的方法

（1）综合分析。动物疫病的流行过程受社会因素和自然因素多方面的影响，因此其过程的表现复杂多样。有必然现象，也有偶然现象；有真相，也有假象。所以分析时，应以调查的客观资料为依据，进行全面的综合分析，不能单凭个别现象就片面地得出流行病学结论。

（2）对比分析。对比分析是流行病学分析中常用的重要方法。即对比不同单位、不同时间、不同畜禽群等之间发病率的差别，找出差别的原因，从而找出流行的主要因素。

（3）逐个排除。逐个排除类似于临床上的鉴别诊断。即结合流行特征的分析，先提出引起流行的各种可能因素，再对其逐个深入调查与分析，即可得出结论。

2. 分析的内容

（1）流行特征的分析。主要对发病率、发病时间、发病地区分布和发病畜禽群分布等四个方面进行分析。

①发病率的分析。发病率是流行强度的指标。通过对发病率的分析，可以了解流行水平、流行趋势，评价防疫措施的效果和明确防疫工作的重点。如对某畜牧场近几年几种主要传染病的年度发病率的升降曲线进行分析，可以看出在当前几种传染病中，对畜禽群威胁最大的是哪一种，防疫工作的重点应放在哪里。又如分析某传染病历年发病率变动情况，可以看出该传染病发病趋势，是继续上升，还是趋于下降或稳定状态，以此判断历年所采取的防疫措施的效果，有助于总结经验。

②发病时间的分析。通常是将发病时间按小时或日、周、旬或月、季、年度分析时为单位进行分组，排列在横坐标上，将发病数、发病率或百分比排列在纵坐标上，制成流行曲线图，能一目了然地看出流行的起始时间、升降趋势及流行强度，从而推测流行的原因。一般从以下几个方面进行分析：若短时间内突然有大批病畜禽发生，时间都集中在该病的潜伏期范围以内，说明所有病畜禽可能是在同一个时间内，由共同因素所感染。对围绕感染日期进行调查，可以查明流行或暴发的原因。即使共同的传播因素已被消除，但相互接触传播仍可能存在。所以通常有流行的“拖尾”现象，而食物中毒则无，因病例之间不会相互传播。若一个共同因素如饲料或水隔一定时间发生两次污染，则发病曲线可出现两个高峰双峰型，如钩端螺旋体病的流行，即出现两个高峰，这两个高峰与两次降雨时间是一致的，因大雨将含有钩端螺旋体的鼠或猪尿冲刷到雨水中，耕畜到稻田耕地而受到感染。若病畜禽陆续出现，发病时间不集中，流行持续时间较久，超过一个潜伏期，病畜禽之间有较为明显的相互传播关系，则通常不是由共同原因引起的，可能畜禽群在日常接触中传播，其发病曲线多呈不规则型。

③发病地区分布的分析。将病畜禽按地区、单位、畜禽舍等分别进行统计，比较发病率的差别，并绘制点状分布图，可标出病畜发病日期。根据分布的特点集中或分散，分析发病与周围环境的关系。若病畜在图上呈散在性分布，找不到相互联系的关系，说明可能有多种传播因素同时存在；如果病畜禽呈集中分布，局限在一定范围内，说明该地区可能存在一个共同传播。

④发病畜禽群分布的分析。按病畜禽的年龄、性别、役别、匹头数等，分析某病发病率，可以阐明该病的易感动物和主要患病对象，从而可以确定该病的主要防疫对象。同时结合病畜禽发病前的使役情况及饲养管理条件可以判断传播途径和流行因素。如某单位在一次钩端螺旋体病的流行中，发病的畜群均在3周前有下稻田使役的经历，而未下稻田的畜群中，无一动物发病，说明接触稻田疫水可能是传播途径。

（2）流行因素的分析。将可疑的流行因素，如畜禽群的饲养管理、卫生条件、使役情况、气象因素温度、湿度、雨量、媒介昆虫的消长等，与病畜禽的发病曲线结合制成曲线图，进行综合分析，可揭示两者之间的因果关系，找出流行的因素。

（3）防疫效果的分析。防疫措施的效果，主要表现在发病率和流行规律的变化上。一般来说，若措施有效，发病率应在采取措施后，经过一个潜伏期的时间就开始下降，或表现为流行季节性的消失，流行高峰的削平。如果发病率在采取措施前已开始下降，或措施一开始发病立即下降，则不能说明这是措施的效果。在评价防疫效果时，还要分析以下几点：①对传染源的措施，包括诊断的正确性与及时性、病畜禽隔离的早晚、继发病例的多少等；②对传播途径的措施，包括对疫源地消毒、杀虫的时间、方法和效果的评价；③对预防接种效果的分析，可对比接种组与未接种组的发病率，或测定接种前后体内抗体的水平免疫监测。通过对防疫措施效果的分析，总结经验，可以找出薄弱环节，不断改进。

（五）临诊观察的基本程序

利用问、视、触、叩、听、嗅等临床诊断方法，对畜禽进行直接观察和系统检查，根据检查结果和收集到的症状、资料，综合判断其健康状况和疾病的性质。该法是疫病诊断中最基本、最简便易行的方法，也是疫病监测临诊观察的重要方法。

临诊观察的基本程序包括病畜禽登记、问诊及发病情况调查、流行病学调查、临床检查、一般辅助或特殊检查。

对于某些具有特征性症状的典型病例，通过临诊观察一般可以确诊。但应当指出，临诊观察具有一定的局限性，如对发病初期特征性症状尚不明显的病例和非典型病例，则临诊观察难以确诊，只能提出可疑疫病的大致范围，必须配合其他方法进行诊断。在临诊观察时，要收集发病动物群表现的所有症状，进行综合分析判断，不能单凭少数病例的症状轻易下结论，并要注意与类症鉴别。

1. 登记病畜禽基本情况

病畜禽登记的内容包括：畜主的姓名、住址，动物的种类、品种、用途、性别、年龄、毛色等。通过登记，一方面可以了解病畜禽的个体特征，另一方面对疫病的诊断也可提供帮助。因为动物的种类、品种、用途、性别、年龄、毛色不同，对疾病的抵抗力、易感性、耐受性等都有较大差异。

2. 问诊及发病情况调查

询问发病时间。据此可推断是急性或慢性病，是否继发其他病。了解发病的主要表现。如采食、饮水、排粪情况，有无腹痛、腹泻、咳嗽等，现在有何变化，借以弄清楚疾病的发展情况。调查本病是否已经治疗。如果已经治疗，询问用的是什么药，剂量如何，处置方法怎么样，效果如何。借此可弄清是否因用药不当使病情复杂化，同时可对再用药提供参考。

流行病学调查。调查是否属于传染病。调查过去是否患过同样的病，附近畜禽有无同样的病，有无新引进畜禽，发病率和死亡率如何，据此可了解是否属于传染病。调查卫生防疫情况。是否因卫生较差、防疫不当或失败而造成疾病的流行。调查其他情况。了解饲养管理、使役情况，以及繁育方式和配种制度等。

3. 临床检查

临床检查包括以下几方面内容：

一般检查。包括全身状况观察包括精神状态、营养状况、体格发育、姿势和运步等、三项指标测定包括体温测定、呼吸数测定、脉搏数测定等、被毛和皮肤检查包括被毛、羽毛、皮肤等性状的检查、可视黏膜检查主要检查可视黏膜色泽等、体表淋巴结检查主要检查体表淋巴结有无肿大。

系统检查。包括消化系统、呼吸系统、心血管系统、泌尿生殖系统以及神经系统等检查。

一般辅助或特殊检查主要包括实验室检查血液、粪便、尿液的常规化验，肝功能化验等、心电图检查、超声探查、同位素检查、直肠检查、组织器官穿刺液检查等。

第二节　动物尸体剖检及病料采集、包装与送检

通过对发病畜禽或尸体的病理剖检，监测其病理变化，为疫病的临床诊断提供技术支撑，同时，通过对发病畜禽或尸体的病料采集及运送，为疫病的实验室诊断提供可靠的材料保障。

一、畜禽尸体剖检

（一）尸体剖检的准备

1. 剖检的时间

尸体剖检除特殊情况下，最好在白天进行，以正确地反映脏器固有的颜色；剖检尸体越早越好。

2. 剖检场地的选择

剖检场地应坚实、平整、不渗透，便于清洗、消毒，防止病原扩散。最好在有一定设备条件的室内进行剖检。如在野外剖检，要选择比较偏僻的，远离居民点、动物饲养场、水源、畜禽群、草地、交通要道的干燥地方，挖一个深坑，深度视尸体大小而定，坑边铺上干草或塑料布等垫物，把尸体放在上面剖检。剖检完后，将尸体连同垫物推入坑中掩埋或焚烧。

3. 剖检器械

剖检常用器械有剥皮刀、解剖刀、外科刀、镊子、斧子、锯子等。

4. 消毒液

剖检常用消毒液有 0.1% 新洁尔灭溶液或 3% 来苏儿溶液、4% 氢氧化钠溶液、2% 碘酊、75% 酒精等。

5. 尸体的运送

搬运尸体时，应防止其排泄物、分泌物泄漏地面，要用不透水的密闭容器运送。

对传染病尸体应用浸有消毒液的棉花或纱布等将尸体天然孔及穿透创面进行堵塞或包扎，并用消毒药液喷洒尸体体表。使用后的运送工具要严密消毒或掩埋。

6. 剖检人员的防护

准备剖检人员应准备好工作服、橡皮手套、胶靴、口罩、护目镜等；在手臂上涂上凡士林油以保护皮肤，防止感染；剖检中如术者手或其他部位不慎损伤时，应立即消毒或包扎；如有血液或渗出物溅入眼或口内，应用 2% 硼酸水冲洗。

（二）畜禽尸体剖检术式

首先，进行外部检查，检查和记录尸体来源、病史、症状、治疗经过，检查尸体体表特征，可视黏膜有无出血、充血、瘀血、溃疡、外伤等，尸体姿势、尸冷、尸僵、尸斑、尸腐，腹部有无臌气，天然孔有无异物，分泌物和排泄物的性质等。对怀疑死于炭疽的病尸，禁止解剖。其次，进行内部检查，通常包括剥皮、皮下检查、体腔剖开、内脏器官摘出及器官检查四个步骤。

1. 猪的剖检术式

猪的剖检一般不剥皮，通常采取背卧仰卧式。

（1）打开腹腔

①第一刀自剑状软骨后方沿腹壁正中线向后直切至耻骨联合的前缘。

②第二、三刀分别从剑状软骨沿左右肋软骨弓后缘至腰椎横突，作弧形切线，两线均切透，至此，腹腔即打开。

（2）摘除腹腔脏器

①首先检查腹腔脏器位置、腹水量、颜色等。

②接着在横膈膜处双重结扎并切断食管、血管。

③在骨盆腔处双重结扎并切断直肠。

④将整个腹腔脏器一并取出，边取边切断脊椎下的肠系膜韧带。

⑤分离并做双重结扎，分别取下胃、十二指肠、回肠、空肠、盲肠和结肠、肝脏等，

⑥于腰部脊柱下取出肾脏。

⑦观察骨盆腔脏器的位置及有无异常变化。

⑧锯开耻骨和坐骨，一并取出骨盆腔脏器、肛门和公畜阴茎。

（3）打开胸腔及摘出胸腔脏器

①先切除胸廓两侧的肌肉，用刀或剪沿左右两侧肋软骨和肋骨结合处切断或剪断，切断胸肌和胸膜。

②切断肋骨与胸椎的连接，打开胸腔。

③切开下颌皮肤和皮下脂肪，向后剥离颌下及颈下部肌肉组织，暴露出支气管、食管。

④切断胸腔内的韧带，并切断舌骨，将舌、咽、喉、气管等连同心、肺一起取出。

（4）内脏器官的检查。

①由表及里用眼观、手触及刀割等方法，有系统地、重点进行检查。

②观察各脏器及附近的淋巴结的大小、形状、色泽、硬度。

③分段全面观察胃、肠、膀胱有无病理变化。

④寄生虫检查材料应在检查脏器时收集。

2. 鸡的尸体剖检术式

一般登记和体表检查与猪基本相同。

先将羽毛用水或消毒水浸湿，以免绒毛及尘土扬起。未死的病鸡可采用心脏注射空气的方法致死，尸体取背卧位，将两侧大腿与腹壁相连处的皮肤与疏松结缔组织切开，用力按压两大腿，使之脱臼，使背卧位更平稳，便于操作。

打开胸、腹腔。横切胸骨末端后方皮肤，与两侧大腿的竖切口连接，剥离皮肤，充分暴露整个胸腹的皮下组织和肌肉，剪断肋骨和乌喙骨，把胸骨向前外翻，露出胸、腹腔。观察脏器位置、胸水和腹水的状况等。

切断食管，将腺胃、肌胃、肝、脾、肠管及肛门一同取出从口腔下剪，剪开一侧喙角及颈部皮肤肌肉，打开口腔，切断舌骨，将舌、喉、食管、嗉囊、气管等从颈部剥离下来。

用刀柄进行钝性分离，把肾、肺、心脏取出，将卵巢和输卵管或睾丸一起取出。用骨剪剪开鼻腔，检查鼻腔及其内容物。剪开头部皮肤，打开头骨，检查脑部。脏器检查的一般方法与其他动物脏器的检查基本相同。

3. 牛的尸体剖检术式

牛的躯体重而大，有大容量的瘤胃，故剖检牛尸体时，应取左侧卧位。

剥皮。由下颌角开始沿腹正中线纵切开皮肤，直至脐部，分成两切线绕开生殖器或乳房，再吻合于尾根下。沿四肢内侧中线切开四肢皮肤，至膝跗关节下作环形切线，沿上述各线剥下全身皮肤，边剥边观察皮下组织的变化。

截肢。沿肩胛骨环形切线，切断所有的肌肉、血管和神经，最后将前肢向背侧牵引，即可取下前肢。沿股骨大转子环形切割其肌肉和韧带，当大转子周围的肌肉被大部切除后，将后肢向背侧牵引，切脱关节即可取下后肢。

胸、腹、骨盆腔脏器的摘出。牛胸、腹、骨盆腔打开的切线、脏器摘出和观察与猪的基本相同，在脏器摘出时，先由胃开始，找到十二指肠进行双重结扎，在其中间切断，将整个胃取出。然后再以双重结扎，分离取出全部肠管及其他脏器。

二、畜禽脏器的常见病理变化

（一）出血

破裂性出血时，如流出的血液蓄积于组织间隙或器官的被膜下，形成肿块并压挤周围组织，称为血肿；如血液流入体腔，则称为腔出血或腔积血，如胸腔积血、心包积血等。渗出性出血时，常因发生的原因和部位不同而有所差异。常见有以下几种形态：

1. 点状出血

多呈粟粒大至高粱米大，弥漫性散布，见于浆膜、黏膜及肝、肾等器官的表面。如马传染性贫血病马舌下点状出血、鸡新城疫病鸡腺胃出血等。

2. 斑状出血

形成绿豆大、黄豆大或更大的密集血斑。如鸭病毒性肝炎肝脏出血。

3. 出血性浸润

血液弥漫浸透于组织间隙，出血局部呈整片暗红色，在肾脏、膀胱发生渗出性出血时，有时见到血尿。当机体有全身性渗出性出血倾向时，称为出血性素质。如最急性型猪肺疫咽喉部出血性浆液性浸润。

（二）梗死

1. 贫血性梗死

主要是动脉阻塞的结果，常发生于脾、肾、心、脑等处。由于梗死区缺血，加上梗死区的细胞蛋白凝固等，故梗死区呈苍白色。由于肾、脾的血管呈树枝状分布，因而梗死灶位于脏器的边缘时，切面上多呈三角形或楔形，尖端指向被阻塞的血管，梗死灶与周围分界清楚，常有充血、出血带包围。

2. 出血性梗死

常见于脾、肺、肠，梗死灶因有出血而呈暗红色。肠系膜血管有丰富的吻合支，肺内动脉不仅吻合支多且有支气管动脉的双重支配，因而个别动脉阻塞并不引起梗死。只有在动脉阻塞的同时，又伴有严重的静脉瘀血时，由于局部静脉压升高可阻止动脉吻合支的血流，并妨碍侧支循环的建立，从而发生梗死，进而淤积在静脉和毛细血管内的血液亦随血液的自溶而泛滥于梗死区内，形成出血性梗死。如猪瘟脾脏的出血性梗死。

（三）坏死

局部组织或细胞的死亡称为坏死，是一种不可恢复的病理过程。如禽霍乱的肝脏有灰白色坏死灶，但并不是所有的坏死都是病理现象，有的是生理现象，如表皮的死亡脱落，白细胞的不断破坏等。

（四）结石

凡在排泄或分泌器官的管腔或囊腔内，有机成分或无机盐类由溶解状态变为固体物质的过程称为结石形成，所形成的固体物称为结石。结石多见于胃、肠、胰腺排泄管、胆囊、胆管、肾盂、膀胱和尿道中。如鸡传染性法氏囊病，鸡肾型传染性支气管炎的肾结石、牛胆结石、马肠结石等。

（五）黄疸

由于胆红素形成过多或排泄障碍导致大量胆红素蓄积在体内，使皮肤，黏膜、浆膜及实质器官等染成黄色，称为黄疸。如梨形虫病、钩端螺旋体病、马传染性贫血、附红细胞体病、胆道蛔虫等均可引起皮肤、黏膜、浆膜等黄染。

（六）水肿

1. 体积增大

水肿器官组织是由于组织内滞留大量水肿液，致使体积增大。结构致密的组织体积肿胀多不明显。

2. 紧张度的改变

发生水肿的组织，紧张度增加，弹性减少，因而指压留有压痕，而且压痕消失很慢，这种表现以皮肤浮肿时最为明显。

3. 颜色的改变

发生水肿的组织，由于组织内积聚大量的无色液体，并压迫血管，故组织多贫血而呈苍白色。

4. 切面的改变

切开水肿组织时，切面高度湿润，往往有透明感，有透明无色或淡黄色液体自切口流出，用手挤压流出的液体增多，组织疏松，间质增宽。

三、病料样品的种类

病料样品指取自动物或环境、拟通过检验反映动物个体、群体或环境有关状况的材料或物品。病料样品的种类繁多，主要包括血液样品、脏器样品、分泌物及排泄物样品等。

1. 血液样品

血液样品分两类，一类是添加抗凝剂，制备的血液样品为全血；另一类是不添加抗凝剂，制备的血液样品为血清。

2. 脏器样品

脏器样品包括心、肝、脾、肺、肾、淋巴结、扁桃体、皮肤、肠管、脑、脊髓等。

3. 分泌物及排泄物样品

这类样品包括泄殖腔拭子、咽喉拭子、鼻腔拭子、胆汁、唾液、乳汁、粪便、水疱液、眼分泌物、尿液、胸水、腹水、心包液和关节囊液等。

4. 其他样品

包括骨骼、胎儿、生殖道样品胎儿、胎盘、阴道分泌物、阴道冲洗液、阴茎包皮冲洗液、精液、受精卵、胃肠内容物等。

四、采样前的准备

采样指按照规定的程序和要求，从动物或环境取得一定量的样本并经过适当的处理，留作待检样品的过程。做好采样前的各项准备工作是采样成功的基础。

1. 采样人员

采样人员应熟悉动物防疫的有关法律规定，具备一定的专业技术知识，熟练掌握采样工作程序和采样操作技术。采样前，应做好个人安全防护准备，戴手套、口罩、穿一次性防护服、鞋套等，必要时戴护目镜或口罩。

2. 采样工具和器械

应根据所采集样品种类和数量的需要，选择不同的采样工具、器械及容器等，并进行适量包装。采样工具和盛样器具应洁净、干燥，且应做灭菌处理，刀、剪、镊子、穿刺针等用具应经高压蒸气 103.43 kPa 或煮沸灭菌 30 分钟或经 160℃干烤 2 小时灭菌；或置于 1% ～ 2% 碳酸氢钠水溶液中煮沸 10 ～ 15 分钟后，再用灭菌纱布擦干，无菌保存备用。注射器和针头应放于清洁水中煮沸 30 分钟，无菌保存备用；也可使用一次性针头和注射器。

3. 保存液

应根据所采集样品的种类和要求，准备不同类型并分装成适量的保存液，如 PBS 缓冲液、30% 甘油磷酸盐缓冲液、灭菌肉汤 pH7.2 ～ 7.4 和运输培养基等。

4. 记录用品

记录用品有不干胶标签、签字笔、圆珠笔、记号笔、采样单、记录本等。

五、采样应遵循的一般原则

1. 先排除后采样

凡发现急性死亡的动物，怀疑患有炭疽时，不得解剖，应先用针刺破畜鼻腔或尾根部静脉抽取血液，进行血液抹片镜检，在确定不是炭疽后，方可解剖采样。

2. 合理选择采样方法

应根据采样的目的、内容和要求合理选择样品采集的种类、数量、部位与抽样方法。样品数量应满足流行病学调查和生物统计学的要求。诊断或被动监测时，应选择症状典型或病变明显或有患病征兆的畜禽、疑似污染物；在无法确定病因时，采样种类应尽量全面。主动监测时，应根据畜禽日龄、季节、周边疫情情况估计其流行率，确定抽样单元。在抽样单元内，应遵循随机采样原则。

3. 采样时限采集病死动物的病料

应于动物死亡后 2 小时内采集。无法完成时，夏天不得超过 6 小时，冬天不得超过24小时。

4. 无菌操作采样过程应注意无菌操作

刀、剪、镊子、器皿、注射器，针头等采样用具应事先严格灭菌，每种样品应单独采集。

5. 尽量减少应激和损害活体

动物采样时，应避免过度刺激或损害动物，也应避免对采样者造成危害。

6. 生物安全防护

采样人员应加强个人防护，严格遵守生物安全操作的相关规定，严防人兽共患病感染；同时，应做好环境消毒以及动物或组织的无害化处理，避免污染环境，防止疫病传播。

六、血液样品的采集

（一）采血方法

1. 耳静脉采血

适合猪、兔等动物，同时样品要求量比较小的检验项目。

操作步骤：

①将猪、兔站立或横卧保定，或用保定器具保定。

②耳静脉局部按常规消毒处理。

③一人用手指捏压耳根部静脉血管处，使静脉充盈、怒张或用酒精棉反复局部涂擦以引起其充血。

④术者用左手把持耳朵，将其托平并使采血部位稍高。

⑤右手持连接针头的采血器，沿静脉管使针头与皮肤呈15°角，由远心端向近心端刺入血管，见有血液回流后放松按压，缓慢抽取血液或接入真空采血管。

2. 颈静脉采血

适合马、牛、羊等大家畜。能满足常见的检测项目的要求。

（1）操作步骤

①保定好动物，使其头部稍前伸并稍偏向对侧。

②对颈静脉局部进行剪毛、消毒。

③看清颈静脉后，术者用左手拇指在采血部位稍下方近心端压迫静脉血管，使之充盈、怒张。

④右手持采血针头，沿颈静脉沟与皮肤呈45° 角，由下向上方迅速刺入血管，如见回血，即证明已刺入；使针头后端靠近皮肤，以减小其间的角度，近似平行地将针头再深入血管内1～2 cm。

⑤撤开压迫脉管的左手，让血液流入采血容器。采完后，以酒精棉球压迫局部并拔出针头，再以5%碘酊进行局部消毒。

（2）注意事项

①采血完毕，立即用酒精棉球压迫采血部位止血。酒精棉球压迫前要挤净酒精，防止酒精刺激引起流血过多。

②牛、水牛的皮肤较厚，颈静脉采血刺入时应用力并瞬时刺入，见有血液流出后，将针头送入采血管中，即可流出血液。

（3）牛尾静脉采血　将牛尾上提，在离尾根 10 cm 左右中点凹陷处，将采血器针头垂直刺入约 1 cm，见有血液回流时，即把针芯向外拉使血液流入采血器或接入真空采血管。

（4）前腔静脉采血。多用于猪只的采血，适合于大量采血用。

操作步骤：

①仰卧保定，把前肢向后方拉直。

②选取胸骨端与耳基部的连线上胸骨端旁 2 cm 的凹陷处，消毒。

③用装有 20 号针头的注射器刺入消毒部位，针刺方向为向后内方与地面呈 60° 角刺入 2 ～ 3 cm，当进入约 2 cm 时可一边刺入一边回抽针管内芯；刺入血管时即可见血液进入管内，采血完毕，局部消毒。大猪一般采用前肢立式保定，拴系猪的头颈，保定人向上提拉保定绳，使猪头颈上扬与水平面呈 30° 以上角度，偏向一侧，充分暴露前腔静脉区，选择颈部最低凹处，使针头偏向气管约 15° 方向进针，见有血液回流时，即把针芯向外拉使血液流入采血器或接入真空采血管。

5. 心脏采血

适合禽类、家兔等个体比较小的动物的采血。

（1）家兔心脏采血操作步骤。

①确定心脏的生理部位。家兔的心脏部位约在胸前由下向上数第三与第四肋骨间。

②选择用手触摸心脏搏动最强的部位，去毛消毒。

③将稍微后拉栓塞的注射器针头由剑状软骨左侧呈 30° ～ 45° 刺入心脏，当家兔略有颤动时，表明针头已穿入心脏，然后轻轻地抽取，如有回血，表明已插入心腔内，即可抽血；如无回血，可将针头退回一些，重新插入心腔内，若有回血，则顺心脏压力缓慢抽取所需血量。

（2）禽类心脏采血操作步骤。

雏鸡和成年禽类的心脏采血步骤略有差异。

①雏鸡心脏采血。左手抓鸡，右手手持采血针，平行颈椎从胸腔前口插入，回抽见有回血时，即把针芯向外拉使血液流入采血器。

②成年禽类心脏采血。成年禽类采血可取侧卧或仰卧保定。采用侧卧保定采血时，助手抓住禽两翅及两腿，右侧卧保定，在触及心脏搏动明显处，或胸骨脊前端至背部下凹处连线的 1/2 处消毒，垂直或稍向前方刺入 2 ～ 3 cm，回抽见有回血时，即把针芯向外拉，使血液流入采血器。仰卧保定采血。胸骨朝上，用手指压离嗉囊，露出胸

前口，用装有长针头的注射器，将针头沿其锁骨俯角刺入，顺着体中线方向水平穿行，直到刺入心脏。

（3）注意事项。

①确定心脏部位，切忌将针头刺入肺脏；

②顺着心脏的跳动频率抽取血液，切忌抽血过快。

6. 翅静脉采血

适合禽类等有翅膀的动物，多用于家禽、水禽、鹌鹑等的采血。采血量少时多采用该法。注意采血完毕及时压迫采血处止血，避免形成血块。

操作步骤：

①侧卧保定禽只，展开翅膀，露出腋窝部，拔掉羽毛，在翅下静脉处消毒；

②拇指压迫近心端，待血管怒张后，用装有细针头的注射器，由翼根向翅方向平行刺入静脉，放松对近心端的按压，缓慢抽取血液。或者，从无血管处向翅静脉丛刺入，见有血液回流，即把针芯向外拉使血液流入采血针。

（二）血样的处理

1. 全血样品样

容器中应加 0.1% 肝素钠、阿氏液 1 份血液加 2 份阿氏液、3.8% ～ 4% 枸橼酸钠 1 mL 血液添加 0.1 mL 或乙二胺四乙酸 EDTA, PCR 检测血样的首选抗凝剂等抗凝剂，采血后充分混合。

2. 脱纤血样品

应将血液置入装有玻璃珠的容器内，反复震荡，注意防止红细胞破裂。待纤维蛋白凝固后，即可制成脱纤血样品，封存后以冷藏状态立即送至实验室。

3. 血清样品

应将血样室温下倾斜 30° 静置 2 ～ 4 小时，待血液凝固有血清析出时，无菌剥离血凝块，然后置 4℃冰箱过夜，待大部分血清析出后即可取出血清，必要时可低速离心 1000 r/min 下离心 10 ～ 15 分钟分离出血清，在不影响检测要求原则下，可以根据需要加入适宜的防腐剂，做病毒中和试验的血清和抗体检测的血清均应避免使用化学防腐剂如叠氮化钠、硼酸、硫柳汞等，若需长时间保存，应将血清置 -20℃以下保存，且应避免反复冻融。

采集双份血清用于比较抗体效价变化的，第一份血清采于疫病初期并做冷冻保存，第二份血清采于第一份血清后 3 ～ 4 周，双份血清同时送至实验室。

4. 血浆样品

应在样品容器内加入抗凝剂，采血后充分混合，然后静置，待红细胞自然下沉或离心沉淀后，取上层液体即为血浆。

七、畜禽活体样品的采集

1. 猪扁桃体样品

固定猪只，用开口器开口，可以看到突起的扁桃体，把采样枪枪头钩在扁桃体上，扣动扳机取出扁桃体置于灭菌离心管中，冷藏送检。

2. 猪鼻腔拭子和家禽咽喉拭子样品

取无菌棉签，插入猪鼻腔 2 ～ 3 cm 或家禽口腔至咽的后部直达喉气管，轻轻擦拭并慢慢旋转 2 ～ 3 圈，蘸取鼻腔分泌物或气管分泌物取出后，立即将拭子浸入保存液或半固体培养基中，密封低温保存。常用的保存液有 pH7.2 ～ 7.4 的灭菌肉汤或 30% 甘油磷酸盐缓冲液或 PBS 缓冲液。如准备将待检标本接种组织培养，则保存于含 0.5% 乳蛋白水解物的 Hank's 液中，一般每支拭子需保存 5 mL。

3. 牛、羊食管 – 咽部分泌物 O–P 液采集

①被检动物在采样前禁食，可饮水 12 小时，以免反刍胃内容物严重污染 O–P 液。采样特制探杯在使用前放入装有 0.2% 柠檬酸或 2% 氢氧化钠溶液的塑料桶中浸泡 5 分钟，再用自来水冲洗。每采完一头动物，探杯都要进行反复消毒和清洗。

②观察被检动物的吞咽动作。将消毒过的采样探杯用与动物体温一致的清水冲洗。

③采样时动物站立保定，操作者左手打开动物口腔，右手握探杯，随吞咽动作将探杯送入食管上部 10 ～ 15 cm 处，轻轻来回抽动 2 ～ 3 次，然后将探杯拉出。如采集的 O–P 液被反刍内容物严重污染，要用生理盐水或自来水冲洗口腔后重新采样。在采样现场将采集到的 8 ～ 10 mL O–P 液，倒入盛有 8 ～ 10 mL 细胞培养维持液或 0.04 mol/L PBS pH7.4 的灭菌容器中，充分混匀后置于装有冰袋的冷藏箱内，送往实验室或转往 60℃冰箱保存。

4. 胃液及瘤胃内容物样品采集

①胃液样品。胃液可用多孔的胃管抽取。将胃管送入胃内，其外露端接在吸引器的负压瓶上，加负压后，胃液即可自动流出。

②瘤胃内容物样品。反刍动物在反刍时，当食团从食管进入口腔时，立即开口拉住舌头，另一只手深入口腔即可取出少量的瘤胃内容物。

5. 粪便和肛拭子样品

①粪便样品。应选新鲜粪便至少 10 g，做寄生虫检查的粪便应装入容器，在 24 小时内送达实验室。如运输时间超过 24 小时则应进行冷冻，以防寄生虫卵孵化。运送粪便样品可用带螺帽容器或灭菌塑料袋，不得使用带皮塞的试管。

②肛拭子样品。采集肛拭子样品时，取无菌棉拭子插入畜禽肛门或泄殖腔中，旋转 2 ～ 3 圈，刮取直肠黏液或粪便，放入装有 30% 甘油磷酸盐缓冲液或半固体培养基中送检，粪便样品通常在 4℃下保存和运输。

6. 皮肤组织及其附属物样品

对于产生水疱病变或其他皮肤病变的疾病，应直接从病变部位采集病变皮肤的碎屑，未破裂水疱的水疱液、水疱皮等作为样品。

①皮肤组织样品。无菌采取 2 g 感染的上皮组织或水疱皮置于 5 mL 30% 甘油磷酸盐缓冲液中送检。

②毛发或绒毛样品。拔取毛发或绒毛样品，可用于检查体表的螨虫、跳蚤和真菌感染。用解剖刀片边缘刮取的表层皮屑用于检查皮肤真菌，深层皮屑刮至轻微出血可用于检查疥螨。对于禽类，当怀疑为马立克氏病时，可采集羽毛根进行病毒抗原检测。

③水疱液样品。水疱液应取自尚未破裂的水疱。可用灭菌注射器或其他器具吸取水疱液，置于灭菌容器中送检。

7. 生殖道分泌物和精液样品

①生殖道冲洗样品。采集阴道或包皮冲洗液，将消毒好的特制吸管插入子宫颈口或阴道内，向内注射少量营养液或生理盐水，用吸球反复抽吸几次后吸出液体，注入培养液中。用软胶管插入公畜的包皮内，向内注射少量的营养液或生理盐水并多次揉搓，使液体充分冲洗包皮内壁，收集冲洗液注入无菌容器中。

②生殖道拭子样品。采用合适的拭子采取阴道或包皮内分泌物，有时也可采集宫颈或尿道拭子。

③精液样品。精液样品最好用假阴道挤压阴茎或人工刺激的方法采集。精液样品精子含量要多，不要加入防腐剂，且应避免抗菌冲洗液污染。

8. 脑脊液样品

从颈椎穿刺时，穿刺部位为寰枢孔，动物实施站立保定或横卧保定，使其头部向前下方屈曲，术部经剪毛消毒，穿刺针与皮肤面呈垂直缓缓刺入。将针体刺入蛛网膜下腔，立即拔出针芯，脑脊液自动流出或点滴状流出，盛入消毒容器内。大型动物颈部穿刺一次采集量为 35 ～ 70 mL；从腰椎穿刺时，穿刺部位为腰荐孔，动物实施站立保定，术部剪毛消毒后，用专用的穿刺针刺入，当刺入蛛网膜下腔时，即有脊髓液滴状流出或用消毒注射器抽取，盛入消毒容器内，大型动物腰椎穿刺一次采集量为 15 ～ 30 mL。

9. 乳汁样品

乳房应先用消毒药水洗净，并把乳房附近的毛刷湿，将最初所挤 3 ～ 4 把乳汁弃去，然后再采集 10 mL 左右乳汁于灭菌试管中。进行血清学检验的乳汁不应冻结、加热或强烈震动。

10. 尿液样品

在动物排尿时，用洁净的容器直接接取；也可使用塑料袋，固定在雌畜外阴部或雄畜的阴茎下接取尿液。采取尿液，宜早晨进行。

11. 鼻液唾液样品可用棉花或棉纱拭子采取

采样前，最好用运输培养基浸泡拭子。拭子先与分泌物接触 1 分钟，然后置入该运输培养基，在 4℃条件下立即送往实验室。应用长柄、防护式鼻咽拭子采集某些疑似病毒感染的样品。

八、病死屠宰畜禽样品及环境和饲料样品的采集

采取病料时，应根据生前发病情况或对疾病的初步诊断印象，有选择地采取相应病变最严重的脏器或最典型的病变内容物。如分不清病的性质或种类时，可全面采取病料。

1. 一般组织样品

应使用常规解剖器械剥离动物的皮肤，体腔应用消毒器械剥开，所需病料应按无菌操作方法从新鲜尸体中采集，剖开腹腔时，注意不要损坏肠道。

（1）病原分离样品。所采组织样品应新鲜，应尽可能地减少污染，且应避免其接触消毒剂及抗菌、抗病毒等药物。应用无菌器械采取做病原分离用组织块，每个组织块应单独置于无菌容器内或接种于适宜的培养基上，且应注明动物和组织名称以及采样日期等。

（2）组织病理学检查样品。处死或病死动物应立刻采样，以保证样品新鲜。应选典型、明显的病变部位，采集包括病灶及邻近正常组织的组织块，立即放入不低于 10 倍于组织块体积的 10% 中性缓冲福尔马林溶液中固定，固定时间一般为 16 ～ 24 小时。切取的组织块大小一般厚度不超过 0.5 cm，长宽不超过 1.5 cm × 1.5 cm，固定 3 ～ 4 小时后进行修块，修切为厚度为 0.2 cm、长宽为 1 cm × 1 cm 大小，检查狂犬病则需要较大的组织块后，更换新的固定液继续固定。组织块切忌挤压、刮摸和用水洗。如做冷冻切片用，则应将组织块放在 0 ～ 4℃容器中，送往实验室检验。福尔马林固定组织不能冷冻，固定后可以弃去固定液，应保持组织湿润，送往实验室。

2. 肠道组织、肠内容物样品

（1）肠道组织样品。应选择病变最明显的肠道部分，弃去内容物并用灭菌生理盐水冲洗，无菌截取肠道组织，置于灭菌容器或塑料袋送检。

（2）肠内容物样品。取肠内容物时，应烧烙肠壁表面，用吸管扎穿肠壁，从肠腔内吸取内容物放入盛有灭菌的 30% 甘油磷酸盐缓冲液或半固体培养基容器中送检，或将带有粪便的肠管两端结扎，从两端结扎处外侧剪断送检。

3. 脑组织样品

应将采集的脑组织样品浸入 30% 甘油磷酸盐缓冲液中或将整个头部割下，置于适宜容器内送检。

牛羊脑组织样品。从延脑腹侧将采样勺插入枕骨大孔中 5 ～ 7 cm，采羊脑时插入深度约为 4 cm，采样勺手柄向上扳，同时往外取出延脑组织。

犬脑组织样品。取内径 0.5 cm 的塑料吸管，沿枕骨大孔向一只眼的方向插入，边插边轻轻旋转至不能深入为止，捏紧吸管后端并拔出，将含脑组织部分的吸管用剪刀剪下。

4. 眼部组织和分泌物样品

眼结膜表面用拭子轻轻擦拭后，置于灭菌的 30% 甘油磷酸盐缓冲液病毒检测或加双抗或运输培养基中送检。

5. 胚胎和胎儿样品

选取无腐败的胚胎、胎儿或胎儿的实质器官，装入适宜容器内立即送检，如果在 24 小时内不能将样品送达实验室，应冷冻运送。

6. 小家畜及家禽样品

将整个尸体包入不透水塑料薄膜、油纸或油布中，装入结实、不透水和防泄漏的容器内，送往实验室。

7. 液体病料样品

采集胆汁、脓、黏液或关节液等样品时，应采用烫烙法消毒采样部位，用灭菌吸管、毛细吸管或注射器经烫烙部位插入，吸取内部液体病料，然后将病料注入灭菌的试管中，塞好棉塞送检，也可将接种环经消毒的部位插入，蘸取病料直接接种在培养基上。

供显微镜检查的脓、血液及黏液抹片的制备方法：先将材料置玻片上，再用灭菌玻棒均匀涂抹或另用一玻片推抹。用组织块做触片时，持小镊子将组织块的游离面在玻片上轻轻涂抹即可。

8. 环境和饲料样品环境样品

通常采集垃圾、垫草或排泄的粪便或尿液。可用拭子在通风道、饲料槽和下水处采样。这种采样在有特殊设备的孵化场、人工授精中心和屠宰场尤其重要。样品也可在食槽或大容器的动物饲料中采集。水样样品可从饲槽、饮水器、水箱或天然及人工供应水源中采集。

九、采样与剖检的无害化处理

活畜禽、病死畜禽组织样品采集或尸体剖检前后，应做好样品外包装和环境消毒，病死畜禽及其产品、无法达到检测要求的样品做无害化处理。

一般选择在密闭的实验室中进行，如果在野外，剖检与采样前先挖好大而深的坑，一般填入尸体后深度仍不低于 1.5 m。剖检与采样在坑边进行，检查或采样完的内脏器官随手丢弃坑内，剖检与采样后将尸体和尸垫一起投入坑内，在尸体上撒生石灰或其他消毒药，铲净污染的表层土壤投入坑内，埋好后，对地表进行消毒。

剖检与采样中所用衣物和器材最好直接放入煮锅或手提高压锅内，经灭菌后，方可清洗和处理；解剖器械也可直接放入消毒液内浸泡消毒后，再清洗处理。橡胶手套消毒后，用清水洗净，擦干，撒上滑石粉。金属器械消毒清洁后擦干，涂抹凡士林，以免生锈。剖检与采样搬运尸体前，须用浸有消毒液的脱脂棉或破布堵塞尸体天然孔，以防液体流出污染环境。对搬运尸体用过的车辆、用具及死畜禽生前接触过的环境进行全面、彻底的消毒。

剖检与采样场地要进行彻底消毒，以防污染周围环境。如遇特殊情况如高致病性禽流感，检验工作在现场进行，当撤离检验工作点时，要做终末消毒，以保证继用者的安全。

十、病料样品的记录与包装

（一）采样单及标签等的填写

采样时，应清晰标识每份样品，同时在采样记录表上清晰记录采样的相关信息。采样记录应包括以下内容；疫病发生的地点如可能记录所处的经度和纬度、畜禽场的地址和畜主的姓名、地址、电话及传真；采样者的姓名、通信地址、邮编、E-mail 地址、电话及传真；畜禽场里饲养的动物品种及其数量；疑似病种及检测要求；采样动物畜种、品种、年龄和性别及标识号；首发病例及继发病例的日期及造成的损失；感染动物在畜群中的分布情况；农场的存栏数、死亡动物数、出现临床症状的动物数量及其日龄；临床症状及其持续时间，包括口腔、眼睛和腿部情况，产奶或产蛋的记录，死亡时间等；受检动物清单、说明及尸检发现；饲养类型和标准，包括饲料种类；送检样品清单和说明，包括病料的种类、保存方法等；记录动物的免疫和用药情况；采样及送检日期。

采样单应用钢笔或签字笔逐项填写一式三份，样品标签和封条应用圆珠笔填写，保温容器外封条应用钢笔或签字笔填写，小塑料离心管上可用记号笔做标记。应将采样单和病史资料装在塑料包装袋中，随样品一起送到实验室。

（二）包装要求

每个组织样品应仔细分别包装。在样品袋或平皿外贴上标签，标签注明样品名、样品编号和采样日期等，再将各个样品放到塑料包装袋中。拭子样品的小塑料离心管应放在规定离心管塑料盒内。血清样品装于小瓶时应用铝盒盛放，盒内加填塞物避免小瓶晃动。若装于小塑料离心管中，则应置于离心管塑料盒内。包装袋外、塑料盒及铝盒应贴封条，封条上应有采样人的签章，并应注明贴封日期，标注放置方向。对于重大动物疫病如新城疫、口蹄疫、高致病性禽流感、猪瘟和高致病性猪蓝耳病，样品包装应符合我国《高致病性动物病原微生物菌毒种或者样本运输包装规范》的要求。

十一、病料样品的保存与运送

1. 样品保存

采集的样品在无法于 24 小时内送检的情况下，应根据不同的检验要求，将样品按所需温度分类保存于冰箱、冰柜中。血清应放于 –20℃保存，全血应放于 4℃冰箱中保存。供细菌检验的样品应于4℃保存，或用灭菌后浓度为30%～50%的甘油生理盐水4℃保存。供病毒检验的样品应在0℃以下低温保存，也可用浓度为30%～50%的灭菌甘油生理盐水0℃以下低温保存，长时间-20℃冻存不利于病毒分离。

2. 样品运输

所采集的样品以最快最直接的途径送往实验室。如果样品能在采集后24小时内送抵实验室，则可放在4℃左右的容器中冷藏运送。对于不能在24小时内送往实验室但不影响检验结果的样品，应以冷冻状态运送，冷链运输用冷藏采样箱要避免样品泄漏。制成的涂片、触片、玻片上应注明编号。玻片应放入专门的病理切片盒中，在保证不被压碎的条件下运送。所有运输包装均应贴上详细标签，并做好记录。运送高致病性病原微生物样品，应按照我国《病原微生物实验室生物安全管理条例》的规定执行。

十二、常用组织样品保存剂的配制

1.30% 甘油生理盐水配制

30份纯净甘油一级或二级、70份生理盐水，混合后，经高压蒸气灭菌备用。

2.50% 甘油生理盐水配制

50份纯净甘油、50份生理盐水，混合后，经高压蒸气灭菌备用。

3.50% 甘油磷酸盐缓冲液配制

纯净甘油50份、磷酸盐缓冲液50份，混合后，经高压蒸气灭菌备用。

4.30% 甘油缓冲溶液配制

纯净甘油30 mL、氯化钠0.5 g、磷酸氢二钠1 g、0.02% 酚红1.5 mL、中性蒸馏水100 mL，混合后，高压蒸气灭菌备用。

5.pH7.4 的等渗磷酸盐缓冲液

取氯化钠8 g、磷酸二氢钾0.2 g、磷酸氢二钠2.9 g、氯化钾0.2 g，按次序加入容器中，加适量蒸馏水溶解后，再定容至1000 mL，调pH至7.4，高压蒸气灭菌20分钟，冷却后，保存于4℃冰箱中备用。

6. 棉拭子用抗生素 PBS 病毒保存液的配制

取上述PBS液，按要求加入下列抗生素：喉气管拭子所用的PBS液中加入青霉素2000 IU、链霉素2mg、丁胺卡那霉素1000 IU、制霉菌素1000 IU。粪便和泄殖腔拭子所用的PBS中抗生素浓度应提高5倍。加入抗生素后应调pH至7.4。在采样前分装入小塑料离心管，每管中加PBS1.0～1.3 mL。采粪便时，在青霉素瓶中加PBS 1.0～1.5 mL，采样前冷冻保存。

7. 饱和食盐水溶液

取蒸馏水100 mL，加入氯化钠38～39 g，充分搅拌溶解后，然后用滤纸过滤，高压蒸气灭菌备用。

8. 福尔马林溶液

取福尔马林 40% 甲醛溶液 10 mL 加入蒸馏水 90 mL。常用于保存病理组织学材料。

第三节　隔离、扑杀和无害化处理

一、患病动物隔离与处理

隔离是控制传染源，防止动物疫病扩散的重要措施之一。将病畜和可疑感染的病畜与健康家畜分别隔离管理，可以防止病原扩散传播，以便将疫情控制在最小范围内加以就地扑灭。发现疑似一类疫病动物时，首先采取隔离措施，不仅要将疑似患病动物进行隔离，而且也要将其同群的动物进行隔离。然后及时进行诊断，采取控制扑灭措施。隔离场所的废弃物，应进行无害化处理，同时，密切注意观察和监测，加强保护措施。

（一）隔离的对象和方法

1. 隔离的对象

根据诊断检疫的结果，可将全部受检动物分为患病动物、可疑感染动物和假定健康动物三类，应分别对待。

患病动物。包括有典型症状或类似症状，或其他特殊检查呈阳性的动物。它们是危险性最大的传染源，应选择不易散播病原体、消毒处理方便的场所或房舍进行隔离。如患病动物数量较多，可集中隔离在原来的圈舍里。特别注意严密消毒，加强卫生和护理工作，需有专人看管，并及时进行治疗。隔离场所禁止闲杂人畜出入和接近。工作人员出入应遵守消毒制度。隔离区内的用具、饲料、粪便等，未经彻底消毒处理，不得运出，没有治疗价值的动物，由兽医根据国家有关规定进行处理。

可疑感染动物。指未发现任何症状，但与患病动物及其污染的环境有过明显的接触，如同群、同圈、同槽、同牧，使用共同的水源、用具等的动物。这类动物有可能处在潜伏期，并有排菌毒的危险，应在消毒后另选地方将其隔离、看管，限制其活动，详加观察，出现症状的则按患病动物处理。有条件时应立即进行紧急免疫接种或预防性治疗。隔离观察时间的长短，根据该种传染病的潜伏期长短而定，经一定时间不发病者，可取消其限制。

假定健康动物。除上述两类外，疫区内其他易感动物都属于此类。应与上述两类严格隔离饲养，加强防疫消毒和相应的保护措施，立即进行紧急免疫接种，必要时可根据实际情况分散喂养或转移至偏僻牧地。

2. 隔离的方法

在养殖生产中，患病动物隔离可分为临时性隔离和长期性隔离两种。

临时性隔离。临时性隔离在实际工作中应用较为普遍，一般隔离的时间较短。主要用于一些患急性传染病的动物，或是暂时没有得出诊断结论的患病动物及其同群体动物的隔离。在采取扑杀、治疗、消毒等措施扑灭疫情之后一般即可解除隔离。

长期性隔离。长期隔离主要用于慢性传染病的动物。此类患病动物由于所患传染病病程长，一时难以治愈，并因多种原因难以采取扑杀、销毁等措施予以扑灭。因而需要选择适当的地点进行长期隔离，以保证其他动物的安全。

（二）隔离检疫场管理

1. 隔离场管理

动物隔离场应有完善的隔离、消毒、检疫、值班等工作制度，管理人员无人兽共患传染病。动物隔离场禁止参观，人员、车辆及物品等未经许可不得进出。严禁非工作人员进入隔离区。工作人员、饲养人员进出隔离区，应更衣、换鞋，经消毒池、消毒通道进出。动物隔离结束后，使用单位应在动物隔离场管理人员指导监督下清洗消毒使用过的隔离舍、场地、用具等。动物隔离场应当保持隔离舍及场内环境清洁卫生，做好灭鼠、防蚊、防蝇、防火、防盗等工作。动物隔离场使用前后，应彻底消毒 3 次，每次间隔 3 天，并做好消毒效果的检测；同一隔离舍内，不得同时隔离两批含以上的动物；隔离舍两次使用间隔时间至少 15 天。

2. 入场动物管理

使用单位应在动物入场前，派人到动物隔离场，在管理人员指导监督下彻底清洗、消毒隔离舍、场地及有关设备、用具等。动物入场运输所使用的车辆、饲料、垫料、排泄物及其他被污染物料等，应在动物运抵隔离场后，在动物隔离场管理人员的指导监督下进行清洗、消毒和无害化处理。隔离动物应在管理人员指定分配的隔离舍饲养，未经许可不得擅自调换。发现疑似患病或死亡的动物，应及时报告当地动物卫生监督机构，将患病动物与其他动物进行隔离观察。对患病动物停留过的地方和污染的用具、物品进行消毒。

3. 驻场人员管理

使用单位应当选派畜牧兽医专业人员驻场，负责动物隔离期间的饲养管理等相关工作。驻场人员入场前应做健康检查，无人兽共患传染病。驻场人员应在管理人员指导监督下负责隔离动物的饲养管理，定期清扫、清洗、消毒，保持动物、隔离舍内外和周边环境清洁卫生，并协助采样及其他有关检疫、监测工作。驻场人员不得擅自离开动物隔离场，不得任意进出其他隔离舍，未经管理人员批准不得中途换人。

4. 物料管理

隔离动物所需饲料、牧草、垫料、药物、疫苗及器物等及驻场人员所使用的日常生活用品，不得来自其他饲养场。严禁将肉类、骨、皮、毛等动物产品带入动物隔离场内，未经动物隔离场管理人员同意不得携带任何物品出入。隔离动物的排泄物、垫料及污水须经无害化处理后方可排出动物隔离场外。

5. 隔离检疫

根据不同疫病的潜伏期，实施一定时间的隔离。隔离期满，经检疫合格的隔离动物登记其畜禽标识，凭动物卫生监督机构签发的检疫合格证明放行。检疫不合格的动物按照国家有关规定处理。

6. 隔离记录和报告

检疫人员在动物隔离期间做好隔离观察记录，建立完整的隔离观察记录档案。隔离观察记录包括进场时间、货主姓名、动物种类及数量、畜禽标识编码、持证情况、隔离观察情况、处理情况、采样检测情况等。动物隔离场应定期将工作情况及统计报表上报当地和省级动物卫生监督机构。

二、病害动物扑杀与处理

患病动物扑杀以及尸体和相关病害动物产品的无害化处理是快速扑灭重大动物疫情的强制性措施。无论动物的扑杀还是尸体和相关病害动物产品的处理均要防止疫情扩散以及工作人员的感染和环境的污染。

（一）扑杀的定义

扑杀是扑灭动物疫病的一项经常运用的强制性措施。其基本的做法是将患有疫病动物，有的甚至包括患病动物的同群动物人为地致死，并予以销毁，以防止疫病扩散，把损失限制在最小的范围内。决定扑杀措施的主体是当地县级以上地方人民政府。扑杀费用由当事人承担，国家另有规定的除外。

（二）扑杀与运送前的准备

扑杀前准备是顺利完成扑杀工作的保证。当重大动物疫病呈暴发流行时，往往会因准备不周，导致扑杀过程中缺少物资或人力而耽误扑杀工作的进行。完整的扑杀准备工作应考虑扑杀文件的起草、公布，主要包括应急预案的启动、扑杀令、封锁令等。此外还要考虑扑杀方法、扑杀地点、扑杀顺序、需要的人力和设施、器具、资金。

（三）扑杀工作的人力要求

扑杀染疫动物应由动物防疫专业技术人员和能熟练扑杀动物的人员来进行。他们一方面能够鉴别染疫动物，另一方面还熟练掌握扑杀技术。同时还要清楚扑杀会给有关人员带来的影响。扑杀人员的防护要求：一是穿防护服；二是戴可消毒的橡胶手套；三是戴标准口罩；四是戴护目镜；五是穿可消毒的胶鞋；六是扑杀人员在操作完毕后，要严格消毒；七是离开隔离带前将防护衣消毒后销毁，此外，最好还要请当地政府领导帮助个别畜主及其家人解决因扑杀而产生的心理和精神上的问题，同时还要避免某些养殖户拒绝扑杀、阻挠扑杀工作进行的事件发生。

（四）扑杀场地的选择

选择扑杀场地遵循因地制宜原则。重点应考虑下列因素：现场可利用的设施；需要的附属设施和器具；易于接近尸体处理的场地，防止运输过程中染疫动物及其产品的污物流出或病菌经空气散播，导致道路及其周围污染；人身安全；畜主可接受程度；财产损失的可能性；避免公众和媒体的注意。特别是在农村散养户发生疫情需要扑杀时，虽然范围广，但是每户平均后数量少，可以采取就近原则，由养殖户自己挖坑，专业人员鉴定、扑杀并指导无害化处理。

（五）扑杀方法的选择

为了“早、快、严”扑灭动物疫情，控制动物疫病的流行和蔓延，促进养殖业发展和保护人们身体健康，采取科学合理、方便快捷、经济实用的扑杀方法，是彻底消灭传染源、切断传播途径最有效的手段。根据动物的大小主要有以下几种方法。

1. 大中型动物的扑杀方法选择

毒药法。可以杀死病畜又可以杀灭病菌，但药物毒性较大，要固定专人保管。

注射法。保定比较困难，要由专业的人员操作。

电击法。比较经济适用，特别是对保定困难的大动物，但该方法具有危险性，需要操作人员注意自身保护。

轻武器击毙法。具有潜在危险，不适用于现场人多的情况。在实际工作中，根据具体情况具体对待。

2. 小型动物的扑杀方法选择

扭颈法。扑杀量较小时采用。根据禽只大小，一只手握住头部，另一只手握住体部，朝相反方向扭转拉抻。

空气致死法。向拟致死的禽只心脏注入一定量空气将其致死，适用于个别禽只的扑杀。

窒息法（二氧化碳法）。二氧化碳致死疫禽是世界动物卫生组织推荐的人道扑杀方法，先将待扑杀禽装入袋中，置入密封车或其他密封容器。二氧化碳窒息致死；或将禽装入密封袋中，通入二氧化碳窒息致死，具有安全、无二次污染、劳动量小、成本低廉等特点，在禽流感防控工作中是非常有效的方法。

（六）动物尸体和相关动物产品的收集运输

1. 包装要求

包装材料应符合密闭、防水、防渗、防破损、耐腐蚀等要求。包装材料的容积、尺寸和数量应与需处理病死及病害动物和相关动物产品的体积、数量相匹配。包装后应进行密封。使用后，一次性包装材料应作销毁处理，可循环使用的包装材料应进行清洗消毒。

2. 暂存要求

可采用冷冻或冷藏方式进行暂存，防止无害化处理前病死及病害动物和相关动物产品腐败。暂存场所应能防水、防渗、防鼠、防盗，易于清洗和消毒。暂存场所应设置明显警示标识。应定期对暂存场所及周边环境进行清洗消毒。

3. 运输要求

选择专用的运输车辆或封闭厢式运载工具，车厢四壁及底部应使用耐腐蚀材料，并采取防渗措施。运输车辆应加施明显标识，并加装车载定位系统，记录转运时间和路径等信息，驶离暂存、养殖等场所前，应对车轮及车厢外部进行消毒。运输车辆应尽量避免进入人口密集区。若运输途中发生渗漏，应重新包装、消毒后运输。卸载后，应对运输车辆及相关工具等进行彻底清洗、消毒。

4. 人员防护要求

病死及病害动物和相关动物产品的收集、暂存、装运无害化处理操作的工作人员应经过专门培训，掌握相应的动物防疫知识。工作人员在操作过程中应穿戴防护服、口罩、护目镜、胶鞋及手套等防护用具。工作人员应使用专用的收集工具、包装用品、运载工具、清洗工具、消毒器材等。工作完毕后，应对一次性防护用品作销毁处理，对循环使用的防护用品消毒处理。记录要求病死及病害动物和相关动物产品的收集、暂存、装运、无害化处理等环节应建有台账和记录。有条件的地方应保存运输车辆行车信息和相关环节视频记录。暂存环节的接收台账和记录应包括病死及病害动物和相关动物产品来源场户、种类、数量、动物标识号、死亡原因、消毒方法、收集时间、经办人员等，运出台账和记录应包括运输人员、联系方式、运输时间、车牌号、病死及病害动物和相关动物产品种类、数量、动物标识号、消毒方法、运输目的地以及经办人员等；处理环节的接收台账和记录应包括病死及病害动物和相关动物产品来源、种类、数量、动物标识号、运输人员、联系方式、车牌号、接收时间及经手人员等。处理台账和记录应包括处理时间、处理方式、处理数量及操作人员等。涉及病死及病害动物和相关动物产品无害化处理的台账和记录至少要保存两年。

三、病死及病害动物尸体无害化处理

为彻底消灭病死及病害动物尸体所携带的病原体，防止动物疫病传播扩散，保障动物产品质量安全，凡是国家规定的染疫动物及其产品、病死或者死因不明的动物尸体，屠宰前确认的病害动物、屠宰过程中经检疫或肉品品质检验确认为不可食用的动物产品，以及其他应当进行无害化处理的动物及动物产品，均应严格按照国家《病死及病害动物无害化处理技术规范》的规定将病死及病害动物尸体通过一系列技术方法进行无害化处理。

所谓无害化处理，是指用物理、化学等方法处理病死及病害动物和相关动物产品，消灭其所携带的病原体，消除危害的过程。无害化处理方法主要包括焚烧法、化制法、高温法、深埋法及化学处理法五种。

（一）焚烧法

焚烧法是指在焚烧容器内，使病死及病害动物和相关动物产品在富氧或无氧条件下进行氧化反应或热解反应的方法。适用对象为国家规定的染疫动物及其产品、病死或者死因不明的动物尸体，屠宰前确认的病害动物、屠宰过程中经检疫或肉品品质检验确认为不可食用的动物产品，以及其他应当进行无害化处理的动物及动物产品。

1. 直接焚烧法

（1）技术工艺

①可视情况对病死及病害动物和相关动物产品进行破碎等预处理。

②将病死及病害动物和相关动物产品或破碎产物，投至焚烧炉本体燃烧室，经充分氧化、热解，产生的高温烟气进入二次燃烧室继续燃烧，产生的炉渣经出渣机排出。

③燃烧室温度应 >850℃。燃烧所产生的烟气从最后的助燃空气喷射口或燃烧器出口到换热面或烟道冷风引射口之间的停留时间应 >2 秒。焚烧炉出口烟气中氧含量应为 6% ～ 10%（以干气计）。

④二次燃烧室出口烟气经余热利用系统、烟气净化系统处理，达到要求后排放。

焚烧炉渣与除尘设备收集的焚烧飞灰应分别收集、贮存和运输。焚烧炉渣按一般固体废物处理或作资源化利用；焚烧飞灰和其他尾气净化装置收集的固体废物需按有关要求作危险废物鉴定，如属于危险废物，则按有关要求处理。

（2）操作注意事项。严格控制焚烧进料频率和重量，使病死及病害动物和相关动物产品能够充分与空气接触，保证完全燃烧。燃烧室内应保持负压状态，避免焚烧过程中发生烟气泄漏。二次燃烧室顶部设紧急排放烟囱，应急时开启。烟气净化系统，包括急冷塔、引风机等设施。

2. 炭化焚烧法

（1）技术工艺。

①病死及病害动物和相关动物产品投至热解炭化室，在无氧情况下经充分热解，产生的热解烟气进入二次燃烧室继续燃烧，产生的固体碳化物残渣经热解炭化室排出。

②热解温度应 >600℃，二次燃烧室温度 >850℃，焚烧后烟气在 850℃以上停留时间 >2 秒。

③烟气经过热解炭化室热能回收后，降至 600℃左右，经烟气净化系统处理，达到 GB16297—1996《大气污染物综合排放标准》要求后排放。

（2）操作注意事项。应检查热解炭化系统的炉门密封性，以保证热解炭化室的隔氧状态。应定期检查和清理热解气输出管道，以免发生阻塞。热解炭化室顶部需设置与大气相连的防爆口，热解炭化室内压力过大时可自动开启泄压。应根据处理物种类、体积等严格控制热解的温度、升温速度及物料在热解炭化室里的停留时间。

（二）化制法

化制法是指在密闭的高压容器内，通过向容器夹层或容器内通入高温饱和蒸气，在干热、压力或蒸气、压力的作用下，处理病死及病害动物和相关动物产品的方法。本法除不得用于患有炭疽等芽孢杆菌类疫病，以及牛海绵状脑病、痒病的染疫动物及产品、组织的处理外，其他适用对象同焚烧法。

1. 干化法

（1）技术工艺。

①可视情况对病死及病害动物和相关动物产品进行破碎等预处理。

②病死及病害动物和相关动物产品或破碎产物输送入高温高压灭菌容器。

③处理物中心温度 >140℃，压力 >0.5 MPa 绝对压力，时间 > 4 小时具体处理时间随处理物种类和体积大小而设定。

④加热烘干产生的热蒸气经废气处理系统后排出。

⑤加热烘干产生的动物尸体残渣传输至压榨系统处理。

（2）操作注意事项。搅拌系统的工作时间应以烘干剩余物基本不含水分为宜，根据处理物量的多少，适当延长或缩短搅拌时间。应使用合理的污水处理系统，有效去除有机物、氨氮，达到排放要求。应使用合理的废气处理系统有效吸收处理过程中动物尸体腐败产生的恶臭气体，达到要求后排放。高温高压灭菌容器操作人员应符合相关专业要求，持证上岗。处理结束后，须对墙面、地面及其相关工具进行彻底清洗消毒。

2. 湿化法

（1）技术工艺。

①可视情况对病死及病害动物和相关动物产品进行破碎预处理。

②将病死及病害动物和相关动物产品或破碎产物送入高温高压容器，总质量不得超过容器总承受力的 4/5。

③处理物中心温度 135℃，压力 >0.3 MPa 绝对压力，处理时间 >30 分钟，具体处理时间随处理物种类和体积大小而设定。

④高温高压结束后，对处理产物进行初次固液分离。

⑤固体物经破碎处理后，送入烘干系统；液体部分送入油水分离系统处理。

（2）操作注意事项。高温高压容器操作人员应符合相关专业要求，持证上岗。处理结束后，须对墙面、地面及其相关工具进行彻底清洗消毒。冷凝排放水应冷却后排放，产生的废水应经污水处理系统处理，达到规定要求。处理车间废气应通过安装自动喷淋消毒系统、排风系统和高效微粒空气过滤器 HEPA 过滤器等进行处理，达到规定要求后排放。

（三）高温法

高温法是指常压状态下，在封闭系统内利用高温处理病死及病害动物和相关动物产品的方法。适用对象同化制法。

1. 技术工艺

①可视情况对病死及病害动物和相关动物产品进行破碎等预处理。处理物或破碎产物体积长 × 宽 × 高（5 cm × 5 cm × 5 cm）<125 cm³。

②向容器内输入油脂，容器夹层经导热油或其他介质加热。

③将病死及病害动物和相关动物产品或破碎产物输送入容器内，与油脂混合。常压状态下，维持容器内部温度 >18℃，持续时间 >2.5 小时，具体处理时间随处理动物种类和体积大小而设定。

④加热产生的热蒸气经废气处理系统后排出。

⑤加热产生的动物尸体残渣传输至压榨系统处理。

2. 操作注意事项

操作注意事项同干化法。

（四）深埋法

深埋法是指按照相关规定，将病死及病害动物和相关动物产品投入深埋坑中并覆盖、消毒，处理病死及病害动物和相关动物产品的方法。适用于发生动物疫情或自然灾害等突发事件时病死及病害动物的应急处理，以及边远和交通不便地区零星病死畜禽的处理。不得用于患有炭疽等芽孢杆菌类疫病，以及牛海绵状脑病、痒病的染疫动物及产品、组织的处理。

1. 选址要求

应选择地势高燥，处于下风向的地点。应远离学校、公共场所、居民住宅区、村庄、动物饲养和屠宰场所、饮用水源地、河流等地区。

2. 技术工艺

深埋坑的容积根据实际处理动物尸体及相关动物产品数量确定。深埋坑底应高出地下水位 1.5 m 以上，要防渗、防漏。坑底撒一层厚度为 2 ～ 5 cm 的生石灰或漂白粉等消毒药。将动物尸体及相关动物产品投入坑内，最上层距离地表 1.5 m 以上。然后用生石灰或漂白粉等消毒药消毒，消毒后填土覆盖，覆土应高出地表 20 ～ 30 cm。

3. 操作注意事项

深埋覆土不要太实，以免腐败产气造成气泡冒出和液体渗漏。深埋后，在深埋处